U0256531

ZHONGGUO DUIXIA
ZENGZHI FANGLIU XIAOGUO PINGGUO YU
SHENGTAI ANQUAN

中国对虾
增殖放流效果评估与生态安全

王伟继　主编

中国农业出版社
北　京

图书在版编目（CIP）数据

中国对虾增殖放流效果评估与生态安全 / 王伟继主编 . —北京：中国农业出版社，2020.7
ISBN 978 - 7 - 109 - 26747 - 3

Ⅰ.①中… Ⅱ.①王… Ⅲ.①中国对虾—水产资源—研究 Ⅳ.①S932.5

中国农业出版社出版

地址：北京市朝阳区麦子店街 18 号楼
邮编：100125
责任编辑：王金环
版式设计：史鑫宇 责任校对：周丽芳
印刷：北京中科印刷有限公司
版次：2020 年 7 月第 1 版
印次：2020 年 7 月北京第 1 次印刷
发行：新华书店北京发行所
开本：787mm×1092mm 1/16
印张：10.5
字数：260 千字
定价：128.00 元

本书编写人员

主　编：王伟继

副主编：单秀娟　金显仕

参　编（按姓氏笔画排序）：

王　蕾　王陌桑　吉成龙　李　苗

李伟亚　李江涛　李忠义　李登来

吴惠丰　邱盛尧　张　凯　张　波

张庆利　张秀梅　林　群　罗　坤

高　威　高　焕　高天翔　唐永政

黄　健　阎斌伦

中国对虾是对虾属中分布纬度最高（最北到辽东湾的产卵场，41°30′N）、唯一行长距离洄游的大型冷水性经济虾类，其短短一生的迁徙距离长达近 1 000 km。历史上，中国对虾资源丰富，分布范围广泛。中国对虾长期以来一直是我国北方沿海重要的捕捞对象和海水养殖种类，在整个黄渤海生态系统中占据着至为关键的生态位。中国对虾秋汛产量最高的年份是 1979 年，渔获量近 4 万 t；春汛产量最高的年份是 1974年，接近 5 000 t。20 世纪 80 年代以来，由于捕捞强度不断加大、围填海工程对其产卵场的挤占、生态变迁、环境污染、病害频发以及人工育苗产业对春季洄游亲虾的巨大消耗，中国对虾野生资源量急剧下降，1998 年统计数据表明，当年秋汛产量下降到500 t，而春汛则在 1989 年之后消失。与此相对应的是，在渤海湾、莱州湾等中国对虾传统产卵场，每年产卵季节已经很少发现有亲虾及受精卵、幼体。

20 世纪 80 年代中国对虾人工育苗技术获得突破，增殖放流成为保证中国对虾捕捞产量的有效途径之一。以 1981 年由中国水产科学研究院黄海水产研究所及下营增殖站在山东半岛莱州湾的中国对虾增殖放流试验为标志，一直到 1992 年，黄渤海大规模人工增殖放流获得了显著的经济和社会效益。进入 1993 年，伴随着全国范围对虾白斑综合征的大暴发，曾经年产量高达 20 万 t、养殖面积 14 万 hm² 的中国对虾养殖业遭受灭顶之灾，产量骤降 80% 以上。白斑综合征的暴发不可避免地影响了中国对虾的增殖放流，以黄海北部海洋岛渔场为例，当年增殖放流的中国对虾回捕率相比之前 8 年的平均值下降了 77% 左右。通过缩短暂养时间、减小放流体长、提前放流等措施，黄渤海中国对虾增殖放流效果有所恢复。进入 21 世纪以来，增殖放流几乎已经成为保证黄渤海中国对虾捕捞产量唯一的手段，大家对"没有放流就没有中国对虾"这一观点达成普遍共识。各种研究结果也证实每年秋汛回捕的中国对虾中至少有 90%是放流个体，山东半岛南部海域近几年秋汛渔获物中放流个体比例甚至高达 97% 以上。中国对虾作为我国开展最早、放流数量最大的单一物种，每年放流规模都高达几十亿尾，是少数几种通过增殖放流取得显著经济和社会效益的物种，对于增加黄渤海中国对虾捕捞产量，促进中国对虾资源恢复起到了显著作用。

总体而言，放流中国对虾精确回捕率评估、生态习性、迁徙分布及其对繁殖群体的补充，群体遗传多样性水平变迁、病毒病原微生物携带及对野生种群的影响，中国对虾野生群体本底、环境变迁对放流群体行为的影响，放流群体是否已经能够形成繁殖群体，现有增殖放流模式的生态安全评估等诸多问题，仍旧缺乏深入研究。以中国水产科学研究院黄海水产研究所邓景耀先生为代表的老一辈科研工作者采用包括早期的物理标记手段在内的技术，对中国对虾不同地理群体的迁徙洄游路径及繁殖群体的组成进行了研究，对放流中国对虾回捕率等问题进行了探讨，为进一步进行深入研究打下了极好的前期基础。近年来，伴随着相关学科及技术手段的迅猛发展，科研人员有可能以更为先进的定量 PCR、环境 DNA、空间遥感等技术，以交叉学科视角对放流中国对虾这一已经延续 30 多年的科学实践进行综合的科学评估。2019 年，中国工程院院士唐启升特别强调了"增加生物量"与"恢复资源"的区别，认为两者是种群数量变动机制上两个层面的过程。根据唐启升院士的观点，目前中国对虾需要年复一年的放流来增加秋汛捕捞量，尚无法实现不再放流后资源量能维持在较高水准上的目标，中国对虾放流现阶段更多的是实现了中国对虾生物量的增加，距离达到最终的恢复资源阶段尚有很长的路要走。基于微卫星分子标记的放流效果评估技术研究结果表明，山东半岛东端黄海外海春季洄游亲虾已经有来自前一年莱州湾和渤海湾的放流个体，这说明两点：一是放流群体至少有部分保持了自然种群的洄游习性，能够完成索饵、越冬及生殖洄游；二是放流群体已经能够形成对繁殖群体的补充效应。不过由于群体数量有限，加之捕捞强度大，春季洄游亲虾基本上没有机会进入渤海产卵场，因此，放流群体能否洄游到各自放流所在地并完成繁殖过程，形成资源补充效应，还尚无定论。

在中国对虾增殖放流活动开展 30 余年并获得显著经济和社会效益的今天，借助新技术及新兴交叉学科的优势，科研人员有机会从多角度、多层面审视大规模人为干预条件下黄渤海重要渔业资源的补充及恢复行动，使之不仅局限于资源增殖效果评估层面，更着眼于生态安全，将其放置在整个海洋生态系统中综合考虑。科研人员以可持续发展的观点，以分子标记放流中国对虾效果评估新技术建立及应用为起点，从精确回捕率评估、生态习性及迁徙分布、对繁殖群体的补充、群体遗传多样性水平变迁等多角度开展研究，综合评估增殖放流对种群安全的影响，环境变迁对放流中国对虾行为的影响，以及现有增殖放流模式的生态安全等诸多关键科学问题，以期实现真正意义上的中国对虾科学增殖和资源恢复。

本书共分为五章，第一章为中国对虾资源概况（王伟继、金显仕、邱盛尧、唐永政、李登来）；第二章为中国对虾资源增殖（王伟继、张秀梅、高天翔、李江涛、邱盛尧、林群、李忠义、罗坤、王蕾、张波）；第三章为中国对虾增殖放流效果评估新方法（王伟继、王陌桑、李苗、李伟亚、单秀娟、张凯）；第四章为中国对虾增殖放流的生态安全（王伟继、吉成龙、林群、张庆利、吴惠丰、黄健）；第五章为其他主要物种增殖放流效果评估现状——以三疣梭子蟹为例（高焕、高威、阎斌伦）。

感谢国家重点基础研究发展计划项目"近海环境变化对渔业种群补充过程的影响

及其资源效应（2015CB453300）"、国家重点研发计划"近海渔业资源的适应管理基础合作研究（2017YFE0104400）"、国家自然科学基金面上项目"中国对虾资源增殖效果评估新方法及其应用基础（41076109）"的资助支持，感谢本书所有研究与撰写者以及有关文献与资料的提供者。

　　本书可供相关领域科研人员、政府主管部门及其他感兴趣的人员参考使用。

　　由于时间仓促和编者水平有限，书中难免存在不足和错误之处，敬请广大读者和业内专家批评指正。

编　者

2019 年 9 月

目 录 ⫸⫷

第一章 中国对虾资源概况

第一节 生物学特征

一、形态特征

中国对虾（*Fenneropenaeus chinensis*），又名中国明对虾、东方对虾等，民间有对虾、大虾、肉虾、黄虾（雄）、青虾（雌）等称呼；在动物分类学上隶属于节肢动物门（Arthropoda）、有鳃亚门（Branchiata）、甲壳纲（Crustacea）、十足目（Decapoda）、对虾科（Penaeidae）、对虾属（*Penaeus*）（图1-1），是一种冷水性虾类。

中国对虾过去因为经常成对出售，因而又称对虾（图1-2）。中国对虾是一年生大型经济虾类，生长快、生殖能力强、口味鲜美、经济价值高，主要分布在我国黄海、渤海海域，北至辽宁沿海，南至长江口及珠江口也曾经有中

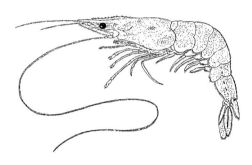

图1-1 中国对虾
（仿刘瑞玉）

国对虾分布的报道（但不排除是20世纪80年代中期在浙江及福建沿海进行的中国对虾移殖流进而"定居"形成的新的群体）。朝鲜半岛西海岸及南海岸也有少量中国对虾群体分布的报道（邓景耀等，1990；邓景耀等，1998）。中国对虾属广盐性种类，可以在盐度1.5～40的环境中存活，但其适宜盐度范围为15～30，且不同发育阶段其适宜的盐度范围也有差异，比如对虾产卵的适盐范围为23～29，而发育的仔虾必须在低盐环境才能存活，曾经在盐度为0.86的河口中发现仔虾的存在。中国对虾体长而侧扁，雌虾成虾长18～23.5 cm，雄虾成虾较小，体长13～17 cm。身体分为头胸部及腹部两部分。头胸部由5个头节及8个胸节相互愈合而成，外被坚硬头胸甲。腹部由7个体节组成。中国对虾头胸部前段具额剑，额剑两侧有1对活动的眼柄，顶端着生复眼。口位于头胸部腹面。除尾节外，中国对虾每一体节都有1对分节的附肢，其形态由于功能不同而形式多样：着生于口附近的原肢节发达，适于抱持及研磨食物，共5对附肢；胸部附肢适于捕食及爬行，共8对附肢，包括前面的3对颚足（maxilliped）及后面的5对步足（pereiopoda），颚足基部

均具薄片状肢鳃，有助于呼吸，步足为捕食及爬行器官；腹部附肢共6对，为主要游泳器官，其中雄性第1附肢内肢变形演变为雄性交接器（petasma）（图1-3）。

雄性交接器
第1游泳足

图1-2　海捕中国对虾（上雌、下雄）　　　图1-3　中国对虾雄虾腹部附肢

对虾的身体略透明，体色常随环境的变化而变化，山东半岛一带养殖的中国对虾成虾一般呈青色，而黄海、渤海海捕对虾成虾一般呈浅黄色。中国对虾体色也会随生长周期变化：幼体全身散布小的褐色斑点，成虾则具暗蓝色斑点。体色由体壁下面的色素细胞调节，色素细胞扩大，体色变浓，反之则浅。主要的色素颗粒由类胡萝卜素和蛋白质结合而成，高温或与无机酸、酒精等相遇，蛋白质沉淀而析出虾红素（astacin）或虾青素（astaxunthin）。其中虾红素呈红色，熔点为238～240 ℃，这就是为什么煮熟的对虾呈红色。

中国对虾的肌肉为横纹肌，形成许多强有力的肌肉束，往往成对起颉颃作用，分别分布在头、胸、腹部的内侧，其中以腹部肌肉最为发达，几乎占据整个腹部。其腹部的腹屈肌和斜伸肌发达，收缩时使腹部急剧屈折，尾扇把水推向前方，对虾便可迅速后退；相反，背伸肌不发达，运动力弱，所以其伸直运动往往缓慢。中国对虾向前运动主要依靠附肢运动来完成。中国对虾的消化道由前、中、后肠组成，前肠包括口、食道及胃；中肠两侧有一个大型消化腺——肝胰脏；中肠很长，在腹部背面。中国对虾以浮游生物为食。中国对虾为开管式循环系统，心脏位于头胸部背部的围心窦内，呈扁囊状，肌肉质，以心孔与围心窦相通。中国对虾血液呈无色，血浆内含血清蛋白，可携带氧气。中国对虾以鳃作为呼吸器官，鳃位于头胸部两侧的鳃腔内，外被头胸甲的侧板所覆盖。除此之外，中国对虾还具有侧鳃、关节鳃及肢鳃辅助呼吸。中国对虾视觉器官发达，为1对具柄的复眼，每一复眼由许多六角形的小眼镶嵌而成，与昆虫的复眼相似。中国对虾全身各部还有许多触觉毛，它们都是表皮细胞向外突出而成的，基部有神经末梢，所以有触觉作用。

中国对虾为雌雄异体，每年秋季对虾交尾季节个体性成熟后发育出第二性征，借此可以辨别雌雄。①雄虾具雄性交接器，由第1游泳肢的内肢节形成，左右内肢节互相合抱，形成一槽状结构；雌虾纳精囊位于第4和第5对步足间的腹部，为一椭圆形的结构，中有一纵的开口，口缘向外翻卷，为一空囊，可接受来自雄虾的精荚（图1-4）。②雄性生殖孔位于第5步足的基部，雌性生殖孔位于第3步足的基部。雌虾具卵巢1对，位于围心窦的腹面，纵贯全身，体积很大，自额角基部向后，一直抵达尾节中部，相当于胃、肝和肠的背面。卵巢成熟时为暗绿色，左右两卵巢相并呈叶状，各叶分别向前后方延伸并向侧面下垂，位于肝脏两侧。每一卵巢从侧叶上通入一输卵管，向腹面通至第 3 步足基部的雌性生殖孔。雄虾具精巢 1 对，输精管细长，呈白色，末端膨大变为豆粒大小的构造，为纳精囊，末端以一细短管通雄性生殖孔。精巢的位置与卵巢的位置相当。

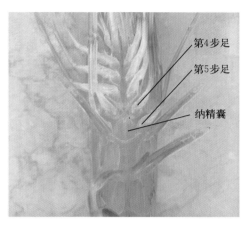

第4步足

第5步足

纳精囊

图 1-4　中国对虾雌虾纳精囊（未交尾受精状态，交尾受精后纳精囊变为乳白色）

二、生殖发育

中国对虾为 1 年生虾类，雌、雄个体大小和性成熟的时间均有差异。雄虾当年 9 月下旬达性成熟，雌虾要第二年 4—5 月方可成熟。也有人认为雌虾 10 月达到性成熟，这应该是以雌虾可以交尾作为判断雌性性腺成熟的标志。如果以卵子成熟作为雌虾性腺成熟的标准，雌虾应该是第二年 4—5 月达到性成熟。中国对虾的生殖活动分为交尾和产卵两个阶段进行，自然海域中一般以我国黄海、渤海海域最具代表性。每年 9 月下旬雄虾性成熟后，于当年 10 月上旬至 11 月初与雌虾交尾，在这个过程中，雄虾通过交接器将精荚输送到雌虾的纳精囊内。自然海域中，这个行为一般发生在雌虾最后一次蜕皮并启动越冬洄游之前。对虾交尾过程一般首先表现为雄虾追逐雌虾并在雌虾下方以头胸部顶住雌虾腹面一起游动，稍后雄虾翻身腹面朝上抱住雌虾并用第 1 对步足扒动雌虾交接器，然后雄虾迅速将身体横转与雌虾身体呈水平的"十"字形，身体弯曲扣住雌虾并抽搐，将第一个精荚送进雌虾纳精囊，随后和雌虾一起沉入水底，再将另一个精荚送入雌虾纳精囊，后雌雄虾缓慢分开，高洪绪对中国对虾交尾过程有详细描述（高洪绪，1980）。

通常情况下，一尾雌虾纳精囊内仅有一对精荚，极少数情况下发现有两对，换言之，不排除雄虾有多次交尾的可能。雄虾交尾后，绝大部分死亡，这从交尾期间海上捕捞渔获物中雄虾数量显著减少可以得到充分证实。交尾后的雌虾性腺开始进入发育阶段，同时经过短暂的索饵肥育后即启动越冬洄游，前往位于朝鲜半岛西海岸的深海进行越冬，直到第二年启动生殖洄游。交尾后的中国对虾在越冬后期及北上生殖洄游期间，性腺发育迅速，卵巢的颜色由乳白色逐渐变为淡绿色、深绿色、灰绿色、褐绿色和灰褐色，这也标志着雌虾卵子达到成熟（邓景耀等，1980）。第二年4—5月，交尾雌虾（一般称为亲虾）从越冬场启动生殖洄游到位于黄海、渤海沿岸的各个产卵场进行产卵，产卵场多位于沿海河口咸淡水混合处的软泥浅海区。一般来说，当产卵场水温升至13℃时，对虾开始产卵，这个时间在渤海一般为5月初，持续1个月左右（邓景耀等，1980）。产卵活动多在夜间，尤其是后半夜进行，在这个过程中，卵子成熟，由雌性生殖孔排出，同时，纳精囊内精荚中的精子溢出与卵子在体外完成受精，受精卵为沉性卵，水温合适条件下经过一昼夜即可孵化。产完卵后的雌虾逐渐死亡。尚不明确在自然海域中1尾雌虾的卵子是否只与自身携带的精荚中的精子完成受精。不过在人工育苗条件下，一般50 m³育苗水体中会放养150尾甚至更多的亲虾，数百尾亲虾同步排卵并释放精子，不排除少量"异源"（非亲虾自身携带精荚释放的精子与卵子结合）受精卵产生的可能。人工育苗活动中，经过人工越冬及促性腺发育的亲虾多为3次排卵，通常第1次及第3次受精卵质量一般，而第2次受精卵质量较好。自然海域中，中国对虾为1次排卵还是多次排卵尚有争议。据报道，自然海域中，中国对虾每尾亲虾的产卵量为50.7万～108.9万粒（怀卵量），也有的高达100万～150万粒（邓景耀等，1990）。人工育苗条件下（以亲虾为春季海捕获得为例），每尾亲虾的产卵量在50万～60万粒（李秀民，2013），这个数据应该相对可靠。是否长期以来我国黄海、渤海中国对虾种质资源衰退已经导致了亲虾产卵量的持续下降，尚存争议。

自然海域中，中国对虾雄虾在每年10月初气温骤降、启动越冬洄游之前的交尾活动结束后绝大部分逐渐死亡，因此，第二年4—5月在黄海、渤海捕捞的处于生殖洄游途中的中国对虾均为雌虾（由于捕捞过度、资源衰竭，目前的中国对虾春汛早已经于1989年前后消失），育苗场多在此时进行人工苗种培育；也有育苗场于当年深秋季节捕获交尾后的雌虾，通过人工越冬、性腺促熟进行第二年春季的苗种培育。这种情况下，对虾的交尾活动完全为自然发生，这对于人工育苗，尤其是开展中国对虾人工选育是一个障碍。中国对虾的人工交尾最早见于高学兴等人的报道，即通过人工操作，将精荚移植到雌虾的纳精囊中，完成人工控制条件下的中国对虾交尾（高学兴等，1988）。人工精荚移植技术的突破和完善，为随后开展中国对虾人工育苗、良种培育活动等提供了技术支持（罗坤等，2006；孔杰等，2012；罗坤，2015）。

中国对虾的生命周期为1年。自然海域中，每年5月上中旬水温及水质条件合适情况下，雌虾开始产卵，受精卵孵化后在23 d左右的时间内，经过无节幼体、溞状幼体、糠虾期后，最终发育为仔虾，仔虾在外部形态上与成虾已经没有多大差别。仔虾再经过40 d左右发育为幼虾。

关于中国对虾卵子孵化、幼体变态及各期变化特征，赵法箴等老一辈科学家有详尽的描述（赵法箴，1965，1979），由于对虾在幼体变态过程中发生了异常多样的外形变化，刘恒等将中国对虾与其他对虾的个体发育进行了详细的描述（刘恒等，1994）。中国对虾无节幼体（nauplius）发育共分为6期，每一期伴随1次蜕皮，此期个体体躯不分节，具3对附肢，营浮游生活（图1-5）。分层拖网调查显示，中国对虾无节幼体有明显的趋光性，光线对自然海区无节幼体的垂直分布有直接影响。无节幼体到第6期时，平均体长达到500 μm以上，体长显著增长。无节幼体在自然海区约经过110 h发育成溞状幼体（zoea）（图1-5）。溞状幼体体躯分节，具7对附肢，身体演化出头胸部和胸腹部；出现了头胸甲并具备较完整的口器和消化器官，从外界摄食生长。与无节幼体类似，溞状幼体也有很强的趋光性。溞状幼体蜕皮3次，分为3期，自然海区中约经过200 h发育成糠虾（mysis）（图1-5）。糠虾幼体具宽大的头胸部，并且与腹部明显分开，初具虾形。糠虾也分为3期，蜕皮3次。生活在水中的糠虾幼体多头朝下，尾朝上，呈倒立姿态，趋光性减弱，底层分布占优。糠虾幼体在自然海区经过200 h左右发育为仔虾（post larvae）（图1-5）。仔虾形态构造与幼虾类似，仔虾期共分

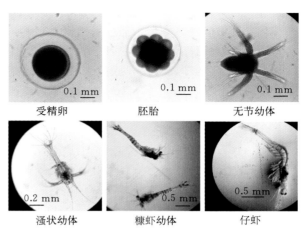

图1-5 中国对虾幼体不同发育阶段
（闫允君供图）

受精卵　　　0.1 mm
胚胎　　　0.1 mm
无节幼体　　0.1 mm
溞状幼体　　0.2 mm
糠虾幼体　　0.5 mm
仔虾　　　0.5 mm

为14期，蜕皮14次以上。仔虾初期仍旧营浮游生活，从第4期（P_4）开始趋于底栖生活，第10期（P_{10}）转为底栖生活。可能是随着食物昼夜分布变迁，夜间仔虾多会升至水体表层。仔虾生长迅速，自然海域中，经过40 d左右的仔虾期，其平均体长一般从P_1期的平均3.9 mm快速生长到P_{10}期的30 mm左右。自然海区中，幼体变态发育为仔虾后会离开产卵场，开始溯河游向低盐河口或者前往河道内生活。发育为幼虾后，其耐低盐能力逐渐降低，加之河口地区水温逐渐升高，幼虾逐渐移至河口附近海区并逐渐向深水区移动。一般7月下旬幼虾基本上离开河道及河口区（邓景耀等，1980）。

中国对虾为杂食性虾类，其食物组成因其所处各个发育期的不同及分布海区的不同而异。各个幼体阶段营浮游生活，其食物组成以小型浮游植物和浮游动物为主；仔虾开始摄食动物性饵料；幼虾及成虾期间则无选择性地摄食各种中、小型底栖动物。老一辈科学家对中国对虾的饵料及食物组成有极为详尽的描述（康元德等，1965；邓景耀等，1980）。

第二节　洄游及种群分布

中国对虾是世界上分布纬度最高（41°30′N）且唯一行长距离洄游的冷水性对虾，其分布迁徙范围从朝鲜半岛西海岸越冬场最南端的33°N一直到最北端辽东湾产卵场的41°30′N，横跨幅度近千公里（邓景耀，1998；叶昌臣等，2005）。历史上中国对虾资源丰富，据统计，中国对虾秋汛产量最高年份为1979年，产量为39 499 t；春汛产量最高年份为1974年，产量为4 898 t。20世纪80年代以来，随着捕捞强度的不断加大、生态变迁、水域污染、病害频发（尤其以对虾白斑综合征最具代表性）以及人工养殖对野生亲虾的巨大需求等综合因素影响，中国对虾野生资源量迅速萎缩。1998年统计数据表明，当年秋汛产量已经下降到500 t，而春汛则在1989年之后已经消失了（邓景耀等，2001；Wang et al，2006）。

中国对虾主要分布在我国渤海、黄海海域；东海和南海仅有零星分布，产量极少；有报道称在珠江口亦曾发现过中国对虾。近30年以来，随着中国对虾资源急剧萎缩，目前

仅在黄海、渤海海域有规模性的、具备资源价值的中国对虾群体分布。中国对虾为 1 年生大型虾类，具集群性，一生中经过生殖洄游、索饵洄游和越冬洄游 3 个阶段，这是它区别于其他种类对虾的显著特点。黄海、渤海海域中国对虾产卵场分布在北从鸭绿江河口向西，南至海州湾的我国黄海、渤海沿岸，尤其以河口地区最为集中，还包括朝鲜半岛西海岸部分地区。中国对虾的越冬场位于黄海海域朝鲜半岛济州岛西南方水深 70 m 以上的广大海域，其在越冬时群体多散布，多不捕食，活动能力亦弱。每年春季 3 月底前后，随着海水温度的升高，越冬亲虾活动能力渐渐增强，生殖腺同步开始发育，越冬亲虾相继集中，从位于越冬场开始北上朝向山东半岛南部海区迁徙。北上迁徙的亲虾群体在离开越冬场后渐次分成 3 个主要方向，第 1 分支的亲虾群体朝向西北方向进入山东半岛南部和江苏省北部的海州湾、山东半岛南部的胶州湾及海阳、乳山海域。第 2 分支北上越过山东半岛东端，其中一部分向西通过渤海口后分群朝向渤海沿岸诸河口附近的产卵场，包括莱州湾、黄河口、海河口及辽东湾等；另一部分不进入渤海口，直接绕过山东半岛东端北上进入辽宁半岛东部的海洋岛海域。第 3 分支从越冬场出发，前往位于朝鲜半岛西海岸的产卵场（数量较少）。也有报道在朝鲜半岛南海岸发现了少量的中国对虾群体（孟宪红等，2008）。由于这个阶段洄游的目的在于繁殖后代，因此也叫生殖洄游或产卵洄游。生殖洄游的亲虾到达沿岸浅海各产卵场后，在水温合适的情况下即开始产卵，同时同步释放出各自纳精囊中精荚的精子，完成体外受精。受精卵经过孵化、幼体变态发育、仔虾等阶段后成为幼虾。产卵后的亲虾绝大部分逐渐死亡，完成其为期 1 年的生命周期。孵化后的幼体先后在各产卵场、周边浅海及各河口地区进行索饵，其中在渤海以黄河口和海河口附近的近海区为主要区域进行索饵肥育。此阶段，从每年的 6 月到 9 月末，中国对虾索饵群体的移动主要是跟随饵料生物的分布而迁徙，其分布与基础饵料生物的种类、分布及丰度密切相关。因此，这个阶段的洄游也称之为索饵洄游。在渤海，每年 9 月末、10 月初秋季近岸水温逐渐下降，散布在浅海海域各产卵场及其周边的索饵洄游群体逐渐离开浅水区而向深水区集中，包括渤海中部、辽东湾中南部，或有少部分莱州湾的群体提早游出渤海口到达烟台、威海外海海域（邓景耀等，1990）。之前呈散布状态的以产卵场为分布特征的各个地理群体再次混栖在一起，地理群特征消失。这种规律性的分布也可以从渤海夏、秋季中国对虾密度分布调查反映出来（图 1-6、图 1-7）。

索饵洄游阶段由于之前呈散布状态的各地理群体逐渐集中，从而形成每年传统上的中国对虾秋汛，成为重要的捕捞季节。随着海水温度的进一步降低，一般在 18～19 ℃时，集群的中国对虾开始进入交尾盛期，交尾活动多集中在夜间底层水温相对较高的水域。交尾后的中国对虾开始越过渤海口，绕过山东半岛东端烟台、威海外海，朝向朝鲜半岛西南外海深水区越冬场进行迁徙，此阶段洄游目的是前往越冬场进行越冬，因此称之为越冬洄游。分布其他海域、未进入渤海的中国对虾索饵群体，包括辽宁半岛东部海洋岛群体、山东半岛南部的海阳、乳山群体、海州湾群体亦遵循同样的生态行为，即秋季向深水区集中，然后交尾，继而朝向越冬场启动越冬洄游，只是这些个体不再通过渤海口进入渤海。越冬洄游时，雌、雄个体分群，雌性在前，雄性在后，交尾后绝大多数雄性个体逐渐死亡，而交尾后的雌性则继续朝向越冬场迁徙。每年 12 月中旬，越冬对虾先后到达山东半岛南部海域，到 12 月末逐步到达朝鲜半岛西南部海域，开始越冬（图 1-8）。

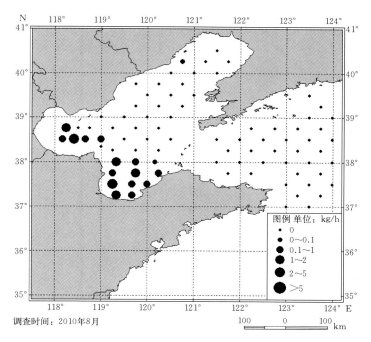

调查时间：2010年8月

图 1-6 渤海夏季中国对虾密度分布

（金显仕等，2014）

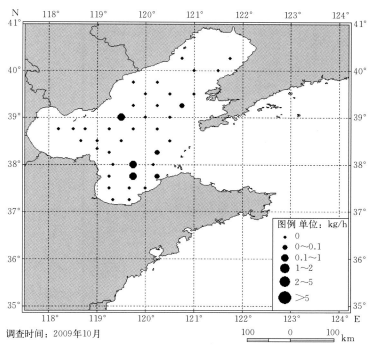

调查时间：2009年10月

图 1-7 渤海秋季中国对虾密度分布

（金显仕等，2014）

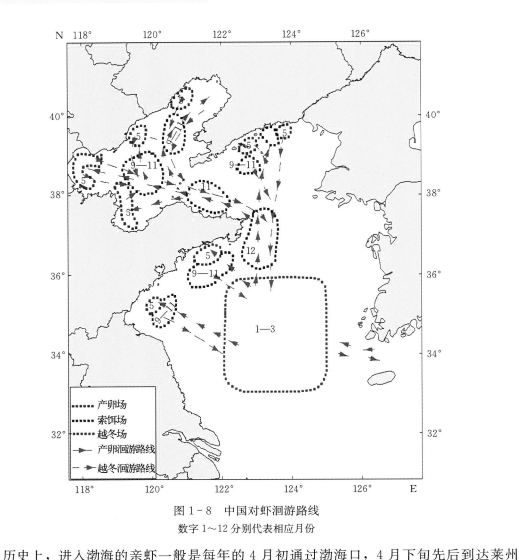

图1-8　中国对虾洄游路线

数字1～12分别代表相应月份

历史上，进入渤海的亲虾一般是每年的4月初通过渤海口，4月下旬先后到达莱州湾、黄海口及塘沽外海，其中一部分从河北省沿海北上，到达秦皇岛外海，有的向更北至辽宁沿海。之所以称为"历史上"，是因为近30年以来，尤其是20世纪末期，随着渔业捕捞强度的加大，中国对虾养殖业的迅速发展及中国对虾自然资源的急剧萎缩，捕捞从业者在利益驱动下开展无序捕捞，导致绝大多数生殖洄游亲虾在进入渤海口之前，就已经在山东半岛东端的东南外海（石岛外海）被捕捞殆尽，然后活体被贩运到沿海各地育苗场作为亲虾进行育苗或者直接在市场上被售卖。黄海、渤海近岸产卵场几乎已经捕不到亲虾了（叶昌臣等，2005）。据笔者的实地走访调查，进入21世纪的近20年以来，每年4—5月，历史上在渤海沿岸曾经长期存在的产卵场已经很少能捕捞到生殖洄游亲虾。同期每年5—6月在渤海各传统产卵场开展的渔业资源拖网调查中，也很少能够检测到中国对虾受精卵或幼体。但是据调查，在辽宁半岛东部沿海，每年5月能够发现少量的洄游亲虾。自1998年中国对虾捕捞量降到历史最低点以来，尤其是伴随着中国对虾春汛的消失，在无序捕捞的加剧、沿岸填海造地对产卵场的生态影响、病害频发、环境污染以及持续人工增殖放流活动等因素综合影响下，现阶段中国对虾地理群体的迁徙分布是否与此前学者的相关研究结果存在出入，尚需进一步研究，但相比20世纪60—70年代资源顶峰，中国对虾群体分布、动态迁徙应该已经发生了变化（邓景耀，1997；曾一本，1998；涂晶，2016）。在此，笔者仍旧依照历史上中国对虾资源未承受严重破坏时的状况对其地理群体分布进行描述，无论如何，现阶段中国对虾自然地理群体的变迁是在这个基础上发生的。20世纪中后期老一辈科学家根据物理标记放流调查的结果表明，我国黄海、渤海中国对虾群体分为两个大的地理群体，一个是资源数量多、个体较大的（越冬雌虾体长为178～192 mm）中国黄海、渤海沿岸种群；另一个是资源量较少、个体较小的（越冬雌虾体长为166 mm左右）朝鲜半岛西海岸种群。根据1958—1971年统计数据，朝鲜半岛西海岸平均年产量为1 052 t，而同期我国黄海、渤海沿岸平均年产量为12 900 t（邓景耀等，1990）。已有的文献资料表明，朝鲜半岛西海岸从未捕获过来自我国标记的中国对虾；同样，在我国沿海也从未捕获过朝鲜半岛西海岸标记的中国对虾，这说明中国对虾的黄海、渤海沿岸种群和朝鲜半岛西海岸种群虽然共享一个越冬场，但应该没有种群之间的交流，是有着明显区分的两个地理群体，两个地理种群在越冬场的分布也是黄海、渤海种群相对偏西，而朝鲜半岛西海岸种群偏东（张煜等，1965；真子渺等，1966，1969；邓景耀，1983）。关于我国黄海、渤海沿岸中国对虾种群，在经过20世纪中后期长期物理标记放流及重捕跟踪调查后，研究者普遍认为其应该同属于一个种群。张煜、邓景耀等发现在渤海出生的对虾，越冬后及第二年春汛不仅在莱州湾、渤海湾和辽东湾各产卵场被重新捕获，而且还在渤海之外的鸭绿江口、海洋岛渔场和山东半岛南岸的青海渔场和胶州湾等产卵场被重捕；秋汛季节在渤海产卵索饵场标记的对虾，第二年春汛不一定全部回到渤海各自产卵场，其中有部分在北至辽东半岛东岸的海洋岛浴场、鸭绿江口附近，南至山东半岛、江苏北部海州湾的各个产卵场出现。同样，秋汛期间在山东半岛南岸产卵场及索饵场标记的对虾第二年春汛也有一定数量的个体在辽东半岛东岸和渤海各个河口产卵场被重捕（张煜等，1965；Deng et al，1983）。不过，到底有多少亲虾第二年返回到原产卵场，有多少洄游迁徙到其他产卵场，这些问题的答案仍旧不十分明确，或不同年度、不同资源丰度情况下存在变化也未可知。20世纪后期，随着生物技术的迅速发展，尤其是基于PCR反应（Polymerase Chain Reaction，聚合酶链式反应）相关分子生物学的迅速发展，在形态水平差异的基础上，中国对虾不同地理种群，包括亲本来自野生种群的养殖群体，其群体的遗传结构、遗传差异、进化水平等得以被从蛋白质及DNA分子水平进行深入了解。虽然从资源量或渔获量水平来看朝鲜半岛西海岸种群要明显低于我国黄海、渤海沿岸种群，但无论是同工酶还是RAPD（random amplified polymorphic DNA，随机扩增多态性DNA片段）、AFLP（amplified fragment length polymorphism，扩增片段长度多态性）、SSR（simple sequence repeats，简单重复序列）水平，朝鲜半岛西海岸种群，包括后来发现的朝鲜半岛南海岸种群，都要高于我国黄海、渤海沿岸种群；如果按照产卵场分布进一步将黄海、渤海沿岸群体进行细分的话，可以看出，不同产卵场群体之间的遗传分化要小于其与朝鲜半岛西海岸种群之间的水平；黄海、渤海各产卵场群体首先聚类到一起，然后再和朝鲜半岛西海岸及南海岸种群聚类到一起；从变异水平上，相比其他虾类，中国对虾的蛋白质、

RAPD 和 AFLP 均处于较低的水平，同时，变异水平的贡献率表明，来自个体之间的部分要远高于来自群体之间的部分，这说明中国对虾各种群之间的分化并不显著（假设黄海、渤海各产卵场群体存在分化）；同时，即使目前中国对虾黄海、渤海沿岸种群和朝鲜半岛西海岸种群已经产生了群体分化，其分化程度（遗传相似性和遗传距离）也很低，其分化史并不久远（Wang et al，2001；石拓等，2001；刘萍等，2004；王伟继等，2005；孟宪红等，2008）。进一步结合海洋与地质演化史，权洁霞对来自朝鲜半岛西海岸和我国黄海、渤海沿岸种群的中国对虾线粒体 $CO\ I$ 基因和 16S rRNA 进行序列分析，结果表明，两者之间的遗传分化不明显。根据对虾属 $CO\ I$ 基因的进化速率，权洁霞推测现有两个中国对虾自然种群源于一个共同的母系祖先，这个共同的母系祖先时间距今大约 13 000年，当时正好处于晚更新世盛冰期末期向全新世冰后期的过渡阶段，冷暖变化频繁；同时伴随着多次海进海退，有暖流从东海南部与南海进入渤海海区，这种气候的冷暖变化及海进海退对中国对虾种群造成了冲击，造成了现在中国对虾自然种群遗传多样性水平、群体分化不显著的现状（权洁霞，2000）。近 20 年以来，蛋白质、分子层面的研究都认可 20世纪中后期中国对虾自然种群分布结论。在此基础上，从遗传学层面开展的群体遗传结构、遗传分化和演化的相关研究，佐证了中国对虾在我国黄海、渤海沿岸种群和朝鲜半岛西海岸两个已经分化的自然地理种群的存在，以及我国黄海、渤海沿岸种群以产卵场为标记的各地理群体之间分化并不显著的观点。中国对虾遗传多样性水平低、自然种群分布少、种群分化不显著，这决定了其抵御环境变化压力的能力较弱。同时中国对虾也是繁殖量庞大的生物，1 尾成熟的亲虾可生产受精卵近百万粒，在人工育苗条件下至少 60% 可以培育成为虾苗，如果在育苗及养殖过程中忽视亲虾来源，则容易发生近交，从而导致子代某些性状的衰退。20 世纪末，席卷我国的中国对虾白斑综合征（WSS）对产业造成的灭顶之灾，其切肤之痛时至今日仍旧记忆犹新。而环境污染、填海造田、无序捕捞更加剧了自然资源的衰竭。现阶段，无论是资源恢复需要的增殖放流亲虾，还是对虾养殖业所用的亲虾，都直接来源于野生群体，毫无疑问，自然种群的恢复和发展也直接关系到养殖业的可持续健康发展。

第三节　渤海中国对虾产量变动及驱动因素

中国对虾曾是渤海最重要的捕捞种类，也是渤海最主要的增殖种类，其渔期在 5 月中旬至 10 月下旬，主要捕捞渔具为拖网、锚流网和张网等。中国对虾渔业按作业季节可分为秋汛、冬春汛和春汛，我国捕虾渔船主要在秋汛和春汛作业，秋汛渔场主要在渤海。1988 年以前，渤海中国对虾的作业方式以拖网为主，自 1988 年开始，为了保护渤海的底层鱼类资源，在渤海，捕虾主要用流网进行生产。1961 年以前，我国以春汛捕捞为主，从 1962 年开始，改为秋汛捕捞为主，秋汛渔获量占总渔获量的 90% 以上。1973 年以来，我国捕捞力量大幅度增加，每年平均递增 17.0% 左右。近年来，由于黄海、渤海中国对虾资源的严重衰退，秋季已不能形成专捕中国对虾的生产渔汛，中国对虾成为其他渔业生产的兼捕对象。

根据近 40 年来渤海中国对虾渔业产量的变动，可以将其分为 4 个不同的时期。①中

国对虾渔业开始兴起的时期（1962—1972 年），渤海秋汛中国对虾渔业的平均渔获量为
10 658 t，占中国对虾世代产量的 59.5%，而我国春汛中国对虾的年平均产量为 1 783 t，
占世代产量的 10%。②中国对虾渔业盛期（1973—1981 年），渤海秋汛中国对虾平均渔获量
为 25 448 t，占世代产量的 72.7%，春汛的平均产量为 1 792 t，所占世代产量比例则降为
5.1%。③80 年代初至 90 年代初（1982—1990 年），渤海秋汛中国对虾的平均渔获量虽
然基本与 60 年代持平（10 543 t），但其在世代产量中的占比则增至 90% 以上，亲虾数量
显著减少，仅为 60—70 年代的 1/3 多一点。④中国对虾渔业衰落期（1991—1998 年），
渤海中国对虾的补充量大幅度下降，秋汛平均渔获量仅为 2 022 t，90 年代后期则不足
1 000 t，渤海秋汛中国对虾渔业因补充量锐减而衰落（图 1-9）。

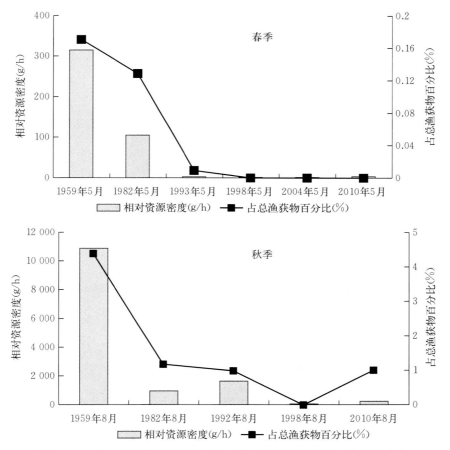

图 1-9　近 40 年渤海中国对虾密度及其在渔获物中所占百分比的变化

由于中国对虾资源的严重衰退，曾经作为黄海、渤海捕捞支柱产业的中国对虾，现在
已形不成渔汛，只能成为兼捕的对象。分析中国对虾资源严重衰退的原因，主要有两个方
面：一方面，过高的捕捞强度导致进入产卵场亲虾数量的明显不足；另一方面，近岸水域
的富营养化引起赤潮频发，入海径流量减少，化学污染日趋严重，都导致了产卵场生态环
境的恶化。因此，黄海、渤海中国对虾资源的恢复要从亲虾的养护和产卵场生态环境的治

理这两个方面入手才行。

中国对虾渔业是渤海渔业的核心。从 20 世纪 60 年代开始，国家就对中国对虾渔业资源十分重视，首先制订了《渤海区中国对虾资源繁殖保护条例》，此后，很多管理和调整措施都是围绕中国对虾渔业而进行的。中国对虾渔业管理在中国对虾生产管理、亲虾和幼虾保护管理的基础上，进一步健全了措施，实施了系统管理。为了保护好亲虾资源，首先进行了中国对虾越冬场休渔区监督检查，然后实施了对洄游通道的管理，接着加强了对渤海产卵场的海陆联合管理，以保障亲虾良好的产卵环境。在夏、秋季，结合伏季休渔加强了对幼虾资源的保护；秋汛实施统一组织监督管理，坚决维护好开捕期秩序，搞好中国对虾生产。目前，中国对虾资源虽然严重衰退，但由于中国对虾资源在黄海、渤海的地位比较突出，因而中国对虾渔业仍旧需要继续实行管理。首先要限制养殖和育苗使用自然亲虾，提倡使用人工越冬亲虾，以保护更多的自然亲虾繁衍生殖；同时还要保护好幼虾资源，维护好秋汛生产秩序。此外，继续开展中国对虾的增殖放流，使中国对虾资源逐渐得到恢复。

参考文献

邓景耀，1998. 对虾渔业生物学研究现状 [J]. 生命科学，10 (4)：191-194.

邓景耀，叶昌臣，刘永昌，1990. 渤黄海的对虾及其资源管理 [M]. 北京：海洋出版社.

高洪绪，1980. 中国对虾交配的初步观察 [J]. 海洋科学，3：5-7.

高学兴，齐玉祥，张世宏，等，1988. 中国对虾人工交尾技术实验报告 [J]. 河北渔业，1：16-19.

赵法箴，1979. 人工养殖对虾 [M]. 北京：科学出版社.

金显仕，邱盛尧，柳学周，等，2014. 黄海、渤海渔业资源增殖基础与前景 [M]. 北京：海洋出版社.

孔杰，罗坤，栾生，等，2012. 中国对虾新品种"黄海 2 号"的培育 [J]. 水产学报，36 (12)：1854-1861.

李秀民，2013. 中国对虾亲虾多次产卵利用技术 [J]. 河北渔业，9：56-58.

刘萍，孟宪红，何玉英，等，2004. 中国对虾（Fenneropenaeus chinensis）黄、渤海 3 个野生地理群遗传多样性的微卫星 DNA 分析 [J]. 海洋与湖沼，35 (3)：252-257.

罗坤，2015. 近交对中国对虾生长、养殖存活率和抗 WSSV 的影响及"黄海 2 号"主要性状的遗传参数估计 [D]. 青岛：中国海洋大学.

罗坤，张天时，田燚，等，2006. 中国对虾四种人工授精方法的比较分析 [J]. 水产学报，30 (3)：367-370.

孟宪红，孔杰，王清印，等，2008. 微卫星技术对黄、渤海海域 7 个不同地理群体中国对虾的遗传结构和遗传分化研究 [J]. 海洋水产研究，29 (5)：1-10.

权洁霞，2000. 梭鱼和中国对虾的遗传多样性以及对虾总科十二种虾的分子系统进化 [D]. 青岛：青岛海洋大学.

石拓，庄志猛，孔杰，等，2001. 中国对虾遗传多样性的 RAPD 分析 [J]. 自然科学进展，11 (4)：360-364.

涂晶，2016. 围填海活动对渤海湾岸线及水动力环境的影响 [D]. 天津：天津大学.

王克行，杜宣，1989. 提高中国对虾亲虾利用率的研究 [J]. 水产学报，13 (2)：160-169.

王伟继，高焕，孔杰，等，2005. 利用 AFLP 技术分析中国明对虾的韩国南海种群和养殖群体的遗传差异 [J]. 高技术通讯，15 (9)：81-86.

叶昌臣，杨威，林源，2005. 中国对虾产业的辉煌与衰退 [J]. 天津水产，1：9-11.

曾一本，1998. 我国对虾移植、增殖放流技术研究进展 [J]. 中国水产科学，5 (1)：74-78.

张煜，邓景耀. 1965. 渤、黄海对虾标记放流试验 [J]. 海洋水产研究丛刊，20：78-85.

赵法箴，1965. 对虾幼体发育形态. 海洋水产研究资料 [G]. 北京：农业出版社，73-109.

真子渺，中岛国重，田川滕，1966. コウラィエビの体长组成の变化について [J]. 西水研报，34：1-10.

真子渺，庄岛悦子，1969. 标识放流によるコウラィエビの移动と来游量の推定 [J]. 西水研报，37：35-50.

Deng J Y，Kang Y D，Zhu J S，1983. Tagging experience of the Penaeid shrimp in the Bohai Sea and Huanghai Sea in autumn season [J]. Acta Oceanologica Sinica，2 (2)：308-319.

Wang Q Y，Zhuang Z M，Deng J Y，et al，2006. Stock enhancement and translocation of the shrimp Penaeus chinensis in China [J]. Fisheries Research，80：67-79.

第二章
中国对虾资源增殖

增殖是使某一种群的数量增加，改变资源组成的一种方法或措施。渔业资源增殖指的是向天然水域投放各类幼体（或成体、受精卵等）以增加种群数量。增殖可分为3类，即放流增殖、移殖增殖和底播增殖。我国江河湖泊的淡水渔业资源增殖的发展和实效比海洋渔业资源增殖效果要好一些。为了发展海洋渔业资源增殖，农业部于"八五"期间就启动了科技攻关项目"渔业资源增殖研究"，由中国水产科学研究院下属的黄海水产研究所和东海水产研究所，福建省、浙江省、山东省、河北省和辽宁省等（海洋）水产研究所协作执行，试验增殖的种类有中国对虾、真鲷、黄盖鲽、三疣梭子蟹、海蜇等，这项研究最终发展成中国对虾增殖渔业。1990年以来，渤海已不能形成专捕中国对虾的生产渔汛，中国对虾成为其他渔业生产的兼捕对象。自1984年开始，相继在山东半岛南部沿海、黄海北部、渤海等海域放流中国对虾，在增殖放流海域，每年尚能形成中国对虾的渔汛。20世纪90年代中期，在渤海的莱州湾和渤海湾南部，放流工作因虾病暴发而中断。至2005年，山东省渔业资源修复行动计划实施后，放流中国对虾得到恢复。

第一节　人工苗种培育

中国对虾从性腺发育中晚期、产卵、受精卵孵化、无节幼体、溞状幼体、糠虾，一直到最后的仔虾阶段完全是在人工培育条件下完成的，这种在高密度、高溶解氧、高营养、缺乏敌害生物、高出苗率条件下培育出来的仔虾与自然环境下发育的个体在规格、生态及生理习性上、存活率等方面必定存在不同程度的差异。因此，这个阶段的养殖水平、管理水平和方式、技术操作流程及水质条件等直接决定了增殖放流仔虾的健康程度，也在很大程度上决定了放流之后的存活水平及最终对资源量的补充效应。1992年之前，增殖放流中国对虾都是在仔虾期经过池塘暂养阶段培育，幼虾体长达到3～3.5 cm后才被放流到自然海域。由于大规模暴发性病毒病的影响，尤其是仔虾在暂养期受病毒感染风险的困扰，1993年之后放流的中国对虾都是达到仔虾规格（体长在0.7～1.2 cm）进行放流，并且一直延续至今。中国对虾增殖放流苗种的培育流程与养殖苗种培育的流程并无太大差异。

一、亲虾的选择及促性腺发育

亲虾选择的基本标准：个体大、活动力强、无外伤、交配过的雌虾，亲虾附肢齐全，体表光洁，体色正常，甲壳晶莹透明，硬度大，鳃体正常（无溃烂，不变黑），纳精囊饱满凸出，外观呈乳白色（表明已经交尾）。

目前增殖放流亲虾都是海捕亲虾，有秋汛期间捕捞的交尾个体，也有春季捕捞的生殖洄游亲虾。一般挑选体长在 14 cm 以上，活体运回育苗场之后，在适当的控温、控光及营养强化条件下促性腺发育。亲虾经促熟后，挑选性腺发育饱满的亲虾，其特征为卵巢宽大饱满，纵贯整个身体背面，卵巢边缘轮廓清楚，成熟度好（背部性腺色泽为暗绿或褐绿色）。

亲虾的培育密度应视培育条件及亲虾个体大小而定，一般增氧充气条件下，每平方米可放养 5～10 尾。

亲虾移入越冬池后，先稳定 2～3 h，再用消毒剂处理 8～10 h。

秋汛捕捞的交尾雌虾个体需要进行人工越冬培育。越冬期间，光线强弱对亲虾性腺发育有一定影响。亲虾在越冬期适于弱光，喜栖于较暗的地方，过强的光照会抑制对虾摄食，也会使亲虾处于不安状态。因此，将光照控制在 500 lx 以下，不但对亲虾性腺发育有利，同时也可抑制藻类繁衍，避免藻类附着在虾体上而影响其正常生活。越冬后期，根据亲虾产卵时间，适当增加光照强度和日照时间，以利于性腺发育。

水温可在 2 月下旬升至 12 ℃，3 月上旬达到 14 ℃。这样的水温上升幅度可使亲虾在 3 月中旬或 4 月上旬产卵。升温时，应注意一次升温幅度不能太大，每天升温范围以不超过 1 ℃ 为限。

饵料是亲虾性腺发育的基础，饵料的数量与质量直接影响到对虾的性腺发育。一般以活沙蚕、鲜贝肉（牡蛎肉、蛏肉、蛤肉）为主要饵料。投饵量应随水温变化而增减。低温时少喂，第二年春，随着水温逐步升高而增加投喂量。日投饵量控制在越冬亲虾总体重的 5%～8%。催熟期日投饵量一般在 8%～10%，最高可达 15%。1 天饵料量可分 2～3 次投喂，早晨、下午和晚上可按 2∶2∶3 的比例投饲。

适宜的水质是保证亲虾成活和生殖腺良好发育的基本条件。越冬期水质控制指标为盐度 23～35，盐度差变化不超过 3；氨氮含量应低于 0.5 mg/L；溶解氧在 5 mg/L 以上；化学耗氧量在 2 mg/L 以下；重金属及其他污染物不超过渔业水质标准。

水中溶解氧和氨氮含量的高低可作为水质好坏的指标。当水中溶解氧低至 1.32～1.96 mg/L 时，表明水质严重恶化。此外，培育亲虾应特别注意水中的氨氮含量。总之，在培育亲虾的过程中，必须注意充气和定期换水，每日换水量为 20%～30%，并彻底清除池底残饵、粪便及病虾、死虾。换水前先测量水温，将要注入的海水先进行预热，待两者水温接近时再注入水池。

亲虾产卵前，用次氯酸钠溶液刷洗池子的池底、内壁、池埂及走廊等，并经充分暴晒后备用。产卵开始前，先向产卵池放入沙滤水或经 150 目筛绢过滤的水，水深 1 m 左右，并加入 2～3 g/m³ 的 EDTA-2Na，以提高受精卵的孵化率；水温调至产卵的适宜温度 14 ℃，最高不要超过 16 ℃，并进行充气，充气量不易过大，应为每分钟占池水体积的 1%。

挑选性腺发育良好的亲虾，并移入产卵池，产卵池亲虾的密度控制在每平方米 15 尾左右。

二、受精卵孵化

用虹吸法或排水法，将受精卵收集到 100 目的集卵网中。由于收集到的受精卵含有大量的残饵、粪便等污物，因此需及时进行洗卵处理。将过滤的筛绢网箱和外套在 80 目的洗卵筛绢网箱一并放入装满消毒海水的水槽内，并使水不断溢出槽外。将一定密度的受精卵倒入过滤网箱，使卵散落于洗卵网箱内，带水提起过滤网箱，粪便、残饵等被过滤在过滤网箱中，小颗粒有机碎屑随水流走。当洗卵网箱内的卵较多时，停止倒卵，将过滤网箱轻轻取出，再冲洗 5 min 以上。冲洗时，将洗卵网箱提起 2～3 次（不要全部提离水面，不要使卵干露）。水流要缓，水量要足，用干净海水冲洗 1～3 min。最后把洗卵网箱连同卵子慢慢提起，浸入带有药物的干净海水中，维持 1～2 min，杀灭卵子携带的细菌。

卵的消毒方法：用 15～20 mL/m³ 的碘伏浸 1 min，不断晃动或略微充气，然后用消毒海水冲洗 1 min，将卵集中，用塑料桶将卵收集起，迅速倒入孵化培育池。将经消毒处理的卵移入育苗池进行孵化，并加入 2～3 g/m³ 的 EDTA - 2Na。

布卵密度：10 万～15 万粒/m³（水体）。

孵化温度：14～15 ℃。如果需升温，每天升温幅度控制在 2 ℃ 以内。全部育苗过程中严禁快速升降温。

搅卵：卵孵化期间，每隔 1～2 h 用搅水板搅动池水 1 次，使局部的挤压卵漂浮，提高孵化率。

充气量：孵化池的充气量不宜过大，以防冲破受精卵，孵化期间微量充气即可。

三、各期幼体培育（无节幼体—糠虾幼体）

1. 无节幼体培育

无节幼体不摄食，依靠自身卵黄为营养，所以不需投饵。水温逐步升高到 18～20 ℃（升温幅度为 2 ℃/d），当无节幼体发育到 Ⅲ 期时，开始在池内施肥接种单胞藻类（小硅藻、三角褐指藻或角毛藻）。接种量为每毫升 2 万～4 万个细胞，日施肥量控制氮肥在 1～5 g/m³（氮磷铁的比例为 10：1：0.1），繁殖量接近每毫升 15 万个细胞时应暂停施肥。加大充气量，使溶氧量在 4 mg/L 以上；pH 7.8～8.6，盐度 25～35。

无节幼体的孵化密度控制在 15 万幼体/m³（水体）。

2. 溞状幼体培育

溞状幼体以摄食植物性饵料为主，池水内单胞藻密度应保持在 15 万～20 万个/mL。水温提高到 22 ℃，日加水量 10～20 cm，充气造成水体近于沸腾状态，溞状幼体第 2 期时适量投入轮虫，每天每尾幼体投喂轮虫 5～10 个，第 3 期时可投喂少量刚孵出的卤虫幼体，每天每尾幼体投喂卤虫幼体 3～10 个。生物饵料不足时，可投喂适量配合饲料。当添加新鲜海水满池后（或溞状幼体第 3 期），每天换新水 1 次，用 80 目换水网箱进行换水和加水，每天换水 20～30 cm。

轮虫的病毒检测：使用轮虫前，需对轮虫进行 WSSV 病原检测，选择检测结果为阴性的商品轮虫作为饵料。推荐使用全人工培育的轮虫。

3. 糠虾幼体培育

糠虾幼体的食性转换成以动物性饵料为主，但单胞藻类仍需保持一定数量（2万~3万个/mL），糠虾幼体I期时，卤虫幼体可按1尾10~20个/d投喂，II~III期为20~30个/d。活饵不足时，也可投喂微粒配合饵料。需及时清除池底沉积物，换水量为30 cm/d。进换水过滤网目改为60目，水温仍保持在22℃。

卤虫的病毒检测：采购不同的商品卤虫，并进行WSSV检测，选择检测结果为阴性的商品卤虫作为饵料。

四、仔虾培育

推荐仔虾第2天更新育苗池。事先将新育苗池加满水，调整温度、盐度等水质因子使其在更新前后保持一致，用网捞取移动仔虾，将密度控制在2万~5万尾/m³（水体）。移动时须保障新池中有足够的轮虫或卤虫饵料。

仔虾的摄食量明显增大，前期仔虾（P_1~P_2）每尾可食卤虫幼体70~100个/d。卤虫幼体供应不足时，可投喂绞碎、洗净的小贝肉或微粒配合饵料，全喂蛤肉的日投喂量为10~15 g/万尾，要少投勤喂，尽可能减少残饵。换水量为50 cm/d，虾苗出池前2~3 d，要使水温逐步下降（降幅为2℃/d），以便降至室温时出苗。

五、中间培育

为提高养成池对虾的成活率，可将虾苗（P_7~P_8）进行中间培育。移放虾苗前后，应施肥繁殖饵料生物，为提高饵料安全性，中间培育投喂的卤虫最好经过WSSV检验，也可投喂其他鲜活饵料，如新鲜蛤肉、鱼肉等。培育期间应及时添换水，使盐度保持在35以下，一般培育15~20 d，仔虾体长达2.5~3 cm后即可出池。

1. 中间培育池

中间培育可使用小型养成池，但最好是修建专用温室或塑料大棚的培育池。中间培育池水深1 m，池底坡度大，比降为1‰，方便顺利排干池水。排水闸门应具有安装锥形袖网的闸槽。使用室内培育池或塑料大棚有利于提高池水温度，降低水温的日变化幅度，稳定水环境，进而有利于提高虾苗成活率。

2. 中间培育的放苗及放苗量

放苗前，应对培育池进行清洁、消毒，繁殖浮游生物。当池水透明度达30~40 cm时，即可放苗。放苗前注意中间培育池与育苗池水的盐度、温度接近。室外培养池每667 m²放苗量可达5万~10万尾。在温室及塑料大棚内有充气条件时，每667 m²放苗量可达10万~20万尾。

3. 中间培育管理

中间培育主要管理工作是做好水环境与投饵管理。放苗前应使用化肥肥水，水色为黄绿色、绿色、黄褐色。透明度为0.3~0.4 m。建议使用充气设施，主要水质参数为：溶解氧5 mg/L以上，总氨氮0.6 mg/L以下，pH 7.8~8.6，水温20~26℃。培养过程中，应逐步调整盐度，出苗时盐度应该达到与养成的养殖池盐度一致。出池前几天，应将水温调整到与养成池一致。饵料可以使用微颗粒配合饵料，但尽可能投喂一些活卤虫或洗清洁的、剁碎的鲜贝肉。控制投饵量为摄食量的 70%～80%。控制饲料使用量以防水质恶化。在培育后期，酌情少量换水，每日换水量不超过 3%～5%。每日计算日投饵总量，然后分 4～6 次投喂。根据每日摄食情况调整投饵量，切勿过量投喂。

4. 收苗

虾苗体长达 2.5 cm 后，应及时收苗，并放入养成池。使用末端连活水网箱的袖网进行收苗。室外培养池收虾苗时，建议使用长 2～3 m、宽 1.5 m、高 1 m 的活水网箱。缓慢放水收苗，切勿使虾苗在网箱内长时间积压。采用带水称重方法计数中国对虾虾苗。容量为 10 L 的塑料桶，一次称量不应超过 1 kg 虾苗。

六、出苗与放养

1. 虾苗计数

虾苗计数可采用无水或带水称重法，也可采用干容量法计数。

无水称重法：用 60 目筛网做一个直径 20 cm 的网盘，用网盘捞取虾苗，待不淌水时称重，去掉网盘湿重，算出纯重，计算每克尾数后按重量求得总虾苗数。每次称苗不要太多，以免相互挤压伤苗。注意操作敏捷。

带水称重法：先取少量虾苗，用药物天平称取净重，计数以单位重量的尾数进行。用 10 L 塑料桶，加 6～7 L 水，称重；然后用捞网捞入虾苗，倒入虾苗时，捞网以不淌水为准；称塑料桶总重，计算纯虾苗重；注意称量对虾苗的密度不可太大，时间不可拖得太长，预防中国对虾虾苗因缺氧死亡；称量的虾苗重，每桶不得超过 500 g。

干容量法：用一个底部为筛网或具多孔的小杯，捞取一杯虾苗，计量杯内虾苗数。然后以此杯为量具捞苗计数。

2. 虾苗运输

虾苗运输应根据路程远近、运输时间及运输者所具备条件而定。通常近距离可采用帆布桶内衬尼龙袋运输，远距离使用尼龙袋充氧运输。

帆布桶运输：直径 80 cm 的帆布桶，加水 1/3，在水温 20 ℃以下时，每 0.1 m³（水体）可装全长 1 cm 虾苗 10 万～15 万尾，可经受 5～8 h 运输；帆布桶内衬大塑料袋，桶内装水 1/3，充氧，扎口运输，运输量可增大至每桶 40 万～50 万尾。

尼龙袋运输：使用容量为 10 L 的尼龙袋，装水 1/3，可运输体长为 1 cm 的虾苗 1 万～2 万尾；充入氧气，在 20 ℃左右的气温下，可经受 10～15 h 运输。

第二节　增殖放流人工苗种驯化

自然环境中，水生动物游泳、打斗等活动频率过高会引发捕食者的关注，增加被发现和被捕食的风险。中国对虾具有较高的互残攻击行为和游泳活动频率（张沛东等，2008），导致放流后具有较高的被捕食率（Wang et al，2006）。而人工环境中培育的苗种往往存在摄食、防御等自然行为属性的缺失，导致放流后具有较高的被捕食率。研究表明，行为驯化可降低人工苗种非自然行为发生概率，大幅提高放流苗种的初期存活率，从而实现对驯化种类的人为控制。弹跳运动是决定对虾躲避捕食和攻击的关键因素，与对虾生存密切相关。因此，通过人工驯化，降低中国对虾放流群体的互残攻击和游泳活动频率，增强其弹跳逃逸能力，对提高中国对虾增殖放流效果具有重要的生态学意义。本节研究通过追赶训练模拟捕食胁迫，探究了不同追赶强度下中国对虾幼虾的摄食、生长、存活、能量代谢关键酶活以及游泳和弹跳行为的变化，构建了中国对虾放流群体苗种驯化方法。

一、驯化方法的设计

中国对虾购自山东省日照海辰水产有限公司（日照市）。实验虾放入 2 m³ 水槽中暂养 1 周。暂养期间所有环境因子与养殖场保持一致，其中水体持续充气保持溶解氧处于饱和水平，温度维持在 （21±1）℃，光照周期为 14 h 光照：10 h 黑暗，盐度为 30～32。每天更换三分之一海水，饱食投喂 3 次 （分别为 07：00、15：00、23：00）配合饲料（粗蛋白 42.0%、粗脂肪 7.0%、灰分 16.0%、水分 11.0%）。实验虾初始规格为湿重 （1.13±0.15） g，干重 （0.29±0.06） g。

训练强度设 4 个水平：对照组（不刺激）、25%-疲劳组、50%-疲劳组和 100%-疲劳组，每组各设 3 个平行。对照组不进行追赶训练，追赶训练组通过手抄网持续追赶对虾，模拟捕食胁迫刺激对虾产生弹跳运动。通过控制追赶次数来确定训练强度。一次追赶被定义为将实验虾从水槽一侧赶至另一侧。每隔 5 s 追赶 1 次。100%-疲劳组对虾被持续追赶直至达到疲劳状态，疲劳判断以所有实验虾停止弹跳为标准。25%-疲劳组、50%-疲劳组和 100%-疲劳组的持续追赶次数分别为 6 次、12 次和 24 次，对应的追赶时间分别为30 s、1 min 和 2 min。对虾每天训练 3 回，分别为 08：00、16：00 和 24：00。

苗种驯化期间，对虾每天投喂 3 次，投喂时间分别为 07：00、15：00、23：00，每天投喂量约为体重的 8%。投喂 1 h 后回收残饵。每次投喂前检查所有水槽对虾死亡状况以计算死亡率。统计死亡对虾的游泳足、步足和尾足的丢失状况以计算各器官丢失率。各器官丢失率为 $R=100×L/D$，其中 L 是死亡个体中丢失游泳足、步足或尾足的对虾数量，D 为死亡对虾的总量。驯化期间水温维持 （21±1）℃，光照周期为 14 h 光照、10 h 黑暗，盐度为 30～32，水体持续充气维持溶解氧饱和，每天更换三分之一海水。

苗种驯化时间为 40 d。驯化结束后，每个水槽随机挑选 29 尾对虾并分为 6 组，剩余对虾留作备用。第 1 组包含 10 尾对虾用以测量生长指标；第 2、3 和 4 组均包含 3 尾对虾，分别用以测量全虾体组分、乳酸含量和肌肉代谢酶活。第 5 组和第 6 组各包含 5 尾对虾，分别用以观察行为和测量弹跳速度。第 1、2、4、5 和 6 组对虾于最后一次追赶训练后 48 h 开始取样，以消除最后一次追赶训练产生的应激胁迫；第 2 组（用于测量乳酸含量）对虾于最后一次追赶训练后 7 h 开始取样，驯化结束后，测量对虾生长、体组分、乳酸含量和代谢酶活、运动频率和弹跳能力。

生长指标测量过程如下：实验虾首先测量体长和湿体质量，然后放入烘箱于 105 ℃持续烘干 24 h 测量干体质量。特定生长率（specific growth rate，SGR）和饵料转换效率（food conversion efficiency，FCE）计算公式如下：

$$SGR（\%/d）=100×(\ln W_{w2}-\ln W_{w1})/T \qquad (2-1)$$

$$FCE（\%）=100×(W_{d2}-W_{d1})/C \qquad (2-2)$$

式中，W_{w1} 和 W_{w2} 分别是实验虾初始和实验结束时湿体质量 （g）；W_{d1} 和 W_{d2} 分别是实验虾初始和实验结束时干体质量（g）；C 是单尾虾实验期间总摄食量（干重，g/尾）；T 是实验时间（40 d）。

体组分测量过程如下：实验虾于 105 ℃烘干 24 h 测量全虾水分，然后研磨成粉末用于测量灰分、粗蛋白和粗脂肪；灰分采用马弗炉于 550 ℃煅烧 24 h 测定；粗蛋白含量测定采用自动凯氏定氮仪（Denmark，Foss，2300），粗脂肪含量测量采用氯仿-甲醇法。

乳酸取样过程如下：用滤纸吸干实验虾体表水分，用 1 mL 注射器插入实验虾第 1 对游泳足基部凹陷处抽取血淋巴，然后用解剖刀取 0.1 g 腹部肌肉。血淋巴于离心力 3 000g 和 4 ℃条件下离心 10 min，取上清液用于乳酸测量。腹部肌肉样品加入 3 倍体积缓冲液进行匀浆。匀浆液于离心力 2 500g 和 4 ℃条件下离心 10 min，取上清液用于乳酸分析。酶活测量指标为糖酵解酶（磷酸果糖激酶 PFK、己糖激酶 PK、乳酸脱氢酶 LDH）、三羧酸循环酶（柠檬酸合酶 CS）和呼吸链酶（细胞色素 C 氧化酶 COX）。取样部位为腹部肌肉，取样和匀浆方法同乳酸测量过程。酶活定义为单位时间（min）和单位重量（g）组织蛋白于 21 ℃温度下产生或消耗 1 μmol 底物所需的酶量，单位为 μmol/（min·g）（蛋白质）。乳酸、PFK、PK、LDH、CS 和 COX 酶活的测量方法参考南京建成试剂盒说明书。

运动频率观察方法为单尾实验虾放入 9.5 L 水槽中适应 10 min。水槽一侧放置摄像机用以拍摄对虾行为，行为观察时间为 1 h。通过视频软件分析对虾行为特征。对虾行为分为游泳、爬行和静止 3 类。游泳定义为对虾离开水槽底部的任何运动；爬行定义为对虾步足接触水体底部的缓慢运动；静止定义为对虾处于非游泳和非爬行的行为。行为频率计算公式为：

$$F（\%）=100\times S/T \tag{2-3}$$

式中，S 是 1 h 内特定行为（如游泳、爬行或静止）的持续时间（min），T 是总观察时间（60 min）。

弹跳能力测量方法为单尾实验虾放入水槽并适应 5 min。用小抄网轻触实验虾头胸甲，使其产生弹跳运动。弹跳刺激期间拍摄 30 s 视频。视频拍摄结束后测量实验虾体长，体长精确至 0.1 cm。实验视频用 Photoshop 软件将第 1 次连续弹跳运动的第 1 帧与最后一帧截图进行合成，测量实验虾额剑通过的距离作为弹跳距离（d，cm）。弹跳时间（t，s）= N/25，N 为弹跳运动的帧数（每帧为 1/25 s）。绝对弹跳速度（v，cm/s）= d/t。相对弹跳速度（BL/s）= v/体长。每尾实验虾连续测量 3 次弹跳，取平均值。

二、驯化后中国对虾的生化特征

运动主要通过肌肉收缩完成，是一个耗能过程。在暴发或力竭运动中，动物主要通过肌肉厌氧糖酵解获取能量，因此长期的暴发或力竭运动能够提高动物厌氧代谢能力。本研究中，追赶训练提高了中国对虾腹部肌肉磷酸果糖激酶 PFK、己糖激酶 PK 和乳酸脱氢酶 LDH 酶活（表 2-1）。原因可能与追赶过程中对虾能量代谢特征有关。追赶训练类似捕食胁迫，能够刺激对虾产生弹跳运动。对虾弹跳是一种高强度运动，能量最初由磷酸肌酸分解获取，但腹肌中磷酸肌酸含量很低，弹跳所需能量大部分源自厌氧糖酵解。因此，追赶训练后对虾腹部肌肉厌氧代谢能力增加。

中国对虾剧烈运动后肌肉中形成大量乳酸。乳酸消除路径有两个：①直接在肌肉中氧化再利用；②肌肉乳酸释放至血淋巴，并通过血淋巴传送至其他部位，如肝胰脏等合成糖原再利用。通常来说，只有少部分乳酸会被肌肉直接氧化利用，大部分乳酸通过血淋巴传送至其他器官。以上生理特征称为乳酸消除，可为器官提供能量来源。相比哺乳动物，脊椎动物乳酸消除能力相对较弱，消除三分之二以上的乳酸通常需要 $2\sim17$ h（Lackner et al，1988）。对于十足甲壳类，褐虾（*Crangon crangon*）弹跳运动后，3 h 内血淋巴含量仍保持极高水平（Onnen et al，1983）；南美白对虾弹跳疲劳后，1 h 内血淋巴乳酸含量仍维持较高水平（Robles‐Romo et al，2016），6 h 后血淋巴乳酸含量恢复至静止水平（Aparicio‐Simón et al，2010）。本研究中，弹跳后中国对虾肌肉产生的乳酸释放至血淋巴，因此各训练组腹肌乳酸含量并无显著差异。对于血淋巴，弹跳运动 7 h 后 50%-疲劳组（追赶 1 min）和 100%-疲劳组（追赶 2 min）血淋巴乳酸含量仍保持较高水平（表 2-1）。以上结果表明，相比南美白对虾，中国对虾运动后乳酸消除能力相对较弱。

表 2-1　不同追赶强度下中国对虾生化特征

指　标	对照	25%-疲劳组	50%-疲劳组	100%-疲劳组
乳酸含量（μmol/mg）				
腹部肌肉	(0.072 ± 0.007)a	(0.075 ± 0.009)a	(0.069 ± 0.005)a	(0.078 ± 0.004)a
血淋巴	(2.047 ± 0.125)c	(2.167 ± 0.258)c	(2.789 ± 0.166)b	(3.335 ± 0.104)a
腹部肌肉酶活 [μmol/(min·g)]				
磷酸果糖激酶（PFK）	(188.70 ± 8.51)d	(232.09 ± 6.86)c	(260.55 ± 5.19)b	(290.72 ± 8.65)a
丙酮酸激酶（PK）	(128.85 ± 7.11)d	(160.32 ± 8.19)c	(194.21 ± 9.17)b	(218.22 ± 9.83)a
乳酸脱氢酶（LDH）	(168.97 ± 8.76)d	(214.65 ± 11.61)c	(243.84 ± 7.45)b	(270.04 ± 9.20)a
柠檬酸合酶（CS）	(25.59 ± 3.95)a	(26.35 ± 3.55)a	(28.26 ± 2.81)a	(27.03 ± 2.35)a
细胞色素 C 氧化酶（COX）	(24.87 ± 4.18)a	(27.51 ± 4.42)a	(28.51 ± 3.23)a	(29.93 ± 2.89)a

注：同行不同字母表示不同训练强度间差异显著（单因素方差分析和 Duncan 两两比对，其中训练强度设为固定因子，平行设为随机因子；$P<0.05$）；平均值±标准误；$N=9$（3 个平行，每个平行包含 3 个样本）。

三、驯化后中国对虾的活动频率

追赶训练能够显著改变水生动物行为特征，如追赶训练后真鲷（*Pagrus major*）表现出更早的觅食时间、更高的捕食躲避能力和更短的出苗潜伏期等（Takahashi et al，2018）。Takahashi 等（2013）研究发现，2 周的追赶训练能够显著降低牙鲆（*Paralichthys olivaceus*）游泳活力，从而降低被捕食者发现的概率。

本研究发现，追赶训练后，中国对虾游泳频率显著下降，静止频率显著升高（表 2-2）。以上结果表明，追赶训练后中国对虾表现出更强的谨慎性，原因可能与追赶过程中形成的捕食胁迫有关。在缺乏捕食者环境中，动物的谨慎性和警惕性下降，表现出更高的游泳活力。长时间的游泳活动能够吸引捕食者，增加被捕食者发现的概率。已有研究显示，鱼类面临捕食胁迫时能够降低游泳活力以降低被捕食风险（Reinhardt，1999）。养殖环境中犬齿牙鲆（*Paralichthys dentatus*）缺乏捕食胁迫，游泳活力较高，释放至野生环境后被捕食率明显高于野生群体（Kellison et al，2000）。虾类面临捕食胁迫时同样表现出较强的谨慎性，如降低游泳频率（Carson et al，2005；Kunz et al，2006），增加静止时间并且寻找遮蔽物（Kunz et al，2004）。追赶训练类似捕食胁迫（Takahashi et al，2013），因此追赶训练后中国对虾降低游泳活力，表现出更强的谨慎性。

表 2-2　不同追赶强度下中国对虾的行为特征

指　　标	对照	25%-疲劳组	50%-疲劳组	100%-疲劳组
频率（%）				
静止	(29.2±2.6)b	(51.5±3.6)a	(54.0±1.1)a	(57.9±4.8)a
爬行	20.5±1.1	23.5±2.4	19.3±1.8	18.8±1.6
游泳	(50.3±1.5)a	(25.0±1.3)b	(26.7±2.6)b	(23.3±3.5)b
运动逃跑能力				
绝对弹跳速度（cm/s）	(39.65±1.73)c	(53.65±2.20)b	(56.21±1.98)ab	(59.11±1.46)a
相对弹跳速度（BL/s）	(6.35±0.34)d	(8.06±0.25)c	(9.54±0.29)b	(10.43±0.17)a

注：BL 为体长；同行不同字母表示不同训练强度间差异显著（单因素方差分析和 Duncan 两两比对，其中训练强度设为固定因子，平行设为随机因子；$P < 0.05$）；平均值±标准误；$N = 15$（3 个平行，每个平行包含 5 个样本）。

四、驯化后中国对虾的逃逸能力

运动能力对水生动物生存至关重要，是决定动物躲避捕食和攻击的关键因素。运动训练对水生动物运动能力的影响与物种有关。本研究中，追赶训练能够显著提高中国对虾的绝对弹跳速度和相对弹跳速度（表 2-2），原因可能是追赶训练提高了中国对虾腹肌糖酵解酶活，促进了弹跳过程中能量的获取。本研究中对虾腹肌 PFK、PK 和 LDH 酶活与弹跳速度的线性正相关能够予以佐证（图 2-1）。

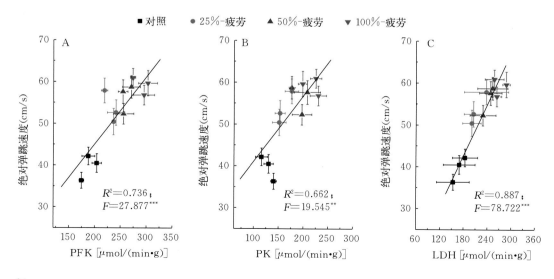

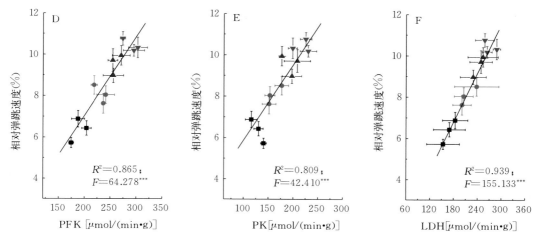

图 2-1 追赶训练后中国对虾弹跳速度与腹部肌肉糖酵解酶活的关系
代表 $P < 0.01$；*代表 $P < 0.001$（ANOVA）

五、驯化后中国对虾的存活和生长

1. 存活

已有研究显示，中国对虾运动器官如游泳足、尾足和步足的丢失与互残有关（Sellars et al，2004）。中国对虾具有相对较强的攻击和互残行为（张沛东等，2008）。本研究中，大部分死亡对虾均丢失游泳足、步足或尾足（表 2-3），表明中国对虾死亡可能是互残所致。

表 2-3 不同追赶强度下中国对虾存活率和器官丢失

指　　标	对照	25%-疲劳组	50%-疲劳组	100%-疲劳组
存活个体				
初始对虾数量（尾）	60	60	60	60
存活率（%）	(54.44±2.42)b	(88.89±1.47)a	(90.00±0.96)a	(90.56±2.00)a
死亡个体				
死亡对虾总量（尾）	(27.33±1.45)a	(6.67±0.88)b	(6.00±0.58)b	(5.67±1.20)b
未丢失游泳足、步足或尾足对虾数量（尾）	4.33±0.33	4.00±0.58	3.67±0.67	4.00±0.58
丢失游泳足、步足或尾足对虾数量（尾）	(23.00±1.73)a	(2.67±1.20)b	(2.33±0.33)b	(1.67±0.67)b
游泳足丢失率（%）	98.55±1.45	100±0.00	88.89±11.11	100±0.00
步足丢失率（%）	93.09±3.79	93.33±6.67	83.33±16.67	88.89±11.11
尾足丢失率（%）	57.61±8.72	36.67±18.56	55.56±5.56	55.56±29.40

注：同行不同 　　　　　训练强度间差异显著（单因素方差分析和 Duncan 两两比对）；平均值±标准误；$N=$ 3（3 个平行）。

本研究结果显示，25％-疲劳组、50％-疲劳组和100％-疲劳组对虾的存活率均显著高于对照组，表明追赶训练能够提高中国对虾的存活率。原因可能有两方面：①追赶训练降低自残攻击现象；②追赶训练提高弹跳能力。长期捕食胁迫能够降低水生动物的攻击行为。例如，水体存在捕食者气味时，银大麻哈鱼（*Oncorhynchus kisutch*）种内攻击频率和攻击时间显著下降（Martel et al，1993）。孔雀鱼（*Poecilia reticulata*）面临捕食胁迫时，雄性之间的竞争打斗行为显著下降（Kelly et al，2001）。滞育小鲵（*Hynobius retardatus*）降低互残行为以应对捕食胁迫（Kishida et al，2011）。本研究中，追赶训练类似捕食胁迫，降低了中国对虾游泳活力。游泳活力降低意味着高密度环境中对虾互相接触的概率下降，这无疑能够降低种内攻击和互残现象。此外，弹跳是对虾速度最高的运动，与对虾躲避捕食和攻击等有关。弹跳速度上升无疑能够增加对虾的逃逸能力，降低被攻击的概率。本研究中追赶训练提高了中国对虾的弹跳速度，从而提升了对虾的存活能力。

2. 生长

本研究发现，追赶训练对中国对虾体组分并无显著影响，但高强度追赶训练降低了中国对虾生长，如50％-疲劳组和100％-疲劳组生长速度显著小于对照组（表2-4），原因可能与血淋巴乳酸上升抑制摄食有关。对哺乳动物的相关研究显示，猕猴被注射乳酸后，虽然乳酸蓄积仅持续了30 min，但猕猴食欲却被抑制了2 h（Baile et al，1970）。在鱼类中，高强度追赶训练能够提高虹鳟乳酸含量，抑制虹鳟食欲，降低虹鳟的摄食量（Gamperl et al，1988）。本研究中，50％-疲劳组和100％-疲劳组血淋巴乳酸含量在摄食期间仍保持较高水平，抑制了中国对虾摄食，从而降低了中国对虾生长。

表2-4 不同追赶强度下中国对虾摄食、生长和体组成

指　　标	对照	25％-疲劳组	50％-疲劳组	100％-疲劳组
摄食和生长				
总摄食量（g/尾）	(2.15±0.06)a	(2.13±0.02)a	(1.63±0.03)b	(1.28±0.05)c
体长（cm）	(6.26±0.05)b	(6.66±0.08)a	(5.80±0.08)c	(5.56±0.06)d
湿体质量（g）	(2.10±0.05)b	(2.41±0.06)a	(1.91±0.05)c	(1.74±0.04)d
特定生长率（％/d）	(1.50±0.07)b	(1.84±0.08)a	(1.26±0.05)c	(1.04±0.06)d
饵料转换效率（％）	(10.98±0.19)b	(14.74±1.24)a	(11.36±0.41)b	(11.04±0.69)b
全虾体组分				
水分（％，湿重）	74.98±0.62	74.69±0.59	74.29±0.80	74.24±0.76
粗蛋白（％，干重）	72.24±0.54	72.98±0.40	74.26±0.38	72.50±0.42
粗脂肪（％，干重）	5.67±0.10	5.54±0.15	5.44±0.15	5.59±0.16
灰分（％，干重）	13.15±0.40	13.52±0.32	13.42±0.33	13.58±0.45

注：同行不同字母表示不同训练强度间差异显著（单因素方差分析和Duncan两两比对，其中体长、体重和特定生长率检验过程中训练强度设为固定因子，平行设为随机因子；$P<0.05$）。平均值±标准误；$N=3$（3个平行）。

本研究中25％-疲劳组中国对虾血淋巴乳酸含量与对照组无显著差异，因此25％-疲劳组对虾摄食量并未显著下降。此外，25％-疲劳组体长、体重和特定生长率显著高于对照组（表 2-4），表明适度追赶训练促进中国对虾生长。原因可能有两方面：①追赶训练降低游泳活力；②追赶训练降低打斗行为。水生动物游泳过程中能量代谢速率是静止水平的 10～15 倍（Brett，1972），这意味着动物游泳需要消耗大量能量。追赶训练降低了对虾游泳活力，从而减少了分配于游泳代谢的能量，导致更多能量分配于生长，提高了能量利用效率，因此 25% 疲劳组饵料转换效率最高。已有研究显示，高密度养殖下，动物打斗频率下降可提高生长速度（Larsen et al，2012）。Takahashi 等（2018）研究发现追赶训练能够降低鱼类打斗行为。虽然本研究并未直接统计中国对虾打斗行为，但甲壳类打斗行为可通过死亡率进行推测。通常认为，排除其他非致死因素，甲壳类死亡的重要原因是打斗互残所致（Romano et al，2016）。本研究中追赶训练组具有相对较高的存活率，由此可以推测，追赶训练减少了高密度养殖模式下中国对虾的打斗行为。

六、人工苗种驯化方法的构建

中国对虾具有较高的互残行为，追赶训练能够提高幼虾的躲避能力，降低互残行为的发生；追赶训练能够降低中国对虾游泳活力，增加静止频率，使中国对虾表现出更强的谨慎性；追赶训练能够提高幼虾腹部肌肉厌氧代谢能力，增加弹跳速度，提高躲避捕食者的能力。上述行为变化可降低中国对虾被捕食者发现和被捕食风险。但是过度的追赶训练能够引起中国对虾血淋巴乳酸过量蓄积，抑制对虾摄食，最终降低对虾生长。

由此可以认为，放流前对中国对虾苗种进行追赶训练，可提高放流群体的存活能力，但训练强度不宜过大，最佳训练强度为 25%-疲劳水平。

第三节　人工苗种增殖放流

一般而言，渔业资源（包括中国对虾）增殖技术大体上由放流苗种、苗种暂养和放流技术等组成。

一、增殖放流苗种

选择健康的海捕亲虾原种，作为增殖放流苗种培育的亲本，以保持放流苗种的野生性状，避免野生群体的遗传性状缺失。

发展渔业资源增殖，要有成熟的育苗技术支撑。目前，单位水体出苗量已达 10 万尾（体长为 7～10 mm），仔虾质量以色青、光亮、活泼、无病、无杂物为优。用来增殖的苗种，需经检验、检疫合格后，方可用于放流。2005—2011 年，山东省放流中国对虾既有 10 mm 左右的仔虾，也包括经过暂养后体长达到 25 mm 以上的幼虾。仔虾和幼虾的价格受市场因素影响会有一定程度的波动。

目前，黄海、渤海放流的中国对虾苗种有经过暂养的大规格苗种和未经暂养的小规格苗种。在福建省东吾洋，放流未经暂养的体长为 10 mm 的仔虾，1986—1990 年 5 年共放流 7.09 亿尾，回捕中国对虾 917.8 t。在浙江省象山港，放流了暂养约 20 d 的体长为 30 mm 的幼虾，1986—1989 年 4 年共放流 6.82 亿尾，回捕中国对虾 1 142 t。1996 年之前，在山东半岛南部沿海、黄海北部和渤海，都是放流暂养约 20 d 的体长为 30 mm 的幼虾。1996年以后，在黄海北部，为了减少暂养期内病毒感染对增殖效果的影响，采取了缩短暂养期、提前放流、减小放流体长（幼虾体长25 mm以上）等措施。一般来说，放流条件包括放流水域、放流天气状况、放流体长。放流大规格苗种，对放流条件的要求可以低一些；放流小规格苗种，对放流条件的要求较为严格。放流水域要选择在港湾区，并要在好的天气状况下放流，否则会影响增殖的效果。

苗种暂养时，在中国对虾生态养殖池中，增殖篮蛤、沙蚕，接种卤虫、麦秆虫、蜾蠃蜚等，模拟自然生长环境，培育出达到放流规格的中国对虾健康苗种。暂养期内，需投饵，并使用免疫增强剂，阻断、抑制病毒感染。应用生物水质调节技术，在暂养过程中，防止环境及生物污染。中国对虾苗种暂养池以面积3.33～6.67 hm²、水深大于1 m为佳，暂养密度为450万～600万尾/hm²，暂养期一般为20 d左右，视需要而定。

二、放流技术

苗种计数是中国对虾放流的焦点问题，不但管理人员对其非常重视，就是渔民及社会各界，都对这一问题普遍关注。目前，在黄海、渤海放流的中国对虾苗种计数，主要采用抽样重量计数法（即干称法）、专家评估法以及干称法与专家评估相结合的方法。目前，在山东省，中国对虾放流苗种计数，采用的是干称法与专家评估相结合的方法，即出场苗种首先进行抽样计数，暂养后，组织专家组对暂养池内的苗种进行现场评估，再抽取一定数量的暂养池，进行干称计数，然后，根据干称计数结果，对各个暂养池的苗种数量进行综合评估。

采用的投放操作方法有3种。①一般投放：人工将苗种距离水面1 m之内，顺风、缓慢投入放流水域，随拆箱、随投放。②滑道投放：使用滑道进行苗种的投放，滑道材料为无毒、聚乙烯或不锈钢，其表面要光滑，将滑道置于船舷两侧，与水平面夹角小于60°，且其末端接近水面，若放流苗种滞留在滑道上，用水将苗种缓慢冲入水中。该方法适用于大规格苗种的放流。③特种投放：经中间培育池培育后的苗种，仔虾经检验、检疫，确认其质量达标，经评估计数后，直接将池的闸门打开放流，等培育池的水自然排干后，再纳水冲池1次。

小规格苗种放流时，将仔虾装进已注入约5 L海水、容积为20 L的双层无毒塑料袋中，装苗密度控制在2.0万～2.5万尾/袋，充氧扎口后，装入泡沫箱或纸箱，将装苗箱放阴凉处，整齐排列，等待随机抽样计数。每计数批次，按装苗总袋数的1%，随机抽样，不少于3袋，沥水后，称重，计算出每袋仔虾（含杂质）的平均重量。从抽样样品中再次随机抽取仔虾（含杂质）不少于5 g，通过逐尾计数，计算出单位重量仔虾尾数，进而求出平均每袋的仔虾数量。再根据装苗总袋数，最终求得本计数批次仔虾数量。每计数批次不得超过1 000袋。仔虾运输途中，采取遮光措施，避免剧烈颠簸、阳光暴晒和雨淋，备空压机或氧气瓶应急，从仔虾出池包装，到入海投放结束，持续时间控制在10 h以内，运输成活率达到90%以上。若采用一般投放法放流，待投苗海域的底层水温升至14 ℃以上时放流。若放流日或放流后3 d内，有6级以上大风或中浪以上海浪，应改期放流；若放流日或放流前后3 d内有中到大雨，应延期放流。

三、放流时间

放流时间的确定，应充分考虑放流物种在自然环境下的繁殖期，考虑放流物种的产卵、孵化及幼体培育阶段对水温的要求，考虑自然海域水温的变化。在渤海湾，中国对虾的产卵时间，最早为 5 月 2 日，最迟为 5 月 18 日。在其产卵期间，产卵场底层水温为 13～23 ℃，13 ℃是产卵的最低水温。中国对虾从受精卵孵化到仔虾的培育，水温为 18～26 ℃。出苗过早，放流海区的水温会过低，出苗过晚（6 月），育苗场沉淀池的水温会过高。如果超出了苗种培育水温的范围，亲虾在低温下培育，其难度会加大，造成孵化率低，幼体畸形高，变态期短；亲虾在高温下培育，培育期会缩短，成为"高温苗"，苗种也会产生放流的质量问题。

中国对虾放流时间因苗种规格而异。在山东省，中国对虾放流小规格苗种的时间一般在 5 月下旬，而放流大规格苗种一般在 6 月中旬。辽宁省的中国对虾放流可分为两个阶段，第一阶段是 1984 年至 20 世纪 90 年代末，这一阶段，放流对虾体长在 30 mm 以上，一般从 6 月 20 日开始进行放流。在 20 世纪 90 年代，虾病暴发后，辽宁省停止了中国对虾放流。至 2009 年，重新进行放流，连续进行 3 年，这是第二个阶段，放流时间调整为 6 月 1—7 日，放流规格为 10 mm 仔虾。河北省和天津市的中国对虾苗种大规模育成时间一般在 5 月中下旬，因此，渤海湾中国对虾放流时间一般在 5 月 12—31 日，放流小规格苗种。但是近几年，由于中国对虾放流数量过大，亲虾来源不足以及放流指标下达过晚等因素，利用中国对虾 2 次产卵生产的虾苗，放流时间最晚可到 6 月中旬。

四、放流地点

放流最适宜的海区，应是增殖种类自然产卵场分布的区域，因为产卵场的水温、盐度、溶解氧、饵料生物和敌害生物等环境条件，有利于提高增殖放流苗种的存活率。在黄海、渤海，开展中国对虾放流的海域包括山东半岛南部沿海、黄海北部、渤海。

渤海的增殖，由山东省、天津市、河北省和辽宁省共同开展放流，放流海域有辽东湾、渤海湾和莱州湾。山东省在渤海湾南部的无棣、北海新区、沾化、河口、利津等 6 个点，以及莱州湾的黄河口、垦利、广饶、潍坊滨海经济开发区、寒亭、昌邑等 10 个点开展放流。河北省和天津市根据本底调查的结果和中国对虾的地理属性，并参考以往资源的分布和生产情况等进行综合考虑，放流地主要设置在沧州和唐山，放流点有辽东湾的新开河和渤海湾的南堡、黑沿子、汉沽、塘沽、张巨河、南排河、徐家堡。为了尽可能地保证幼虾入海的成活率，选择在三面背山、比较平稳的海湾，且靠近河口附近、有码头设施的区域进行放流。实际上，2009 年以来，辽东湾中国对虾的放流位置与海蜇的放流位置大体一致，都是在靠近河口的区域；放流地点有辽东湾的营口、盘锦、锦州和葫芦岛，其中，盘锦在盘山和大洼设置两个放流点。

根据中国对虾的洄游分布规律，山东半岛南部沿海的桑沟湾、靖海湾、五垒岛湾、乳山湾、丁字湾、岙山湾、胶州湾、灵山湾、黄家塘湾等海湾，都是中国对虾的主要产卵场，在这些湾内布设了 14 个放流点。

黄海北部的放流点主要有辽宁省的东港、庄河、普兰店等。

五、放流数量

2010 年，山东省、天津市、河北省和辽宁省在渤海、黄海北部、山东半岛南部沿海这 3 个海区进行了中国对虾的放流，共放流中国对虾 48.94 亿尾。其中，体长为 10.0～11.0 mm 的小规格苗种为 38.64 亿尾；经暂养以后，体长达 26.0～37.3 mm 的大规格苗种为 10.3 亿尾。

1984 年开始，山东省在山东半岛南部沿海开展中国对虾放流，除 1987 年未放流外，至 2014 年，共进行了 30 年的增殖，累计增殖放流中国对虾苗种 200.79 亿尾，渔获量为 37 847 t（图 2-2）。1984—1993 年，中国对虾增殖开始起步，放流数量较大，变动在 10 亿尾上下。1994 年，根据放流中国对虾生长速度下降的现实，对山东半岛南部沿海的中国对虾生态容量进行了初步研究，根据研究结果，将放流量调整到 3 亿尾左右。2009 年以后，开展小规格苗种放流试验，将放流量增到 10 亿尾左右。

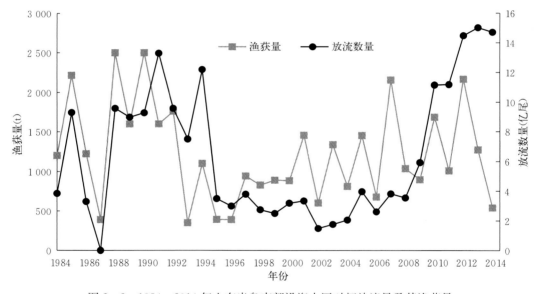

图 2-2　1984—2014 年山东半岛南部沿海中国对虾放流量及其渔获量

山东省开展中国对虾增殖始于 1985 年，在渤海的莱州湾和渤海湾南部实施；至 20 世纪 90 年代中期，因虾病暴发而中断。2005 年，山东省渔业资源修复行动计划实施后，放流得到恢复。2007—2012 年，年放流中国对虾苗种 2.27 亿～12.34 亿尾，平均年放流 5.59 亿尾，累计放流 33.55 亿尾，渔获量为 6 520 t。

2005 年河北省开始大规模放流，截至 2011 年，总计放流中国对虾 55.45 亿尾，渔获量为 6 350 t。2005 年以后，放流数量逐年增加，2009 年放流量为 14.4 亿尾，2012 年放流量达 23.43 亿尾。

1985 年辽宁省开始在辽东湾放流中国对虾，当年放流 2.79 亿尾。1987 年，放流数量最少，仅 1.07 亿尾。1985—1996 年，在辽东湾放流体长为 35～63 mm 的中国对虾苗种，回捕率为 0.02%～2.07%。后来，由于虾病暴发，辽东湾的放流一度中断，直至 2009 年，恢复放流并取得了不错的放流效果。2009—2011 年，共放流 17.64 亿尾，渔获量为 1 147 t。

第四节　资源增殖发展及基于传统方法的效果评估

20 世纪 80 年代以前，中国对虾资源丰富，据统计，秋汛产量最高年份是 1979 年，为 39 499 t，春汛产量最高年份是 1974 年，为 4 898 t。20 世纪 80 年代以后，随着捕捞强度的不断加大和生态环境变迁，水域污染、病害频发及人工养殖业对野生亲虾个体的需求扩大等综合因素的影响，中国对虾野生资源量迅速萎缩。1998 年的统计数据表明，当年秋汛产量已经下降到 500 t，而春汛则在 1989 年之后已经消失。为保护、恢复中国对虾资源，我国于 1981 年开始，在特定海区进行中国对虾移殖和增殖放流实验。其间，开展了苗种生产技术、中间暂养技术、放流技术、计数技术、适宜放流数量、放流水域环境条件、放流资源预报、增殖放流效果评价等方面的研究，并开展开捕前的资源相对数量调查，据此进行相应的资源预报。

一、中国对虾增殖放流情况

1. 山东半岛南部沿海

1984 年，山东省在山东半岛南部沿海，进行了中国对虾增殖放流生产性试验，通过放流，1984 年以后山东半岛南部沿海的中国对虾渔获量由原来的 200 t 左右上升到 350～2 500 t。其间，除 1987 年未放流外，其他年份，放流经过暂养 25 mm 以上的苗种数量在 1.48 亿～13.3 亿尾，其回捕率为 2.0%～9.7%（邱盛尧等，2012）。2005 年，山东省渔业资源修复行动计划实施以后，中国对虾的放流从生产型转向生态型，增殖事业进一步扩大，其渔获量达到 677～2 163 t。随着海参池塘养殖的兴起，山东省沿海对虾养殖池塘，纷纷改造为海参养殖池，同时，山东半岛蓝色经济区的建设，集约用海占用了大量的养殖池塘，致使中国对虾大规格苗种暂养池塘严重短缺。2009 年以后，相继在黄家塘湾、乳山湾和丁字湾开展了体长为 10 mm 小规格苗种的放流试验。从 2011 年开始，进行了中国对虾苗种高密度暂养试验。至 2012 年，在山东半岛南部沿海，累计放流中国对虾 170.54 亿尾，回捕渔获量达 36 147 t。

2. 黄海北部

在黄海北部，中国对虾放流开始于 1985 年，放流体长在 25 mm 以上的大规格苗种。1985 年以前，黄海北部中国对虾的渔获量在低水平上波动，1980—1984 年，平均年渔获量约为 200 t。1985—1993 年，8 年共放流中国对虾幼虾 97.25 亿尾，其渔获量为 18 293 t。1993 年开始，由于虾病和经济等因素的影响，放流规模不断减小，1993—1996 年，平均回捕率为 2.43%。1997 年开始，采取了减小放流体长、缩短暂养期、提前放流等项措施，放流体长为 10 mm 的仔虾，1997 年和 1998 年的回捕率分别为 5.04%、4.71%，相当于放流大规格幼虾回捕率的 10.80% 和 9.42%（叶昌臣，1998；刘海映，1993）。

3. 渤海

渤海是中国对虾的主要分布区，1979 年，渔获量达到 42 726 t，此后，由于捕捞过度、环境污染、产卵场被挤占等原因，资源逐渐衰退。1985 年开始开展中国对虾的放流，主要放流水域有辽东湾、渤海湾和莱州湾，包括山东省、天津市、河北省和辽宁省。1985—1992 年，8 年共放流中国对虾幼虾 86.45 亿尾。1993 年以后，由于虾病和经济等因素的影响，中国对虾的放流一度中断。2005 年，在渤海开始恢复中国对虾的增殖。

4. 象山湾

1986—1989 年浙江省象山港开展了中国对虾的移殖增殖，4 年共放流 6.82 亿尾幼虾，回捕中国对虾 1 142 t，形成了中国对虾的回归种群（徐君卓等，1993）。

5. 东吾洋

1986—1995 年福建省东吾洋开展了中国对虾的移殖增殖，10 年间共放流 9.79 亿尾幼虾，回捕中国对虾 1 191.96 t（叶泉土，1999）。

二、增殖放流中国对虾的资源动态及捕捞量

为了掌握渤海渔业资源增殖的效果，根据 2009 年 5—10 月的调查和统计资料，对在渤海增殖放流中国对虾的分布、生长、资源量以及捕捞生产情况进行了调查和研究。

1. 跟踪调查

中国对虾的跟踪调查主要在渤海的 3 个海湾内进行，莱州湾的 3 次调查时间分别为 2009 年 6 月 29—30 日、7 月 23—30 日、8 月 14—19 日；渤海湾的 3 次调查时间分别为 2009 年 6 月 10—13 日、7 月 29 日至 8 月 3 日、8 月 30 日至 9 月 2 日；辽东湾的 3 次调查时间分别为 2009 年 6 月 15—18 日、7 月 7—13 日、8 月 3—7 日。资源评估调查的范围为整个渤海海域，共调查 2 次，调查时间分别为 2009 年 8 月 5—16 日和 10 月 21—29 日。

根据调查水域的水深等环境条件和调查需求，采取不同的调查方式。第一次跟踪调查在浅水区（1 m）使用手推网（网目 5 mm），每次推网 10 min，在深水区使用扒拉网，每次拖网 20 min，拖速 2 kn；第二次调查都使用扒拉网；第三次调查使用扒拉网或单拖网，扒拉网规格为上网杆 4 m，底脚 2.5 m，网目 12 mm，单拖网规格为网口高度 2 m，网口宽度 10 m，网口周长 524 目，网目 60 mm，囊网网目 20 mm。单拖网每次拖网 0.5 h，拖速 2 kn，租用 30～45 kW 渔船实施拖网。资源评估调查租用 205 kW 双拖渔船，使用专用调查网具，规格为网口高度 6 m，网口宽度 22.6 m，网口周长 1 740 目，网目 63 mm，囊网网目 20 mm，拖速 3 kn，每站拖网 1 h。各类网具详见图 2 - 3。

根据渔获量多少，留取全部样品（≤20 kg）或进行随机抽样（≥20 kg），进行分类和生物学测定。对稀有种类和现场不能鉴定的种类进行保存标本。根据抽样情况综合计算网次总渔获的组成和渔获量。根据取得的平均网获量，取中国对虾的逃逸率为 0.7（钟振如等，1983；俞存根等，2004；黄梓荣等，2009），用扫海面积法估算渤海中国对虾的资源量。

（1）莱州湾 2009 年山东省在莱州湾海域共放流体长 25 mm 的中国对虾 24 711 万尾。6 月底使用扒拉网进行第 1 次跟踪调查，在 14 个站中有 6 站共捕获中国对虾 76 尾，体长为 46～61 mm，平均体长为 51.3 mm，体重为 1～3.8 g，平均体重为 1.59 g。在 7 月 23—30 日进行的调查中，15 个调查站只有 1 站捕获 1 尾中国对虾，体长为 121 mm，体重为 19.8 g。8 月 14—19 日进行跟踪调查使用单船底拖网，设站位 16 个，其中有 13 个站共捕获 56 尾中国对虾，体长为 120～175 mm，平均体长为 149.5 mm（图 2 - 4），体重为 22～60 g，平均体重为 38.5 g（图 2 - 5）。群体中雌雄比例为 1：1.22。

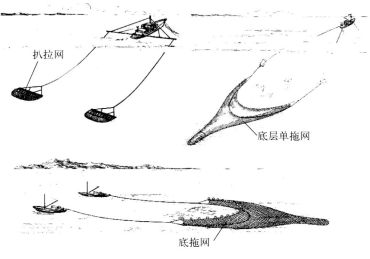

图2-3　调查网具及作业原理示意图

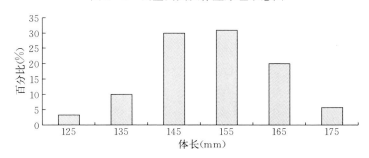

图2-4　2009年8月中旬莱州湾中国对虾的体长分布

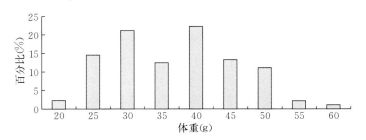

图2-5　2009年8月中旬莱州湾中国对虾的体重分布

从分布范围来看，中国对虾主要集中在莱州湾的西部和北部（图2-6）。

（2）渤海湾　2009年5月11日至6月12日在黄骅海域放流体长为1.2 cm以上的幼虾3.2亿尾，在唐山海域放流同样体长幼虾5.9亿尾。第一次跟踪调查在1 m以内水深用手推网进行，在1 m以上水深用扒拉网；后期跟踪调查的水域较深，使用单拖网。第一次调查于2009年6月10—13日在黄骅放流区进行，设手推网站13个和扒拉网站25个，共捕获349尾中国对虾（手推网捕获77尾，扒拉网捕获272尾），体长为22~72 mm，平均体长为50.3 mm，体重为0.2~4.4 g，平均体重为1.9 g；第二次调查于2009年7月29日至8月3日在新开口以南至黄骅之间海域进行，设扒拉网调查站29个，共捕获946尾

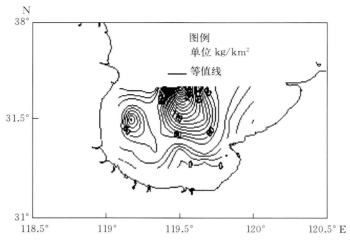

图 2-6 2009 年 8 月中旬莱州湾中国对虾的分布范围

中国对虾，体长为 80～156 mm，平均体长为 133 mm，体重为 8.3～43.3 g，平均体重为 28.0 g；2009 年 8 月底进行第三次跟踪调查，设单拖网站 19 个，共捕获 78 尾中国对虾（在黄骅海域捕获 51 尾，唐山海域捕获 27 尾），体长为 125～185 mm，平均体长为 153 mm（图 2-7），体重为 19～70 g，平均体重为 41.3 g（图 2-8）。

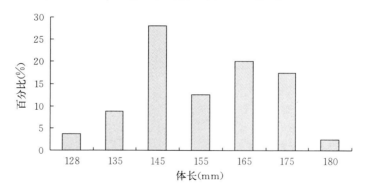

图 2-7 2009 年 8 月中旬渤海湾中国对虾的体长分布

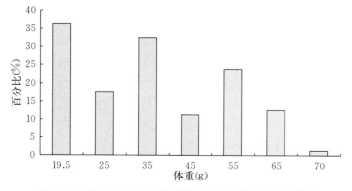

图 2-8 2009 年 8 月中旬渤海湾中国对虾的体重分布

　　从分布范围来看，前期中国对虾多集中在1～2 m水深的河口附近，随着中国对虾的生长，分布范围逐渐扩大，并向南、北散开，分布在4.5 m深以内水域。以南排河口为界，南、北各形成一个高密度的分布区，河口北侧的面积较大，水深在3.3 m以内。7月，放流对虾的分布范围较大，多集中分布在河北、天津的交界处，即118°E两侧水域，4～18 m深水域均有分布，10～15 m为密集分布区；从8月的分布情况来看，放流虾的分布在水深为7～27 m的水域，多集中分布在曹妃甸西南海域的深水区（图2-9）。

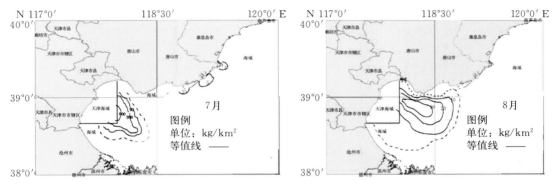

图2-9　渤海湾7月和8月中国对虾的分布范围

　　（3）辽东湾　2009年5月下旬，在金州、盖州、大洼、凌海放流幼虾1.6亿尾。2009年6月15至8月下旬共开展了4次跟踪调查。第一次调查于6月15—18日进行，调查范围为水深不超过1 m的辽东湾沿岸水域，设站位6个，调查使用手推网。在凌海（6尾）和大洼（3尾）两个站共捕获9尾中国对虾。其中，凌海捕获中国对虾的平均体长为33.2 mm，大洼捕获中国对虾的平均体长为22.7 mm；第二次调查于7月7—13日进行，使用扒拉网，设站位16个，仅在4站捕获中国对虾12尾，平均体长为83 mm，平均体重为7.1 g，雌雄比为1∶1；第三次调查于8月3—7日进行，使用扒拉网，设站位16个，在8个站捕获中国对虾11尾，平均体长为116 mm，平均体重为21.5 g；第四次调查于8月15—20日进行，使用单拖网调查，设调查站17个，有9个站有中国对虾，共计18尾，平均体长为139.8 mm（图2-10），平均体重为34 g（图2-11），雌雄比为1∶0.82，其分布集中于辽东湾的西北角。

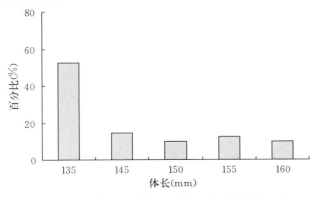

图2-10　2009年8月中旬辽东湾中国对虾的体长分布

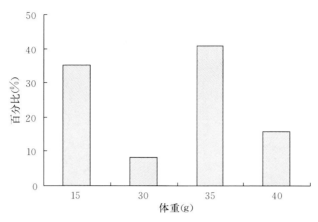

图 2-11 2009 年 8 月中旬辽东湾中国对虾的体重分布

2. 资源评估

第一次中国对虾资源评估调查于 2009 年 8 月 5—16 日进行，调查站位 47 个，使用双船底拖网，每站拖 1 h，拖速约 3 kn。有 13 个站捕到中国对虾，出现频率为 27.7%，共捕获中国对虾 1 251 尾，重量 38.148 kg，网获量变动在 0.015~26.700 kg/(网·h)，网获数量变动在 1~888 尾/(网·h)，平均网获量为 0.812 kg/(网·h)，平均网获尾数为 26.6 尾/(网·h)。

从分布范围来看，8 月中国对虾在渤海湾的密度最高，其次为莱州湾，然后是辽东湾，渤海中部的密度最低（表 2-5）。由此可见，各放流区域中国对虾的平均密度与其放流的数量密切相关，放流的数量越大，其密度越高。从生物学测定结果来看，中国对虾群体的体长范围为 115~159 mm，其中优势体长组为 131~140 mm，占群体的 38.7%，平均体长为 134 mm；体重范围为 15.7~40.0 g，其中优势体重组为 24.0~25.0 g，占群体的 39.1%，平均体重为 24.9 g。中国对虾拖网调查的平均网获量为 26.6 尾/(网·h)，综合三省一市（辽宁省、河北省、山东省及天津市）的调查数据，其平均重量为 28.5 kg，用扫海面积法（中国对虾的逃逸率为 0.7）估算的 8 月上中旬渤海中国对虾的资源量为 1 665 t。

表 2-5 2009 年渤海各区域中国对虾的放流数量及 8 月与 10 月调查的平均密度

项　　目	渤海湾		莱州湾		辽东湾		渤海中部	
	8 月	10 月	8 月	10 月	8 月	10 月	8 月	10 月
放流数量（万尾）	153 630		24 711		16 300		8 000	
平均网获量 [kg/(网·h)]	3.933	0.154	0.264	0.060	0.010	0.041	0.001	0.053
平均网获尾数 [尾/(网·h)]	129.9	2.5	7.8	1.0	0.3	0.7	0.05	0.8

第二次中国对虾资源评估调查于 2009 年 10 月 21—29 日进行，方法同第一次。调查站位 42 个，有 14 个站捕获到中国对虾，出现频率为 33.3%。共捕获中国对虾 45 尾，重量为 2.827 kg，网获量变动在 0.038~0.614 kg/(网·h)，网获尾数变动在 1~10 尾/

（网·h），平均网获量为 0.067 kg/（网·h）。

从分布范围来看，仍然是渤海湾的中国对虾密度最高，其次为莱州湾，然后是渤海中部，辽东湾的密度最低（表 2-5）。可以看出，渤海 10 月中国对虾密度分布基本上仍保持着 8 月的分布格局。从生物学测定结果来看，中国对虾群体的体长为 152～230 mm，平均体长为 178 mm；体重为 35～105 g，平均体重为 61.4 g。根据以上调查所取得的平均网获量为 0.067 kg/（网·h），用扫海面积法（中国对虾的逃逸率为 0.7）估算的 10 月下旬渤海中国对虾的资源量为 137 t。

从资源分布来看，各放流区域中国对虾的资源量与所放流的数量密切相关，即放流区域放流的数量越大，其资源密度也就越高。中国对虾的资源量以渤海湾最高（放流量为 153 630 万尾），莱州湾次之（放流量为 24 711 万尾），再次是辽东湾（放流量为 16 300 万尾），渤海中部最低（放流量为 8 000 万尾）。

3. 生产调查

根据河北省、山东省、辽宁省和天津市海洋渔业相关的研究院所对各省（直辖市）中国对虾生产情况进行调查，截至 2009 年 10 月中旬，山东省捕捞中国对虾的产量为 460 t，河北省捕捞中国对虾产量为 1 494 t，天津市共捕获中国对虾 250 t，辽宁省捕捞中国对虾 173 t。2009 年渤海合计捕捞中国对虾 2 377 t。2009 年在渤海共放流中国对虾 202 641 万尾，按照每尾对虾重量 41 g 计算，增殖放流中国对虾的总回捕率为 2.8%。拖网调查的评估方法适于中国对虾增殖效果评价，能够客观地反映增殖的效果。

中国对虾增殖放流效果评价内容包括放流群体所占比例、回捕渔获量、产值、回捕率、投入产出比、大小规格苗种放流效果的对比分析等。以山东半岛南部中国对虾增殖放流为例，进行放流效果评价。

（1）放流群体比例　根据放流前的本底资源调查和放流后 10 d 前后的资源增加量调查结果分析，2010—2014 年，山东半岛南部沿海中国对虾放流群体所占比例为 94.33%～99.65%，平均为 96.98%（表 2-6）。

表 2-6　2010—2014 年山东半岛南部沿海中国对虾放流群体比例

年份	放流前平均资源量 [尾/（网·h）]	放流后平均资源量 [尾/（网·h）]	自然群体所占比例 （%）	放流群体所占比例 （%）
2010	2.10	219.56	0.96	99.04
2011	1.22	21.52	5.67	94.33
2012	0.05	14.48	0.35	99.65
2013	0.80	14.70	5.44	94.56
2014	0.19	7.14	2.66	97.34
平均	0.87	55.48	3.02	96.98

（2）渔获量、产值　在山东半岛南部沿海，中国对虾的捕捞生产于 8 月 20 日开始，至 11 月上旬基本结束。2010—2014 年，秋汛捕捞生产，每年投入捕捞渔船 1 780～5 107

艘，平均 4 313 艘；渔获量 540～2 163 t，平均 1 334 t；产值 8 203 万～35 194 万元，平均 21 632 万元（表 2-7）。以 2010 年为例，9 月渔获量最高，占秋汛总渔获量的 55.0%，其次为 10 月，占总渔获量的 29.4%，8 月渔获量占总渔获量的 10.6%，11 月捕捞接近尾声，渔获量仅占总渔获量的 5.0%。中国对虾在开捕前期（8 月下旬至 9 月上旬），市场价格较低，平均为 90～120 元/kg，开捕后期（9 月中旬至 11 月底），随着渔获规格增大，价格达 180～220 元/kg。

表 2-7 2010—2014 年山东半岛南部沿海中国对虾捕捞生产统计

年　份	捕捞渔船（艘）	渔获量（t）	产值（万元）
2010	4 844	1 686	28 053
2011	4 938	1 009	17 908
2012	4 896	2 163	35 194
2013	5 107	1 271	18 800
2014	1 780	540	8 203
平均	4 313	1 334	21 632

（3）回捕率　根据秋汛渔业生产捕获的中国对虾生物学测定资料进行分析，2010—2014 年，山东半岛南部沿海的中国对虾渔业生产渔获数量为 1 766.86 万～4 567.58 万尾，平均为 2 997.41 万尾，扣除自然群体占的比例后，放流中国对虾的回捕率为 1.17%～3.14%，平均年回捕率为 2.23%（表 2-8）。

表 2-8 2010—2014 年山东半岛南部沿海放流中国对虾回捕率评估

年　份	放流数量（亿尾）	渔获量（t）	渔获数量（万尾）	放流群体所占比例（%）	回捕率（%）
2010	11.15	1 686	3 260.94	99.04	2.90
2011	11.18	1 009	2 542.34	94.33	2.15
2012	14.48	2 163	4 567.58	99.65	3.14
2013	15.02	1 271	2 849.31	94.56	1.79
2014	14.71	540	1 766.86	97.34	1.17
平均	13.31	1 333.80	2 997.41	96.98	2.23

（4）投入产出比　2010—2011 年，在山东半岛南部沿海放流的大规格苗种价格为 190 元/万尾，小规格苗种为 90 元/万尾。2012 年以后，根据市场变化，对苗种价格做了适当的调整，为 220 元/万尾。据统计，2010—2014 年，在山东半岛南部沿海，每年增殖放流中国对虾苗种 11.15 亿～15.02 亿尾，平均 13.31 亿尾；苗种成本 1 489 万～1 960 万元，平均 1 687 万元；秋季捕捞产值 8 203 万～35 194 万元，平均 21 632 万元；则直接投入产出比为 1:（5.12～18.65），平均达到 1:12.46（表 2-9）。

表 2 - 9　2010—2014 年山东半岛南部放流中国对虾的直接投入产出比

年　份	放流数量 （亿尾）	苗种成本 （万元）	产值 （万元）	放流群体比例 （%）	投入产出比
2010	11.15	1 490	28 053	99.04	1∶18.65
2011	11.18	1 489	17 908	94.33	1∶11.34
2012	14.48	1 937	35 194	99.65	1∶18.11
2013	15.02	1 960	18 800	94.56	1∶9.07
2014	14.71	1 560	8 203	97.34	1∶5.12
平均	13.31	1 687	21 632	96.98	1∶12.46

（5）生态效益　中国对虾是黄海、渤海的重要渔业资源，历史上黄海、渤海中国对虾资源十分丰富，后来由于海洋污染的加剧和捕捞强度过大，中国对虾资源严重衰退。开展中国对虾放流使近海严重衰退的中国对虾资源明显得到补充，增加了其资源量，促进了其资源的恢复。通过每年的连续放流，补充了捕捞群体，秋汛捕捞结束后，仍会有部分放流的中国对虾经过越冬洄游，第二年成为繁殖群体，参与产卵，可形成补充资源。中国对虾资源量的增加，可以完善海洋生态系统食物链环节。同时，由于实行了增殖区的禁渔期管理制度，加强了海区的渔业管理，使水域中许多生物都得到了保护，另外，对水域生态环境的修复也起到了积极作用。

（6）社会效益　2010 年，秋汛期间，山东省共有 5 633 艘渔船投入中国对虾的回捕生产，全汛期的平均单船渔获量为 299.31 kg，平均单船产值为 4.98 万元。根据海上调查结果，放流虾占混合虾群的 99.0%，放流使作业渔船每船增产中国对虾 296.46 kg、增产值 4.93 万元，按每艘渔船有 2 人作业，则平均每个渔民增收 2.47 万元。2011 年秋汛期间，共有 4 938 艘渔船投入中国对虾捕捞生产，平均单船渔获量为 204.33 kg、产值为 3.84 万元。根据海上调查结果，放流虾占混合虾群的 94.3%，放流使作业渔船每艘船增产192.71 kg、增收 3.63 万元，按每艘渔船有 2 人作业，则平均每个渔民增收 1.82 万元。中国对虾增殖不仅对自然资源的补充和恢复起到了积极的作用，而且也使广大渔民得到了实惠，有效地促进了渔民的增产、增收，增加了渔民就业机会，促进了沿海经济的发展和社会的稳定（乔凤琴等，2012）。

开展大规模放流，首先，需要大批量的优质苗种，通过公开招标形式选择持有《水产苗种生产许可证》和有资质的苗种生产单位，放流带动了苗种的繁育，促使苗种繁育技术进一步提高，并拉动了沿海的水产苗种业和养殖业，同时带动了水产品的加工贸易、渔需物资等相关行业的发展，增加了社会就业机会，缓解了近年来渔民面临转产、转业甚至失业的社会压力。

2009 年，青岛市首次开展了苗种认购活动，并邀请部分认购者作为代表参加增殖放流启动仪式。认购中国对虾 10 mm 苗种的活动得到了社会的广泛关注，参与认购苗种的单位既有水产育苗场，又有上市公司、沿海企业和渔业村庄。2010 年，青岛市通过苗种认购，自放中国对虾小苗 21 099 万尾。2011 年，通过苗种认购，自放中国对虾小苗 30 000 万尾。2010 年，威海市举行了"回馈大海，感恩放流"活动，引起了该市水产企业及市民的极大关注，不少市民、学校都希望能认购苗种或参与放流，并有 4 家水产企业报名参与其中，捐款 2 万余元认购放流苗种。以上活动，充分体现了民众对海洋生态文明建设的高度关注，对水生生物资源养护的高度认同，形成了政府引导、部门组织、群众参与的"人人参与增殖放流活动，齐心构建海洋生态文明"的良好社会氛围，可见"修复渔业资源、维护海洋生态安全"的环保意识已深入民心。另外，各电视、报纸、电台、网络等大众媒体，对增殖放流这一"功在当下、利在千秋"的高层次的公益性事业争相进行报道，起到扩大宣传的作用。中国对虾增殖放流在提升人们对渔业资源保护的意识方面发挥了显著的促进作用。

第五节　增殖容纳量评估模型

增殖放流是养护渔业资源和修复渔业环境的一项重要手段，通过人工繁育鱼、虾、蟹、贝类等苗种，并放流到渔业资源衰退的天然水域中，可以补充野生种群数量，改善和优化衰退渔业水域的渔业资源群落结构；与此同时，放流苗种利用天然生物饵料获得迅速生长，在较短的时间内达到经济规格，通过合理的捕捞实现经济效益，这是渔业资源养护的重要手段，而增殖生态容量的研究是科学实施增殖放流的前提。自 20 世纪 80 年代我国率先在莱州湾开展中国对虾人工增殖放流活动并获得成功以来，全国各地人工增殖放流活动便如火如荼地开展了起来，同时涵盖的物种也多种多样。然而，增殖放流的目的不仅是恢复某一地区或海域濒危或资源衰退物种的种群数量，其更重要的前提是要保证不破坏放流水域的生态系统、不干扰野生种群的遗传特征，引导渔业资源增殖放流向"生态型放流"方向发展，维持生态平衡。因此，开展渔业资源养护技术，进行人工增殖放流活动，首先要了解放流水域所能支撑的最大放流量，进行放流种类的增殖容量评估。容量概念来源于种群增长的逻辑斯蒂方程（唐启升，1996）。生态容量（ecological carrying capacity）是容量概念的特定使用，应用在增殖放流中为增殖容纳量，关于增殖容纳量的定义目前并不多，林群等（2013）参考容量以及养殖生态容量的概念，将增殖容纳量定义为特定时期、特定海域所能支持的，不会导致种类、种群以及生态系统结构和功能发生显著性改变的最大增殖量。

传统的渔业科学研究和管理较多地注重生态系统中高营养层次，主要是被开发的经济鱼类种群动态变化，对低营养层次部分考虑不多。最初的单鱼种的资源数量评估模型忽略了生态系统中的渔业生物之间的相互捕食作用，也不考虑捕捞对捕食和被捕食鱼类关系的影响。多鱼种评估模型虽然考虑了生态系统中各种生物资源间的相互作用关系，使用了一系列的生态系统参数建立完整的生态系统能量流动模拟模型，但由于参数确定复杂和运算数据量庞大，难以建立实用的生态系统模型。

Ecopath 建模方法由美国夏威夷海洋研究所的 Polovina 在 1984 年代初首创，用于评估稳定状态水域生态系统组成（生物种类或种类组）的生物量和食物消耗，经过与 Ulanowicz（1986）提出的能量分析生态学理论结合，逐步发展成为一种生态系统营养成分流动分析方法（Polovina，1984；Ulanowicz，1986）。Ecopath 利用营养动力学原理直接构建了水域生态系统结构，从物质和能量平衡的角度，很方便地建立所研究生态系统的能量平衡模型，充分考虑种间的相互作用，食物竞争者、捕食者的食物关系与生态效率，以及海域所能提供的初级生产力等，确定生物量、生产量/生物量、消耗量/生物量、营养级和生态营养转换效率等生态系统的重要生态学参数，定量描述能量在生态系统生物组成之间的流动，便于对生态系统特征和变化进行深入研究，能够通过比较改变干扰条件前后生态系统的状态，可以评估干扰条件对生态系统的影响。建立多个时期的生态系统的 Ecopath 模型，比较生态系统的参数特征，可以很好地模拟分析生态系统的发展过程，并预测在不同捕捞强度和渔业管理政策下生态系统的发展。1995 年 Ecopath 模型加入了 Ecosim 模型，1998 年加入了 Ecospace 模型，三者形成一个集成软件包——EwE 模型。在 Ecopath 模型模拟生态系统的基础上，Ecosim 可以利用 Ecopath 输出的生态系统参数动态地模拟干扰条件和渔业政策在一段时间内对生态系统和渔业产量的影响，预测生态系统的趋势，最终提出最适宜的渔业管理政策。EwE 模型经过 30 多年的应用和改进，已经成为水域生态系统研究和探索渔业管理政策的主要工具。近些年来也常被用于不同水域渔业生物的养殖容纳量研究。

2018 年，林群等人将该模型用于渤海中国对虾生态容量的评估，迈出了从生态系统角度评估中国对虾增殖容量的一步。模型基于 1982 年和 2014—2015 年渤海渔业资源与环境调查数据，分析了渤海生态系统的营养关系、结构及功能参数，评估了中国对虾在渤海的生态容量变化。结果显示，渤海生态系统中底栖甲壳类、软体动物等功能群处于重要的营养位置，但中国对虾不是渤海生态系统的关键种，其生物量的增加对口虾蛄（*Oratosquilla oratoria*）、三疣梭子蟹（*Portunus trituberculatus*）、多毛类、底栖甲壳类有负面影响，花鲈（*Lateolabrax maculatus*）、虾虎鱼类等生物量的增加将对中国对虾产生负面影响。渤海生态系统 2 个时期均处于发育的不稳定期，仍有较高的剩余生产量有待利用，2014—2015 年渤海生态系统成熟度和稳定性较 1982 年有所降低，生态系统出现一定程度的退化。中国对虾 1982 年和 2014—2015 年在渤海的生态容量为 0.810 t/km² 和 0.702 t/km²。受渤海生态系统退化的影响，2014—2015 年中国对虾生态容量较 1982 年有所降低。历史上渤海秋汛中国对虾最高产量为 4.1 万 t；按渤海海域面积 77 000 km²，依据现有生物量与捕捞量比例，对虾达到生态容量时，1982 年和 2014—2015 年的单位面积捕捞量和总捕捞产量分别为 1.075 t/km² 或 82 775 t、0.585 t/km² 或 45 045 t，利用模型估算的 2 个时期中国对虾生态容量值对应的捕捞产量超过历史的最高产量。与当年依据调查数据评估的生物量相比较，中国对虾有较大的增殖潜力，当生物量增长至 71.68 倍和 585 倍时，仍不会超过生态容量。

增殖放流的中国对虾仔虾主要摄食浮游植物，生长发育至成体后主要以底栖动物为食（邓景耀等，1990）。当前，渤海生态系统浮游植物生物量与初级生产力水平较 20 世纪 80 年代有所增加，底栖生物较丰富，从饵料角度考虑，中国对虾饵料较充足，放流期间饵料生物等级较高，有利于放流个体成活率的提高；敌害生物对中国对虾的危害主要在近岸，水深 5 m 以下水域受敌害生物的影响较小，敌害生物资源密度相对较低（单秀娟等，2012；吴强等，2016）。但调查显示，2015 年春季基本捕捞不到中国对虾，中国对虾群落结构发生较大变化。邓景耀等（2001）认为，恢复和增加渤海对虾补充量是重建渤海对虾渔业的有效途径，20 世纪 80 年代对虾育苗养殖业的兴起造成对虾亲虾的严重不足，此外，对虾栖息环境的破坏、对虾遗传多样性的下降是造成中国对虾补充量锐减的直接原因。因此，增殖放流的数量控制至关重要，适度增殖同时保护幼虾放流的水域环境、提高遗传多样性，进而提高中国对虾的补充量，实现生态型增殖放流目标。

一、捕食影响模型

Ecopath 模型从物质能量平衡的角度，静态模拟特定时期、特定水域系统的生态容量，也有一定的局限性，即增殖种类以及饵料生物的生长变化过程暂未考虑，同时作为一个生态系统模型，模型的参数调试比较烦琐，针对不同海域需要重新构建模型。Taylor 等（2008）、Taylor 等（2013）基于 MATLAB 软件，建立基于 Ecopath 模型原理的捕食影响模型，评估了白姑鱼（*Argyrosomus japonicas*）的放流量及对饵料生物潜在的捕食影响。基于上述研究方法进行改进，本研究利用捕食影响模型估算了渤海中国对虾的增殖生态容量。

二、模型基本原理

捕食影响模型以栖息环境、食性与摄食、种群生长与死亡等关键的生活史参数为基础，计算放流中的摄食量、合理的放流量以及捕食的影响。模型基本原理如下：

体长、体重关系：

$$W_t = a \cdot L_t^b \qquad (2-4)$$

其中，W_t、L_t 分别是 t 时间的体重（g）、体长（cm），a、b 为常数。

体长、年龄关系的 von Bertalanffy 生长方程：

$$L_t = L_\infty (1 - e^{-K(t-t_0)}) \qquad (2-5)$$

其中，L_t 参照（2-4）式，L_∞ 为渐近体长，t_0 是 $L_t = 0$ cm 的理论年龄，K 为常数。

Pauly（1980）估计了自然死亡率：

$$\lg M = -0.2107 - 0.0824 \lg W_\infty + 0.6757 \lg K + 0.4627 \lg T_c \qquad (2-6)$$

其中，M 是自然死亡率（/年），W_∞ 为渐近体重，T_c 为栖息地的年平均温度（℃）。

日总死亡率：

$$Z = \frac{M+F}{365} \qquad (2-7)$$

其中，M 参照（2-6）式，F 为捕捞死亡率，未生长到合法捕捞长度的，F 设为 0。

放流生物量 B_t：

$$B_t = N_t \cdot W_t \qquad (2-8)$$

其中，N_t 是 t 时间的尾数，W_t 参照（2-4）式。

Palomares & Pauly（1989）在对多种海洋和淡水鱼类的研究基础上，估计了每单位生物量的日摄食量 [QB, g/（g·d）]：

$$QB = \frac{10^{(-0.1775 - 0.2018 \lg W_\infty + 0.612 \ln T_c + 0.5156 \ln A + 1.26 F_t)}}{365} \qquad (2-9)$$

其中，W_∞参照（2-6）式；A 是尾鳍的外形比（aspect ratio），指尾鳍高度平方与面积之比率；F_t 是摄食类型指数，肉食性为 0，植食性和碎屑食性为 1；T_c 为栖息地的年平均温度（℃）。

饵料生物 n 支撑放流种类的日均生产量：

$$B_{t,n}=Gp_{t,n} \cdot SS_n \cdot A \cdot Pa_n \cdot tot \cdot (1-e^{-\theta \cdot T}) \qquad (2-10)$$

其中，$Gp_{t,n}$ 表示饵料生物日均增长率，SS_n 表示饵料生物初始资源量，A 表示放流区域面积，Pa_n 表示饵料生物 n 对放流种类的贡献率，tot 表示饵料生物 n 对其他种类的贡献率之和（假设为 1），θ 为常数，T 为温度。

温度 T 随时间变化：

$$T=T_0+c \cdot (1-\cos (2\pi (t-t_0) /365)) \qquad (2-11)$$

其中，T_0 是假定的生长最小温度，c 为常数，t_0 参照（2-4）式
放流种类对饵料生物的日均摄食量〔C，g/d〕：

$$Cp_{t,n}=W_t \cdot QB \cdot P_{t,n} \qquad (2-12)$$

其中，$P_{t,n}$ 表示饵料生物 n 占放流种类食物组成的比例，QB、W_t 同上。C 值随着放流种类的生长、食性的变化而变化。

饵料生物日均剩余量：

$$Dp_{t,n}=B_{t,n}-Cp_{t,n} \qquad (2-13)$$

$C_{\max}$描述了放流种类对饵料生物的最大日摄食压力，计算最大放流量时，仅考虑 C 值第一次取得最大时的 $C_{\max,n}$，此时 $Dp_{t,n}$ 趋于 0。

基于上述捕食影响模型，利用 MATLAB 软件，评估放流种类对饵料生物潜在的捕食影响，基于放流种类栖息地所能支撑的 $C_{\max,n}$ 值的生产量容量，模拟计算增殖放流时的合理放流量。

三、模型结果与分析

基于捕食影响模型，利用 MATLAB 软件模拟计算中国对虾的增殖生态容量。从饵料需求的角度考虑，以 2015 年渤海中国对虾为例进行了探讨，单独放流 3 cm 幼苗雌虾 59 亿尾，雄虾 65 亿尾；按雌雄 1∶1，放流 3 cm 幼苗约 62 亿尾（图 2-12）。

利用数值模型评估的 2015 年渤海中国对虾生态容量，结果显示，放流 3 cm 幼苗约 62 亿尾，与基于 Ecopath 模型方法（林群等，2018）估算出的 45 亿尾相比较高，由于仅考虑了中国对虾单放流品种，而且主要从饵料受限角度考虑，未考虑食物竞争者等的相互作用。Ecopath 模型虽考虑了种间相互作用，但也有一定的局限性，其静态模拟特定时期、特定水域系统的生态容量，增殖种类以及饵料生物的生长变化过程暂未考虑，作为一个生态系统模型，模型的参数调试比较烦琐，针对不同海域需要重新建立模型。

两种方法估算的生态容量均是从生态效益的角度考虑，仅仅是一个理论上限，依据渔业生产管理中采用的最大可持续产量（MSY）理论，采用最大增殖容量值减半时，放流种群的生长率较高，指导中国对虾的增殖放流时需兼顾经济、社会效益。

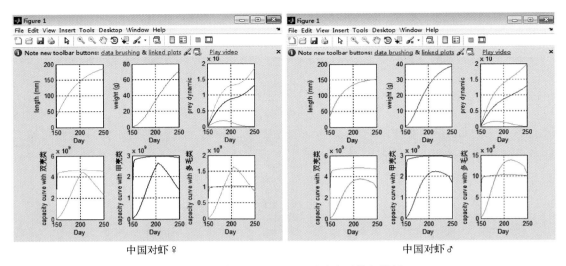

中国对虾♀　　　　　　　　　　　　　　中国对虾♂

图 2-12　渤海中国对虾的增殖容量模拟结果

参考文献

邓景耀，1980. 渤海湾对虾（*Penaeus orientalis*）卵子、幼体数量分布及其与外界环境的关系 [J]. 渔业科学进展（1）：17-25.

邓景耀，庄志猛，2001. 渤海对虾补充量变动原因的分析及对策研究 [J]. 中国水产科学，7（4）：125-128.

邓景耀，叶昌臣，刘永昌，1990. 渤黄海的对虾及其资源管理 [M]. 北京：海洋出版社：283.

黄梓荣，孙典荣，陈作志，等，2009. 珠江口附近海区甲壳类动物的区系特征及其分布状况 [J]. 应用生态学报，20（10）：2535-2544.

康元德，邓景耀，1965. 对虾食性的研究 [J]. 海洋水产研究丛刊（27）：39-45.

林群，单秀娟，王俊，等，2018. 渤海中国对虾生态容量变化研究 [J]. 渔业科学进展，39（4）：19-29.

林群，李显森，李忠义，等，2013. 基于 Ecopath 模型的莱州湾中国对虾增殖生态容量 [J]. 应用生态学报，24（4）：1131-1140.

刘海映，李培军，王文波，等，1993. 辽东湾中国对虾亲体和补充量关系 [J]. 水产科学（6）：1-3.

刘恒，刘瑞玉，1994. 中国对虾、墨吉对虾和长毛对虾仔虾的发育比较研究 [J]. 海洋科学集刊，35：179-238.

刘永昌，高永福，邱盛尧，等，1994. 胶州湾中国对虾增值放流适宜量的研究 [J]. 齐鲁渔业（2）：27-30.

乔凤勤，邱盛尧，张金浩，等，2012. 山东半岛南部中国明对虾放流前后渔业资源群落结构 [J]. 水产科学，31（11）：651-656.

单秀娟，金显仕，李忠义，等，2012. 渤海鱼类群落结构及其主要增殖放流鱼类的资源量变化 [J]. 渔业科学进展，33（6）：1-9.

唐启升，1996. 关于容纳量及其研究 [J]. 海洋水产研究，2：1-6.

吴强，金显仕，栾青杉，等，2016. 基于饵料及敌害生物的莱州湾中国对虾（*Fenneropenaeus chinensis*）与三疣梭子蟹（*Portunus trituberculatus*）增殖基础分析 [J]. 渔业科学进展，37（2）：1-9.

徐君卓，淮彦，沈云章，等，1993. 象山港的生态环境和中国对虾移植放流技术 [J]. 东海海洋 (1)：53 - 60.

叶昌臣，孟庆祥，陈檀，1998. 发展渔业资源增殖 [J]. 海洋渔业 (2)：53 - 57.

叶泉土，1999. 东吾洋中国对虾移植放流效果的研究 [J]. 海洋渔业 (2)：61 - 65.

俞存根，宋海棠，姚光展，2004. 东海大陆架海域蟹类资源量的评估 [J]. 水产学报，28 (1)：41 - 46.

张沛东，张秀梅，李健，等，2008. 中国明对虾、凡纳滨对虾仔虾的行为观察 [J]. 水产学报，32 (2)：223 - 228.

钟振如，江纪炀，闵信爱，1983. 南海北部近海虾类资源调查报告 [R]. 中国水产科学研究院南海水产研究所报告.

Aparicio - Simón B，Piñón M，Racotta R，et al，2010. Neuroendocrine and metabolic responses of Pacific whiteleg shrimp *Litopenaeus vannamei* exposed to acute handling stress [J]. Aquaculture，298 (3)：308 - 314.

Baile C A，Zinn W M，Mayer J，1970. Effects of lactate and other metabolites on food intake of monkeys [J]. Am J Physiol - Legacy Content，219 (6)：1606 - 1613.

Brett J R，1972. The metabolic demand for oxygen in fish，particularly salmonids，and a comparison with other vertebrates [J]. Respir Physiol，14 (1 - 2)：151 - 170.

Carson M L，Merchant H，2005. A laboratory study of the behavior of two species of grass shrimp (*Palaemonetes pugio* Holthuis and *Palaemonetes vulgaris* Holthuis) and the killifish (*Fundulus heteroclitus* Linneaus) [J]. J Exp Mar Bio Ecol，314 (2)：187 - 201.

Gamperl A K，Bryant J，Stevens E D，1988. Effect of a sprint training protocol on growth rate，conversion efficiency，food consumption and body composition of rainbow trout，*Salmo gairdneri* Richardson [J]. J Fish Biol，33 (6)：861 - 870.

Kellison G T，Eggleston D B，Burke J S，2000. Comparative behaviour and survival of hatchery - reared versus wild summer flounder (*Paralichthys dentatus*) [J]. Can J Fish Aquat Sci，57 (9)：1870 - 1877.

Kelly C D，Godin J G J，2001. Predation risk reduces male - male sexual competition in the Trinidadian guppy (*Poecilia reticulata*) [J]. Behav Ecol Sociobiol，51 (1)：95 - 100.

Kishida O，Trussell G C，Ohno A，et al，2011. Predation risk suppresses the positive feedback between size structure and cannibalism [J]. J Anim Ecol，80 (6)：1278 - 1287.

Kunz A K，Pung O J，2004. Effects of *Microphallus turgidus* (Trematoda：Microphallidae) on the predation，behavior，and swimming stamina of the Grass shrimp *Palaemonetes pugio* [J]. J Parasitol，90 (3)：441 - 445.

Kunz A K，Ford M，Pung O J，2006. Behavior of the Grass Shrimp *Palaemonetes pugio* and its Response to the Presence of the Predatory Fish *Fundulus heteroclitus* [J]. Am Midl Nat 155 (2)：286 - 294.

Lackner R，Wieser W，Huber M，et al，1988. Responses of intermediary metabolism to acute handling stress and recovery in untrained and trained *Leuciscus cephalus* (Cyprinidae，Teleostei) [J]. J Exp Biol，140 (1)：393.

Larsen B K，Skov P V，McKenzie D J，et al，2012. The effects of stocking density and low level sustained exercise on the energetic efficiency of rainbow trout (*Oncorhynchus mykiss*) reared at 19 ℃ [J]. Aquaculture，324 - 325：226 - 233.

Martel G，Dill L M，1993. Feeding and aggressive behaviours in juvenile coho salmon (*Oncorhynchus kisutch*) under chemically - mediated risk of predation [J]. Behav Ecol Sociobiol，32 (6)：365 - 370.

Onnen T，Zebe E，1983. Energy metabolism in the tail muscles of the shrimp *Crangon crangon* during work and subsequent recovery [J]. Comp Biochem Phys A, 74 (4): 833 – 838.

Palomares M L, Pauly D, 1989. A multiple regression model for predicting the food consumption of marine fish populations [J]. Aust J Mar Freshwat Res, 40: 259 – 273.

Pauly D, 1980. On the interrelationships between natural mortality, growth parameters, and mean environmental temperature in 175 fish stocks [J]. Cons int Explor Mer, 39 (2): 175 – 192.

Polovina J J, 1984. Model of a coral reef ecosystem I: the ECOPATH model and its application to French Frigate Schoals [J]. Coral Reefs, 3: 1 – 11.

Reinhardt U G, 1999. Predation risk breaks size – dependent dominance in juvenile coho salmon (*Oncorhynchus kisutch*) and provides growth opportunities for risk – prone individuals [J]. Can J Fish Aquat Sci, 56 (7): 1206 – 1212.

Robles – Romo A, Zenteno – Savín T, Racotta I S, 2016. Bioenergetic status and oxidative stress during escape response until exhaustion in whiteleg shrimp *Litopenaeus vannamei* [J]. J Exp Mar Bio Ecol, 478: 16 – 23.

Romano N, Zeng C, 2016. Cannibalism of decapod crustaceans and implications for their aquaculture: a review of its prevalence, influencing factors, and mitigating methods [J]. Rev Fish Sci Aquac, 25 (1): 42 – 69.

Sellars M J, Arnold S J, Crocos P J, et al, 2004. Physical changes in brown tiger shrimp (*Penaeus esculentus*) condition when reared at high – densities and their capacity for recovery [J]. Aquaculture, 232 (1 – 4): 395 – 405.

Takahashi K, Masuda R, 2018. Net – chasing training improves the behavioral characteristics of hatchery – reared red sea bream (*Pagrus major*) juveniles [J]. Can J Fish Aquat Sci, 75 (6): 861 – 867.

Takahashi K, Masuda R, Yamashita Y, 2013. Bottom feeding and net chasing improve foraging behavior in hatchery – reared Japanese flounder *Paralichthys olivaceus* juveniles for stocking [J]. Fish Sci, 79 (1): 55 – 60.

Taylor M D, Brennan N P, Lorenzen K, et al, 2013. Generalized predatory impact model: a numerical approach for assessing trophic limits to hatchery releases and controlling related ecological risks [J]. Rev Fish Sci, 21 (3 – 4): 341 – 353.

Taylor M D, Suthers I M, 2008. A predatory impact model and targeted stock enhancement approach for optimal release of Mulloway (*Argyrosomus japonicus*) [J]. Rev Fish Sci, 16 (1 – 3): 125 – 134.

Ulanowicz R E, 1986. Growth and development: ecosystem phenomenology [M]. New York: Springer Verlag: 203.

Wang Q, Zhuang Z, Deng J, et al, 2006. Stock enhancement and translocation of the shrimp *Penaeus chinensis* in China [J]. Fish Res, 80: 67 – 79.

第三章

中国对虾放流效果评估新方法

第一节 分子标记放流效果评估新方法体系建立

一、中国对虾资源衰退的主要影响因素

历史上中国对虾资源丰富，据统计，中国对虾秋汛产量最高年份的 1979 年为 39 499 t，春汛产量最高年份的 1974 年为 4 898 t，20 世纪 70—80 年代年均产量长期保持在 2 万 t 左右，一度是我国北方渔业生产的重要支柱。20 世纪 80 年代以来，黄渤海中国对虾资源量迅速萎缩，主要影响因素如下。

1. 巨大的捕捞压力

依据 20 世纪 60—80 年代渔船及捕捞数量变动，叶昌臣等（2005）认为，每年渤海秋汛捕捞量占资源量的 65％左右；自然死亡 20％左右；15％左右能够游出渤海，再经过公海海域日本渔船在越冬和第二年春季的捕捞，能够洄游到产卵场的亲虾实际上已经很少了。捕捞强度增加与对虾产量下降之间的关联关系直观可见，以辽东半岛东部海洋岛渔场为例，其产量约占整个渤海对虾产量的 20％左右，20 世纪 70 年代年平均产量在 4 000 t 左右，1973 年达到历史高峰为 4 991 t；80 年代后，随着捕捞强度越来越大，尤其是春季亲虾无序过度捕捞，到 1980—1985 年间年平均产量只有 200 t，1980 年最低只有 40 t。当时，邓景耀、唐启升及叶昌臣等就已经对中国对虾资源衰败情况提出了警告，即产卵亲虾数量短缺、资源有衰败的潜在危险（叶昌臣等，2005）。过度捕捞，尤其是产卵亲虾的捕捞严重影响了繁殖群体的补充，导致资源量急剧萎缩。

2. 亲虾洄游到产卵场前已在外海被捕捞

20 世纪 80 年代中后期，伴随着中国对虾人工养殖业的兴起和迅速发展，分布在山东、天津、河北、江苏、浙江及福建等地的育苗场对亲虾有着极为庞大的需求量，利润的追逐导致这些亲虾在洄游到沿黄海、渤海各个产卵场之前就已经在山东半岛石岛东部外海被捕捞殆尽。最为明显的是 20 世纪 80 年代中后期，伴随着中国对虾人工养殖业的兴起和迅速发展，同期渤海对虾补充量（亲虾）逐渐下降并在低水平上徘徊。据叶昌臣统计，自从洄游亲虾在石岛外海被捕获后，渤海中国对虾产量呈现显著下降趋势，1986 年渤海中国对虾产量为 11 002 t，1990 年为 6 066 t，1995 年为 2 023 t，1997 年为 800 t；而同期日本渔船在越冬场的中国对虾产量下降更为明显，1985 年为 500 t，1990 年为 100 t，1992

年为 30 t，1993 年仅为 1 t（叶昌臣等，2005）。20 世纪 90 年代后期，在传统黄海、渤海沿岸产卵场就已经捕捞不到亲虾了，进入 21 世纪的近 20 年，这一现状仍旧在延续。春季亲虾捕捞严重影响了亲虾生殖洄游及随后的生殖活动，进而导致没有足够数量的子代补充。

3. 环境污染

渤海是接近封闭的内海，平均深度仅为 18 m 左右。渤海沿岸河口地区众多，分布着辽河、海河、滦河、黄河、潍河等我国北方重要河流入海口，这些河流入海口及周边近海因为径流携带的大量营养物质和无机盐等，饵料生物极为丰富，同时沉积形成的浅海面积广阔，在历史上一直是中国对虾理想的产卵地和索饵场所，渤海因而也成为中国对虾秋汛主产区之一，据统计，每年秋汛渤海中国对虾产量占据了总产量的 90% 左右（Wang et al，2006）。河口地区及渤海在接纳河流携带的营养物质的同时也接纳了沿河流域大量的生活、工农业污染物，对产卵场造成了严重的环境冲击。以渤海莱州湾小清河为例，80 年代以来，小清河每年 15～20 d 的突发性污染期逐渐变为常年性排污，到 80 年代末期，小清河水已经变为灰黑、棕褐色的泥浆状，其中的鱼、虾、蟹类全部绝迹，其污染水面由开始的内河逐渐向浅海滩涂延伸至近海，每年以 1.2～1.5 km 的速度延伸（胡国庆等，1998）；1996—2005 年间分析数据表明，渤海湾近岸水域的镉、汞、铅的平均浓度均已经超过其对渤海湾常见渔业资源生物的安全浓度，在镉、汞、铅加上石油烃复合污染条件下，渤海湾常见甲壳类（以日本对虾为例）长期死亡率为 14.6%，其种群增长率也降低了 14.6%（许思思，2011）。渤海近乎封闭型的地理形态特征，限制了其与外部大洋的洋流交流，导致其自净能力差；环渤海沿岸又是我国重要的经济中心城市集中区域、人口聚集区和经济发展中心，面临巨大的排污压力，与开放性外海相比，其环境缓冲能力和面临的污染压力都更为巨大。

4. 病害频发

20 世纪 80 年代中国对虾养殖业迅速发展，在养殖规模飞速扩大的同时忽视了环境污染、良种培育、种质退化等潜在风险，各种因素的累积作用导致 1993 年前后暴发了全国范围的白斑综合征（WSS），使我国对虾养殖业遭受到空前损失。当时我国对虾养殖普遍为滩涂池塘，养殖废水未经任何处理直接排放到自然海域中，造成了沿海水域的二次污染，加速了 WSS 病毒在自然海域的传播。比如，1993 年，在黄海北部开展的中国对虾常规增殖放流调查发现，6 月、7 月和 8 月的放流海域幼虾相比此前 8 年（1985—1992 年）的回捕率和每 1 亿尾回捕产量平均值分别骤降了 77.2% 和 71.5%，而且这种情况一直延续到 1996 年。此后相关研究结果也证实了正是由于放流苗种在中间培育过程中携带病毒导致了放流后大量死亡现象的发生（叶昌臣等，2005）。尚不清楚 WSS 暴发对自然种群造成了何种程度的冲击，不过据抽样检测，2001 年朝鲜半岛南海岸、渤海湾、辽东湾及海州湾等几个中国对虾自然群体的 WSS 病毒感染率为 35% 到 94.7% 不等，说明最先在养殖业中暴发的 WSS 病毒已经通过废水排放、增殖放流、苗种逃逸及其他可能的方式传播到野生个体中，并且自然种群中病毒携带个体比例与环境指标存在一定程度的相关性（邓灯等，2005）。

在上述综合因素的影响下，中国对虾资源量迅速萎缩。据统计，中国对虾春汛首先于

1989 年之后消失，1993 年前后伴随着养殖业 WSS 的全国范围暴发，中国对虾养殖业及捕捞业产量相比盛期下降 90% 以上，到 1998 年秋汛产量已经下降到 500 t，约为历史高峰期的 1/80。研究者普遍认为，在 20 世纪 90 年代中国对虾资源实际上已经衰退了（邓景耀，1998；叶昌臣等，2005；Wang et al，2006）。

二、人工增殖放流对资源量的恢复效应

为保护、恢复急剧衰退的中国对虾渔业资源，随着中国对虾人工养殖业的发展，尤其是工厂化人工育苗技术的突破，我国于 1981 年开始在特定海区进行中国对虾移殖和增殖放流尝试。1981 年 7 月中旬，中国水产科学研究院黄海水产研究所和下营增殖站首先在山东半岛北部的莱州湾潍河口进行了共计 370 万尾左右、规格为 30 mm 仔虾及幼虾的苗种放流及跟踪实验（邓景耀，1983）（根据体长差异区别增殖放流与野生对虾并跟踪）。辽东湾海洋岛渔场从 1985 年开始增殖放流规格为 30 mm 的中国对虾幼苗 16 亿尾左右，至 1992 年的 21 亿尾，呈连年增加趋势，共计放流 97 亿尾，平均每年放流超过 16 亿尾。值得注意的是同期回捕率从 1985 年的 13.59% 逐渐降至 1992 年的 4.30%，呈现连年下降的趋势，年平均回捕率 8.33%（王明德，1996）。叶昌臣（2005）认为，黄海北部 1985—1992 年增殖放流中国对虾为 97.25 亿尾，这个数量与同期海洋岛渔场增殖放流数量相同，这样看来，黄海北部中国对虾增殖放流的主要或者唯一场所应该为辽东湾海洋岛渔场；1984—1992 年，黄海中部共计放流中国对虾 79.08 亿尾，涵盖山东半岛东端及东南部，包括威海、乳山、青岛直到海州湾及江苏北部地区；1985—1992 年，渤海共计放流中国对虾 86.45 亿尾（叶昌臣，2005）。渤海和黄海历史上一直是中国对虾自然种群的主要分布海域，在这些海域放流中国对虾的目的在于对因为过度捕捞、环境退化而导致原有自然种群的衰竭进行人为补充，称之为增殖；此前没有相关物种在自然种群分布的海域进行放流则称之为移殖，中国对虾移殖海域主要包括福建东吾洋海区和宁波象山港海区。1986—1990 年间共计移殖放流中国对虾苗种 7.09 亿尾（曾一本，1998）；1986—1989 年间象山港共计放流小苗 5.36 亿尾（陈畅，1990）。以上这 5 个海域被认为增殖或移殖放流取得显著效果，并且形成了规模性的增殖放流渔业。从 1980 年初开始中国对虾增殖放流试验、试点一直到 1993 年，中国对虾增殖放流及增殖渔业处于迅速发展阶段，且取得了显著的经济效益，甚至在中国对虾移殖海区亦发现了自然种群形成的端倪，无论是增殖放流还是移殖放流的虾苗，普遍是经过暂养的大规格（体长 3 cm 左右）个体，回捕率比较高（8%～10%），据估算，这一阶段平均每放流 1 亿尾大规格虾苗，平均可产 190 t 对虾（叶昌臣，2005）。1993 年是个分水岭。以黄海北部为例，1985—1992 年，8 年的平均回捕率为 9.2%，每放流 1 亿尾幼虾产量为 188 t；1993—1996 年，4 年的平均回捕率约为 3.4%，每放流 1 亿尾幼虾产量为 65 t；1997—1998 年，平均回捕率为 9.4%（林军等，2002）。自 1995 年后，山东沿海每年的放流量在 4 亿尾左右，但每年秋汛产量可维持在 1 000 t 左右水平，2006 年达到 1 400 t，2007 年放流量为 6.295 亿尾，秋汛产量为 3 324 t，创历史最高纪录（刘莉莉等，2008）。在当时，放流苗种的标记和跟踪技术为普遍性的难题，由于对虾具备特殊的生活习性，其每次生长都伴随着蜕皮过程，尤其在仔虾和幼虾阶段，其蜕皮更为频繁，因而采用外部标记不可行，通常采取的措施为剪除附肢或者和自然苗种

"错期"放流人工培育苗种。同期，中国对虾人工养殖业也获得了迅速的发展，我国早在 20 世纪 50 年代就开始了中国对虾的繁殖和发育研究，在 70 年代末突破人工育苗技术后，中国对虾人工养殖业迅速扩张，到 1988—1993 年，中国对虾养殖产量连年高居世界首位，养殖年产量最高超过 20 万 t。

三、传统方法回捕率评估的缺陷

具体到中国对虾人工增殖放流，回捕率（recapture rate）指的是放流的中国对虾，在经过一段时间后回捕的个体数与总放流个体数之比的百分率。此处"回捕的个体数"应该是所有来自放流的个体。放流回捕率的估算一般包括以下几类方法。①根据历史统计数据，估算放流海域原有野生资源量，据此计算回捕率。这种方法在 20 世纪 80 年代之前是行之有效的，之后由于野生资源的迅速萎缩和放流对群体资源的动态补充，此方法不再适用。② 放流前后设置调查断面，利用特定网具进行放流前后幼虾相对资源量调查，根据放流和野生群体的比例，估算放流群体的回捕率（刘瑞玉等，1993）。这是目前较为常用的一种回捕率评估方法，由于该方法需要在多点（地点和时间点）重复进行捕捞调查，操作烦琐，费用昂贵，受限因素多，且无法区分回捕个体中放流和野生个体，因而影响了回捕率的精确估算。③ 体长频数分布混合分布分析法。利用野生和人工放流群体的体长差值估算回捕率。该方法经常由于野生和人工放流群体体长差值不显著而无法提供准确的回捕率（叶昌臣等，2002）；④物理标记放流。对个体（并非放流个体）采用挂牌或剪除尾肢的方法进行标记，从而达到精确估算回捕率的目的，同时也可研究群体的洄游分布、生长特征和死亡特征（邓景耀，1997；施德龙，2004）。国外也有采用染色标记法、飘带标记等方法（Klima，1992；Frank et al，1976）。近年来，中国水产科学研究院黄海水产研究所利用美国西北海洋科技公司（Northwest Marine Technology TM）生产的 VIE（Visible Implant Elastomer Tags，可见植入式胶体标记）荧光标记成功地对 3 cm 以上中国对虾进行了个体/家系标记（罗坤等，2008）。这类方法理论上可以用于放流标记个体制备，据此提供较为准确的回捕率。但是此类方法或者对个体损害严重，或者因操作烦琐使标记个体数量有限，或者对标记个体规格有严格的要求，比如挂牌操作一般需要个体体长达到 5 cm 左右，不仅增加了暂养成本，大批量操作也是不可行的。据相关研究显示，放流 10 mm 体长的仔虾，其综合经济效益是最佳的。而剪除尾肢、染色标记及飘带标记会对标记个体造成物理损伤，降低其存活率，影响回捕率的精确估算。而且此类方法尤其不适合大规模生产标记个体。⑤异种标记群体。放流中国对虾时，掺入斑节对虾或日本对虾苗种，以此作为标记群体进行放流回捕率计算。异种虾与中国对虾存在生态习性差异，作为饵料生物被捕食的概率也不尽相同，回捕时存活率的差异导致回捕率估算误差明显。因此，以异种对虾作为标记群体进行放流回捕率估算也是有局限的（邓景耀，1997）。

目前采用的回捕率评估手段存在一定程度的限制，整个评估体系中不确定因素过多，尤其是无法区分放流对虾和野生对虾数量，回捕率的精确性值得商榷。放流 30 多年以来，以精确放流回捕率估算为前提的中国对虾野生群体资源数量动态变化、遗传结构变化以及人工放流群体对野生资源量补充效果等一系列科学问题一直无法得到满意解答。中国对虾群体资源学老一辈科学家邓景耀先生在对 1984—1998 年间的中国对虾放流效果进行系统研究后，指出连续 10 多年大规模的中国对虾苗种放流是在缺乏科学指导的条件下进行的，问题之一就是无法实现放流群体回捕率的精确估算（邓景耀，1997）。

四、分子标记放流效果评估新方法的提出

中国对虾放流迫切需要精确、快速、可靠的技术体系进行放流回捕率估算，从而客观准确地评估放流效果，科学指导放流行为。该方法应具备以下特征，①标记个体携带特有的标识系统，该标识系统可被识别，以此准确评估野生和人工放流群体的数量；②标记个体可以大批量培育或标记，标记可维系个体终生且不会对标记个体造成任何损伤；③在放流群体及整个放流过程中，标记个体具备与其他放流个体相同的生态生活习性，不具备更明显的生存/死亡优势；④利用某种检测手段，可快速、准确地识别标记个体；⑤标记个体放流不会对野生群体资源结构造成显著影响。

同一家系个体具备相同的、可识别的分子指纹图谱，中国对虾可以大规模进行家系培育，利用具备相同分子指纹图谱的家系作为标记个体，放流时作为"内标"按照一定比例掺入放流群体，回捕时借助分子指纹图谱鉴别标记个体，根据"内标"检出数量即可推算其中放流个体的数量，这是利用分子标记家系进行放流回捕率精确估算的原理。

子代等位基因只来自父本和母本，因而每对父母繁育的后代都有一致的 DNA 分子指纹，该分子指纹为个体/家系特有而区别于其他个体且维系一生。利用这种特异性的分子指纹图谱，参照亲本基因型，即可精确地从混合群体中识别出特定的家系个体。微卫星（simple sequence repeat，SSR）分子标记由于在基因组中分布广泛，等位基因丰富，具遗传选择中性等特点，是目前进行个体/系谱识别最为理想的分子标记。微卫星（minisatellite DNA）也被称之为简单重复序列（simple sequence repeat，SSR）、长度多态性简单序列（simple sequence length polymorphism，SSLP）以及短串联重复序列（short tandem repeats，STR）。1974 年，微卫星首次在寄居蟹中发现，这种序列富含 A－T 碱基对，一般情况下以 2～6 bp 的长度为一个重复序列，当重复序列为 2 bp 时，主要为 GA/TC 和 CA/TG 这两种类型。这种标记主要存在于非编码区，在不同物种不同位点上，重复的序列形式以及重复次数各不相同，最多可以达到几百甚至上千 kb。因此微卫星根据重复单元以及重复次数的不同，主要分为 3 类：①单一型，重复序列连续重复且仅有一种重复序列，比如 $(TA)_n$；②复合型，重复序列连续重复且有多种重复序列，比如 $(AT)_n(CG)_m$；③间断型，重复序列重复期间出现额外的碱基，并且两端的重复单元可以不同，比如 $(TA)_nCA(CG)_m$。相较于其他各种分子标记技术，微卫星有着诸多优点：①在基因组中数量巨大并且分布广泛，出现频率高，平均 30～50 kb 就含有一个微卫星位点；②微卫星分子标记具有较高的多态性，这种多态性是由重复序列重复次数不同产生的；③检测方便、可重复、节省时间，更加适用于自动化分析，通过引物进行 PCR 扩增即可得到微卫星扩增序列。Perez－Enriquez 利用 4～5 个微卫星标记在真鲷（*Pagrus major*）7 800 个可能的父母对中为 73% 的子代找到亲本（Perez－Enriquez et al，1999）。于飞利用微卫星标记进行 7 个大菱鲆混养家系识别时发现了 8 个互不连锁的微卫星位点，每个位点包含

3~8个等位基因，联合情况下对双亲未知的累积家系/个体排除概率为97.07%，而在已知单亲情况下的累积排除概率可达99.63%（于飞等，2009）。显然，在双亲已知的情况下，更少的微卫星标记也可提供更高的个体排除概率。Castro检测发现6个高度多态性的微卫星位点在176个大菱鲆家系中的累积排除概率达到99%以上（Castro et al，2004）。Ellegern在研究博物馆鸟类中发现，组合使用5个微卫星位点（每个位点有6个以上的等位基因）时排除概率为98%，而使用10个这样的微卫星时排除概率可高达99.99%（Ellegren et al，1991）。Ashie等使用8个微卫星标记，在超过12 000种可能的父母组合关系中，为大西洋鲑（*Salmo salar*）200个子代95.6%的个体找到它们的双亲（Ashie et al，2000）。微卫星指纹图谱应用于个体/家系系谱溯源的可靠性已经在多种水产动物育种项目中得到证实（Herbinger et al，1995；Jackson et al，2003；Sekino et al，2004；Vandeputte et al，2004）。利用微卫星指纹图谱进行个体系谱溯源在自然群体保护及其他研究中也得以应用（张于光等，2003；张志和等，2003；Sugaya et al，2002；Hara et al，2003；Chan，2003；McDonald et al，2004）。中国对虾良种选育中，利用微卫星分子标记替代物理标记进行个体/家系的识别溯源已经实现，Dong在进行中国对虾混养家系微卫星识别研究时发现，在单一亲本已知情况下，模拟结果显示，4、5和6个微卫星位点的累积个体排除概率分别达到95%、97%和99%水平，实际结果稍低于模拟值，笔者将其归因于亚等位基因及PCR产物条带判读误差（Dong et al，2006）。不过，笔者没有对位点之间是否连锁进行分析，通常情况下，标记之间不同程度的连锁会引起Hardy-Weinberg平衡发生偏离，这也许是模拟和实际结果存在差异的原因之一。可以预测，如采用更为精确的基因分型手段（比如ABI 3130 XL型测序仪），选择合适的非连锁位点，利用4~6个微卫星位点即可准确进行中国对虾混养群体中个体/家系的识别溯源。

另一个需要关注的问题是如何实现精确、高效的标记个体/家系识别。研究表明，微卫星位点越多，个体/家系的识别能力越高，但随着位点的增加，其识别能力逐渐接近极限阈值，而随之产生的检测成本也会增加，检测周期延长。因此，在保证个体/家系识别能力的前提下，提高微卫星位点的多态信息含量，减少分析位点数量可以起到事半功倍之效。传统微卫星分析方法为单位点PCR扩增，产物经聚丙烯酰胺凝胶电泳分离并银染显色，操作烦琐且产物片段大小估算存在误差，每增加一个分析位点，就需要重复一次PCR扩增及电泳检测过程。实际检测中，样品数量将会很可观：假设每个回捕点需检测标记个体50尾，其回捕样本容量约为0.5万尾，如应用到全国所有放流点的回捕统计，总样品数量为3.5万~4万尾。如分析4个微卫星位点，则需要14万~16万个PCR反应，检测周期比较长，无法满足高效检测之需。通过优化PCR反应条件，将4个甚至更多的微卫星位点纳入一个PCR反应体系中建立多重PCR反应体系。同时，通过荧光标记，利用测序仪（ABI 3130XL型测序仪可以分析5种荧光标记）进行多重PCR产物检测，提高分辨率，将会极大地缩短样品分析周期。孔杰等已经开发出可用于家系识别的中国对虾三重微卫星PCR反应和检测体系，其个体识别能力已经达到99.932 7%水平（孔杰，2005；高焕等，2007）。摒弃传统的聚丙烯酰胺凝胶电泳和银染检测法，采用不同荧光标记，建立具有更高识别效率的中国对虾荧光标记微卫星多重PCR反应体系用于标记个体检测识别将是可行的。

放流群体和标记个体均为中国对虾，具备完全相同的生态习性，且同规格混合。由于不需要任何形式的物理标记或剪除尾肢处理，标记个体在整个生长过程中将与放流群体完全混合，遵循统一的索饵、洄游路线，不会比放流群体具有更高或者更低的生存或死亡概率。理论上，从混合放流一直到秋汛收获，标记个体在整个群体中随机分布，与放流个体数量的比例维持不变，这是利用分子标记个体精确推算回捕率的前提，需要在实际中进行验证。中国对虾每年放流规模可观，如直接进行分子标记家系放流效果评估，由于非可控因素过多，结果的可靠性无法得到准确验证。因而首先需要在封闭环境中进行模拟实验，然后选择单一放流地点进行尝试，其目的是：①估算合理的标记与放流个体数量比例，既能满足回捕时标记个体可检出、推算回捕率的要求，又能经济地生产标记家系，减少回捕样品的分析数量；②确定标记与放流个体在整个模拟实验过程的比例保持一致且完全随机分布，确定利用分子标记个体推算回捕率是科学的，其误差在可接受的范围之内；③确定放流群体的遗传结构不会由于标记家系的掺入发生显著变化。

验证的流程为首先利用对虾养殖池塘进行中国对虾标记家系对放流效果评估的封闭环境模拟实验，在确定相关技术参数的前提下，包括标记个体与放流个体的合理比例、荧光标记微卫星四重 PCR 个体/家系识别技术鉴别标记个体的准确性研究、中国对虾标记家系进行放流回捕率的可靠性分析、标记放流对群体遗传结构的影响研究等。在实际放流地点进行标记家系对中国对虾放流效果评估的应用研究。然后选择山东半岛胶州湾和渤海湾作为标记家系评估中国对虾放流效果的应用试点。胶州湾和渤海湾是传统的中国对虾放流区域，均为半封闭性海湾，每年的合理放流规模分别为 1 亿尾和 10 亿尾左右，其地理优势及放流数量便于精确进行放流效果评估。

分子标记家系评估中国对虾放流效果在胶州湾和渤海湾的试点，为随后在莱州湾、辽东湾、海州湾、海洋岛和渤海湾等我国主要中国对虾放流地点开展全国范围的分子标记家系放流效果评估提供借鉴。这对于全面评估我国中国对虾放流效果、指导科学放流的进行、了解中国对虾放流群体资源动态变化、了解中国对虾野生资源量的动态变化等都具有重要意义。此外，中国对虾是具有洄游习性的大型经济虾类，拥有相对固定的洄游路线、产卵/索饵场和越冬场。由于各地理种群共享越冬场所，因此，各种群之间的遗传交流情况一直是迫切需要解决的科学问题之一；另有报道表明，黄渤海中国对虾种群已经不再洄游到朝鲜半岛西海岸的深水海域，而只是在渤海深水海区完成越冬。诸如此类的问题由于技术水平所限，一直未得到圆满的解决，借助于中国对虾分子标记家系放流效果评估技术体系，如果可以进行连续多年的标记放流，在不同产卵/索饵场放流特定标记家系，根据第二年春季标记家系个体在不同产卵/索饵场的检出结果，对了解中国对虾不同地理种群的迁移分布和遗传交流情况等重大科学问题具有深远意义。

五、中国对虾分子标记放流个体溯源及放流效果评估新方法模拟验证

1. 中国对虾荧光标记微卫星四重 PCR 技术体系建立及其在中国对虾个体识别/家系溯源中的应用

通过荧光标记—原位杂交策略自主开发中国对虾微卫星标记 13 个，同时通过 NCBI

数据库查询引用微卫星标记 5 个，从这 18 个位点中筛选出 8 个多态性丰富、互不连锁、PCR 扩增体系稳定的位点，根据退火温度的异同，成功开发出两组中国对虾荧光标记（荧光标记分别为 6-FAM、VIC、NED 和 PET）微卫星四重 PCR 反应体系（表 3-1），用于进行中国对虾家系/个体的系谱识别标记。

表 3-1 两组中国对虾荧光标记微卫星四重 PCR 反应体系及组成

四重 PCR 反应体系名称	微卫星位点	GenBank 序列号	退火温度（℃）	序列组成（5′-3′）及荧光标记
高温组（HTG）	EN0033	AY132813	64	F：6-FAM-CCTTGACACGGCATTGATTGG
				R：TACGTTGTGCAAACGCCAAGC
	RS0622	AY132778	66	F：VIC-TCAGTCCGTAGTTCATACTTGG
				R：CACATGCCTTTGTGTGAAAACG
	FCKR002	JQ650349	60	F：NED-CTCAACCCTCACCTCAGGAACA
				R：AATTGTGGAGGCGACTAAGTTC
	FCKR013	JQ650353	61	F：PET-GCACATATAAGCACAAACGCTC
				R：CTCTCTCGCAATCTCTCCAACT
低温组（LTG）	RS1101	AY132811	52	F：6-FAM-CGAGTGGCAGCGAGTCCT
				R：TATTCCCACGCTCTTGTC
	FCKR005	JQ650350	50	F：VIC-CATCGAATCTAAGAGCTGGAAT
				R：TTTGTTTGTGAATAATGTGTGT
	FCKR007	JQ650351	49	F：NED-CGAAATAAGTTAAATGAAAAAA
				R：CAACATAAGACTCACGAGACAG
	FCKR009	JQ650352	52	F：PET-GCACGAAAACACATTAGTAGGA
				R：ATATCTGGAATGGCAAAGAGTC

注：6-FAM、VIC、NED 和 PET 分别是各种荧光标记的名称。

两组四重 PCR 反应体系组成如表 3-2 所示。两组四重 PCR 反应优化条件分别为高温组的扩增程序为 94 ℃变性 4 min，后进行循环 1：94 ℃变性 40 s、70 ℃退火 1 min（每个循环退火温度降低 1 ℃）、72 ℃延伸 1 min，共循环 5 次。随后进行循环 2：94 ℃变性 40 s、65 ℃退火 1 min、72 ℃延伸 1 min，共循环 8 次。再进行循环 3：94 ℃变性 40 s、64 ℃退火 1 min（每个循环退火温度降低 1 ℃）、72 ℃延伸 1 min，共循环 4 次。进行循环 4：94 ℃变性 40 s、61 ℃退火 1 min、72 ℃延伸 1 min，共循环 12 次。最后 72 ℃延伸 5 min，4 ℃保存并结束程序。低温组的扩增程序为 94 ℃变性 4 min，后进行循环 1：94 ℃变性 40 s、52 ℃退火 1 min、72 ℃延伸 1 min，共循环 10 次。随后进行循环 2：94 ℃变性 40 s、51 ℃退火 1 min（每个循环退火温度降低 0.5 ℃）、72 ℃延伸 1 min，共循环 4 次。再进行循环 3：94 ℃变性 40 s、49 ℃退火 1 min、72 ℃延伸 1 min，共循环 10 次。最后 72 ℃延伸 5 min，4 ℃保存并结束程序。利用这两组荧光标记微卫星四重 PCR 反应体系完成样品扩增后，在 ABI 3130 型全自动基因分析仪上的检测结果如图 3-1 和图 3-2 所示，显示了这两组四重 PCR 反应体系能够获得满意的基因分型结果。此部分研究的意义在于通过构建中国对虾荧光标记微卫星四重 PCR 技术体系，满足利用其开展中国对虾个体识别/家系溯源的研究需要，相比传统的单重 PCR 技术，四重 PCR 技术无论从时间、花费、人力物力等方面都有了大幅度的节约，对于随后开展的大批量样本的微卫星基因分型尤其重要。利用 ABI 全自动基因分析仪替代了传统的聚丙烯酰胺凝胶电泳检测，不仅使等位基因检出效率大大提升，准确率也有明显的提高。

表 3 - 2　两组中国对虾微卫星荧光标记四重 PCR 反应体系组成

	高温组		低温组	
Buffer（10×）	2.5 μL		2.5 μL	
Mg²⁺（2.5 mmol/L）	2 μL		2 μL	
dNTP（2.5 mmol/L）	2.5 μL		2.5 μL	
Primer（each）（10 μmol/L）	EN0033	0.25 μL	RS1101	0.3 μL
	RS0622	0.5 μL	FCKR005	0.5 μL
	FCKR002	0.5 μL	FCKR007	0.5 μL
	FCKR013	0.5 μL	FCKR009	0.3 μL
DNA Template（50 ng/μL）	2 μL		2 μL	
Taq（5U）	0.2 μL		0.2 μL	
ddH₂O	12.3 μL		12.6 μL	

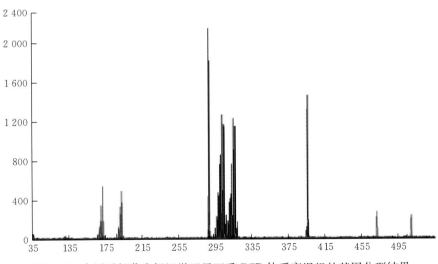

图 3 - 1　中国对虾荧光标记微卫星四重 PCR 体系高温组的基因分型结果

利用微卫星位点等位基因信息开展亲子溯源分析过程中，需要用 Cervus（www.fieldgenetic.com）软件。开展微卫星分子标记中国对虾放流效果评估研究，首先需要开展的工作就是对微卫星位点的筛选，并符合 Cervus 软件应用要求，不过 Cervus 软件并非目前唯一用来进行亲子溯源的软件，但对于所用位点的要求基本是一致的：①分析对象是二倍体生物。②所用分子标记必须是位于常染色体上的，不能是位于性染色体上的

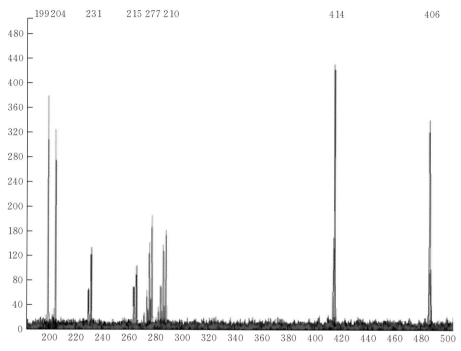

图3-2　中国对虾荧光标记微卫星四重 PCR 体系低温组的基因分型结果

或者细胞质的（比如线粒体），虽然 X-染色体或者 Z-染色体连锁标记可以用于某些类型的亲子关系鉴别。因此，筛选用于进行亲子溯源的分子标记有必要经过验证与性别不相关。③所用分子标记必须是共显性（co-dominant）的，比如微卫星或者 SNP（single nucleatide polymorphism，单核苷酸多态性），而不能是 AFLP（amplified fragment length polymorphism，扩增片段长度多态性）或者 RAPD（random amplified polymorphism DNA，随机扩增片段长度多态性 DNA）等显性分子标记。④ 分子标记是符合 Hardy-Weinberg 平衡的，换句话说，所用分子标记应该在某种程度上是选择中性的。Cervus 软件能够容忍中等程度的 Hardy-Weinberg 平衡偏离水平；不过在实际应用中，对于中国对虾而言，由于幼体到成体的存活率经常在 2% 甚至更低水平，同样的分子标记在幼体阶段和成体阶段可能会出现不同水平的 Hardy-Weinberg 平衡偏离水平。⑤所用分子标记不携带"哑等位基因"。虽然 Cervus 软件能够允许低到中等水平的"哑等位基因"频率的出现，不过为了提高亲子溯源的精确度和效率，避免所用位点"哑等位基因"的出现是事半功倍的措施。⑥所用标记之间不存在连锁关系。Cervus 软件能够接受所用亲子溯源的分子标记之间存在弱的连锁关系，所以在选择亲子溯源位点之前，以中国对虾为例，选择位于不同连锁群上的微卫星位点进行亲子溯源不失为明智之举（Wang et al，2012）。

2. 中国对虾分子标记家系模拟放流实验

在此部分研究中，分别选取采用定向交尾技术培育的 3 个中国对虾全同胞家系（分别命名为 A、B 和 C 家系），待家系个体体长达到 4 cm 左右时，每个家系随机选取 100 尾个体在尾节部分以家系为单位进行 VIE 荧光标记注射。300 尾标记注射后的个体与 1 888 尾同规格无荧光标记的群体进行混养。养殖 3 个月后，收集所有混养个体共计 1 786 尾，首先利用已经建立的微卫星荧光标记四重 PCR 技术体系进行个体识别/家系溯源，然后对检测出来的结果利用 VIE 标记进行验证。目的有两个：① 验证微卫星标记在个体识别/家系溯源方面的准确性；② 验证家系个体在混养前后，其与混养个体的数量比例之间有无显著差异。

实验结果为通过 1 786 个个体及 3 个家系父母本在低温组 4 个位点上的基因型，利用 Cervus 3.0 软件的"parent age analysis"模块进行个体识别。发现利用分子标记检测出来的 A 家系个体数量为 35 尾，B 家系个体 64 尾，C 家系个体 92 尾。而经过 VIE 标记认证的个体分别为 A 家系 34 尾，B 家系 60 尾，C 家系 92 尾，且能够与微卫星分子标记家系检测出来的个体一一对应。利用微卫星分子标记比 VIE 标记多检测出来的 5 个个体，分析是在混养过程中 VIE 标记丢失所致。据此，对这 5 个个体又进行了高温组 4 个微卫星位点的分析验证，结果发现其家系归属与利用低温组分析的结果是相同的。

在最终收获的 1 786 尾混养样本中，共识别出 3 个家系的个体 191 尾，混养个体 1 595 尾（表 3-3）。

表 3-3　模拟放流实验中分子标记家系个体数量及比例变化情况

		混养后（尾）	捕获后（尾）	存活率（%）
混养群体		2 188	1 786	81.63
混合（背景）群体		1 888	1 595	84.5
分子标记家系	A	100	35	35
	B	100	64	64
	C	100	92	92

混养前，"内标"个体（C 家系）与混合群体的数量比例为 5.3%，捕获后，其比例为 5.77%，卡方检测结果显示，该两组数据无显著性差异（$P>0.05$）。需要注意的是 A 家系和 B 家系在混养前后的数量比例发生了比较显著的变化，这是因为 A 家系和 B 家系是累代养殖的近交家系，因此其存活率相比野生个体发生了显著的差异。而 C 家系的父母本是来自于野生个体，因此子代存活率相比混养群体没有发生显著差异。

为了评估分子标记家系个体的掺入是否会对放流群体的遗传多样性造成影响，在此模拟实验中，还进行了混养前后群体的遗传结构变化分析（表 3-4）。

表 3-4　模拟放流前后群体遗传变异比对分析

微卫星位点	模拟放流前		模拟放流后		模拟放流前后（H_e）差值
	H_o	H_e	H_o	H_e	
RS1101	0.697 9	0.804 9	0.697 4	0.807 0	
FCKR005	0.467 1	0.889 8	0.506 6	0.891 4	
FCKR007	0.455 7	0.833 2	0.500 9	0.822 5	
FCKR009	0.234 8	0.810 4	0.273 7	0.822 0	
平均值	0.463 9	0.834 6	0.494 7	0.853 7	
标准差	(0.189 1)	(0.038 8)	(0.173 3)	(0.037 8)	$P=0.094\ 4$

分子标记家系掺入前群体的平均期望杂合度（H_e）为 0.834 6，平均多态信息含量为 0.814 8；掺入后平均期望杂合度（H_e）为 0.835 7，平均多态性信息含量为 0.817 1（未列入表 3-4 中）。模拟混养前后所有位点期望杂合度配对分析结果表明，两者之间没有显著性差异（$P > 0.05$）。模拟放流实验中，分子标记家系个体的掺入没有对混养群体的遗传结构产生显著影响；而在实际放流中，由于放流数量巨大，分子标记家系在其中所占的比例要远比模拟实验中的小，因此，更不可能对整个放流群体的遗传结构产生影响。

以下 3 个公式展示了具体实践中利用分子标记家系进行中国对虾放流回捕率计算的过程：

$$N'_h = (N_1 \times N_h)/N_m \tag{3-1}$$

式中，N'_h 为回捕样本中增殖放流个体的数量；N_1 为回捕样本中通过微卫星标记识别出来的分子标记家系个体数量；N_h 和 N_m 分别为放流时增殖放流个体数量与分子标记家系个体数量。

$$N'_w = N_2 - N'_h - N_1 \tag{3-2}$$

容易理解，回捕样品中除去来自增殖放流的个体、分子标记家系的个体，剩余的应该是野生资源个体的补充。在公式（3-2）中，N_2 和 N'_w 分别是样本数量及样本中野生个体的数量。

因此，对于一个开展中国对虾增殖放流效果评估的海域而言，回捕率（R）可以根据公式（3-3）进行推算：

$$R = (P \times N'_h)/(N_2 \times N_h) \tag{3-3}$$

P 是开展增殖放流效果评估海域当年的中国对虾总量（以尾计）。从这个公式不难看出，P 中包含了来自两部分的对虾，一部分为增殖放流个体，另一部分为野生资源的补充量。在以往的回捕率评估中，无法统计这两部分的具体数量，而采用分子标记中国对虾增殖放流效果评估方法，则可以推算出增殖放流个体及野生资源补充的具体数量。很明显，采用分子标记家系增殖放流效果评估方法估算出的回捕率要比传统方法低。具体的数值差异取决于某个海域中国对虾野生资源的补充量到底有多少。

第二节 分子标记放流效果评估应用实践
——以胶州湾和渤海湾为例

胶州湾位于山东半岛南部（35°38′—36°18′N，120°04′—120°23′E），是山东半岛南部沿海最大的海湾，南部湾口（湾口最窄处仅 3 km）毗邻黄海，为我国北方典型的半封闭型海湾。胶州湾面积约 400 km²，平均水深 7 m，最深处 60 m。胶州湾内遍布多条河流入海口，其中以大沽河、墨水河、白沙河及洋河为主，为胶州湾输入了丰富的营养物质，造就了胶州湾内丰富的渔业资源。胶州湾因而成为多种经济鱼类、甲壳类生物繁衍生息的重要场所。胶州湾也是山东半岛南部海域中国对虾重要的产卵及索饵场之一，雌虾通常于 4 月上旬进入胶州湾河口一带进行产卵并持续 1 个月左右，对虾增殖放流之前，每年秋汛提供的对虾产量为 8～190 t，1985 年之后通过中国对虾人工增殖放流，对虾秋汛产量有了显著的提高，最高产量超过 1 000 t，其中增殖放流个体占据比例大（刘瑞玉等，1993；刘永昌等，1994）。近些年来，胶州湾每年增殖放流规模都在 1 亿尾左右，放流规格由早期体长 3 cm 左右幼虾变为现在体长 1 cm 的仔虾。胶州湾半封闭型特点为开展分子标记增殖放流评估提供了极为有利的条件。

一、中国对虾分子标记增殖放流效果评估新方法在胶州湾及渤海湾的试点

中国对虾分子标记家系放流效果评估开展的试点海域分别为山东半岛胶州湾和渤海湾（天津汉沽），如图 3-3 所示。

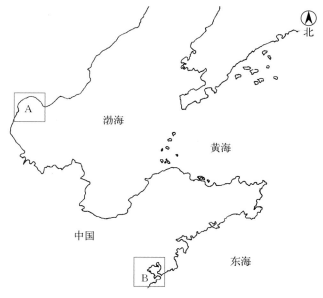

图 3-3　中国对虾分子标记家系放流效果评估试点海域

A 和 B 分别为 2012 年山东半岛胶州湾和渤海湾（天津汉沽）中国对虾分子标记家系放流效果评估试点海域

2012 年春季，在中国水产科学研究院黄海水产研究所即墨鳌山卫海水动物遗传育种中心，进行了中国对虾放流"内标"家系的培育。具体方法为 2011 年秋季，从海捕中国对虾中挑选规格大、无外伤、健康的个体，经活体取附肢进行 WSSV 检疫后，进行眼标标记并按照雌虾和雄虾 1∶1 控制交尾，交尾完成后，雄虾置于−76 ℃超低温冰箱保存，以备随后的标记放流个体识别。交尾雌虾进行人工越冬培育。2012 年春季，挑选 12 尾雌虾，进行家系单独育，截至 2012 年 5 月 7 日，其中 6 个家系共生产出达到仔虾规格（体长为 0.8～1 cm）"内标"个体 30 万尾左右。该批"内标"个体于当日运往天津市大神堂水产良种场准备放流（该水产育苗场为天津市定点中国对虾放流企业），由于长途运输对仔虾体质的影响，该批"内标"个体在大神堂水产良种场暂养 5 d 后，于 5 月 12 日，连同汉沽渤海海域（117°84′E、39°05′N）放流中国对虾共计 1.6 亿尾（由于长途运输损耗，放流当天"内标"个体计数为 20.4 万尾）（图 3-4、图 3-5、图 3-6）。

图 3-4 天津市渔政部门对 2012 年中国对虾分子标记家系个体进行苗种质量评估

图 3-5 中国对虾分子标记个体与渤海中国对虾一起进行增殖放流

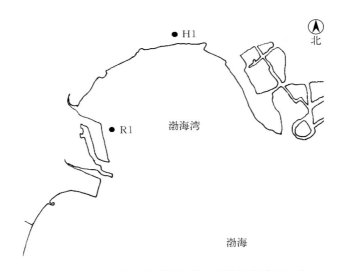

图 3-6 中国对虾分子标记家系在渤海湾放流地点

本图为图 3-3 中 A 区域的放大图，显示中国对虾分子标记家系在渤海湾的具体放流地点（GPS 位置为 117°84′E、39°05′N），图中 R1 表示放流地点，H1 为天津大神堂水产良种场

2012 年 5 月 22 日，在青岛市胶州湾红岛渔码头海域开展了中国对虾分子标记家系放流的第 2 批试点（图 3-7、图 3-8）。此次放流分子标记家系个体 30 万尾左右，为来自鳌山卫海水动物遗传育种中心培育的另外 6 个中国对虾全同胞家系。

2013 年 8 月，在山东半岛胶州湾放流海域及附近捕捞活体中国对虾样本 2 507 尾；同年 9 月在天津汉沽渤海海域放流点周边捕捞中国对虾共计 3 232 尾。所有样品取个体游泳肢肌肉组织备基因组 DNA 提取。

图 3-7 中国对虾分子标记家系在胶州湾试点放流

图 3-8 中国对虾分子标记家系在山东半岛胶州湾放流地点

本图为图 3-3 中 B 区域的放大图，显示中国对虾分子标记家系在山东半岛胶州湾的具体放流地点

（GPS 位置为 120°28′E、36°19′N），图中 R2 表示放流地点

采用醋酸铵快速沉淀法对上述共计 5 739 尾中国对虾样品进行了基因组 DNA 提取，具体方法如下。

基因组 DNA 的提取参考王伟继等（2005）醋酸铵快速沉淀方法，部分操作略有修改，具体过程如下。

（1）将手术刀、手术剪使用酒精棉擦拭后用酒精灯加热消毒，切取中国对虾附肢肌肉 100 mg，将肌肉组织放于 1.5 mL 离心管中。

（2）加入提前放入水浴锅中预热的裂解液 300 μL，使用核酸破碎仪进行破碎，直到没有大块肌肉组织为止。

（3）向离心管中加入 6 μL 蛋白酶 K（20 mg/mL），轻微摇晃进行混匀，放置于 56 ℃ 水浴锅中进行消化。

（4）每隔 30 min 轻微晃动一次，直到样品消化至澄清透明。

（5）将消化好的样品放于室温冷却，冷却后加入 100 μL 7 mol/L 醋酸铵溶液，轻微震荡进行混匀，置于冰上 5 min。

（6）将离心管进行离心，条件为 4 ℃，转速 12 000 r/min，时间 10 min。

（7）离心后使用剪掉枪头的移液枪吸取 300 μL 的上清液，转移至新的离心管，并加入 300 μL 提前−20 ℃ 预冷的异丙醇溶液，轻微震荡进行混匀，于−20 ℃ 放置 30 min。

（8）将离心管进行离心，条件为 4 ℃，转速 12 000 r/min，时间 10 min。

（9）将上清液倒掉后加入 1 mL 70% 无水乙醇，反复震荡进行混匀，洗涤两次，将上清液倒掉，室温下进行晾干。

（10）向离心管中加入 100 μL 双蒸馏水，轻微震荡进行混匀，充分混匀后置于

－20 ℃保存。

将提取的 DNA 通过 0.8％琼脂糖电泳进行质量检测，电压 120 V，时间 30 min，条带明亮单一不拖带，说明不含有蛋白质。随后通过核酸定量仪进行定量，检测吸光度（260 nm/280 nm 在 1.8～2.0 为最佳）及浓度，通过双蒸馏水将 DNA 稀释到 50 ng/μL，置于－20 ℃保存。

所有采集样本，包括 12 个分子标记家系的 12 对父母本在内，首先利用任意一组中国对虾荧光标记微卫星四重 PCR 技术（高温组或低温组）将样品在 4 个微卫星位点进行PCR 扩增；扩增产物利用 ABI 3130 型全自动基因分析仪进行 PCR 产物分型；采用 ABI（Applied Biosystems Inc.）公司生产的 GeneScan - 500 Liz 分子内标辅助进行等位基因度量，等位基因大小判读及数据采集利用 GeneMapperTMV4.1（Applied Biosystems Inc.）软件完成；个体数据及 12 对亲本数据采用 Cervus 3.0 软件进行个体识别/家系溯源分析（图 3 - 9），在等位基因对应的前提下，以 LOD≥3.0 为亲子关系确认的判定标准。对于在其中一组体系下亲子符合的个体，再采用另外一组中国对虾荧光标记微卫星四重 PCR技术按照上述步骤进行另外 4 个位点的基因分型、分析及验证，以最终对回捕样品分子标记家系个体及家系溯源进行确认。

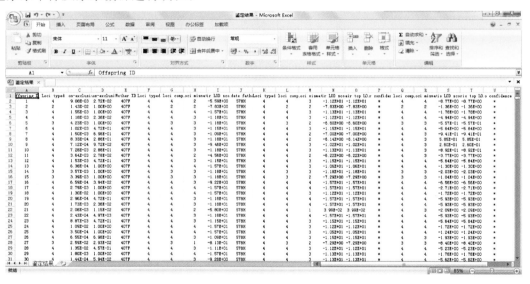

图 3 - 9　利用 Cervus 3.0 软件进行回捕样本中分子标记个体识别及家系溯源分析

在胶州湾 2 507 尾样品检测中，首先使用高温组中国对虾荧光标记微卫星四重 PCR体系进行了所有样品的基因分型及等位基因数据统计，利用 Cervus 3.0 软件，初步确认其中 8 个个体为分子标记家系个体，这 8 个个体分别来自 4 个家系，每个家系的个体数分别为 3 尾、2 尾、2 尾和 1 尾。利用低温组中国对虾荧光标记微卫星四重 PCR 体系对这 8个个体及 6 对父母本再次进行基因分型及数据分析，其结果及个体的家系归属与高温组完全一致。最终确认在胶州湾 2 507 尾回捕样品中，有 8 尾个体是分子标记家系个体。采用类似方法，在渤海湾（汉沽）海域的 3 232 尾中国对虾回捕样品中检测到来自 3 个家系的4 尾分子标记家系个体，每个家系的个体数量分别为 2 尾、1 尾和 1 尾。

具体到分子标记家系回捕率评估，以 2012 年渤海湾（汉沽）实验数据为例进行。2012 年 5 月 12 日在渤海湾放流中国对虾 1.6 亿尾，同步放流分子标记家系个体 20.4 万尾；当年回捕中国对虾样品 3 232 尾，从中检测到 4 尾分子标记家系个体。依据公式（3-1），3 232尾回捕样品中，来自增殖放流的个体（N'_h）为 3 137 尾；另外 95 尾回捕样品中，分子标记家系个体为 4 尾；根据公式（3-2），剩余的 91 尾应该为来自野生资源的个体补充。根据 2012 年渤海湾放流海域秋季中国对虾资源量评估统计，其数量估算为 4 272 000尾。根据公式（3-3），利用分子标记家系评估的 2012 年渤海湾（汉沽）中国对虾放流回捕率为 2.59%，而同期采用传统方法评估的结果为 2.67%（表 3-5）。采用分子标记家系方法评估的回捕率比采用传统方法评估的结果略低，这与此前的预期是一致的。之所以两个数据差别很小是因为野生中国对虾资源量很少。这个结果是国内外首次利用分子标记家系完成中国对虾增殖放流效果评估的研究（Wang et al，2014）。

表 3-5　2012 年中国对虾分子标记家系胶州湾及渤海湾放流效果评估

项　　目	胶州湾	渤海湾
从回捕样本中检测出的分子标记家系个体数量（N_1）	8	4
回捕样本中放流个体数量（N'_h）	2 400	3 137
回捕样本数量（N_2）	2 507	3 232
回捕样本中野生个体数量（N'_w）	107	95
放流的分子标记家系个体数量（N_m）	3×10^5	2.04×10^5
放流个体数量（N_h）	9×10^7	1.6×10^8
秋汛中国对虾资源量估计（P）	2 535 000	4 272 000
回捕率（R）	2.70%	2.59%

在胶州湾和渤海湾大样本检测过程中，前期开发的两组微卫星标记四重 PCR 所包括的 8个微卫星位点展示出了极高的多态信息含量，提供了强大的个体识别/家系溯源能力，其中任意一个四重 PCR 体系中的 4 个位点的累积个体排除概率均在 99.99% 以上水平（表 3-6）。任何一组四重 PCR 体系在父母本已知的条件下均能够实现分子标记家系个体的准确识别和家系溯源。

表 3-6　基于渤海湾 3 232 尾样本的 4 个中国对虾微卫星位点的
多态性分析及累积个体排除概率估算结果

位点名称	等位基因数量（N_a）	观测杂合度（H_o）	期望杂合度（H_e）	多态信息含量（PIC）	排除概率（$E-PP$）*
EN0033	64	0.839	0.957	0.955	98.7%
RS0622	43	0.898	0.956	0.954	98.6%
FCKR002	25	0.702	0.916	0.909	95.3%
FCKR013	26	0.773	0.920	0.915	96.0%
累积排除概率（$E-PP$）					＞99.99%

注：＊父母本已知条件下的排除概率。

二、"内标"式改进为"全部"分子标记增殖放流效果评估技术的理论与验证

在实践放流过程中，笔者发现利用"内标"式分子标记家系进行标记放流也存在诸多不便之处，甚至是缺陷，主要表现在：①现有手段实现了从数量上推算回捕样品中放流与野生个体的目标，但仍旧无法从个体水平区分放流与野生个体；②需要和苗种培育养殖场同步进行分子标记家系的培育。如需要在多个地点开展分子标记放流，则"内标"家系同步培育、运输、暂养等过程烦琐，且异地开展分子标记放流易导致"内标"个体死亡率增加；③各地中国对虾增殖放流数量庞大，"内标"家系个体在其中所占比例小，会影响数据的精确估算（Bravington et al，2004）。因此，上一阶段研究虽然已经实现了从数量上推算中国对虾回捕样本中增殖放流与野生个体的目标，但要消除如上所述的这些问题，只有通过增殖放流个体的精确溯源，通过与野生个体的精确区分才能最终实现精确的放流效果评估，而这也是增殖放流活动一直渴望实现的目标。其意义在于不仅能够大大提升放流效果评估的精度，建立一种全新的增殖放流效果评估体系，且最终有助于解决前文提到的困扰中国对虾增殖放流活动的几个重要科学问题。

在此前进行的 2012 年分子标记家系放流效果评估试点研究中，分别在胶州湾和渤海湾（天津汉沽）共放流由 12 个中国对虾全同胞家系组成的 50.4 万尾"内标"个体，利用荧光标记微卫星四重 PCR 技术，在家系父母本已知的前提下，从 5 739 尾回捕样品中检测到来自其中 7 个家系的 12 尾"内标"个体（Wang et al，2014）。由此假设某地所有中国对虾放流苗种培育都以家系方式进行，且家系父母本信息（基因组 DNA）可靠，则通过已有的微卫星分子标记手段，能够实现对所有放流个体的识别和家系溯源，从而达到回捕样本中增殖放流与野生个体区分的目的。

中国对虾增殖放流活动中，依据放流海域、放流任务及环境差异，每年苗种培育企业捕捞和实际使用的野生亲虾数量各有变化。以 2012 年为例，渤海湾（天津海区）指定培育中国对虾放流苗种的企业有两家（天津市水产研究所渤海水产资源增殖站、天津大神堂水产良种场），所使用的野生海捕亲虾（交尾雌虾、下同）总数为 2 448 尾，放流苗种超过 16 亿尾。2013 年两家共采集了超过 6 000 尾的海捕亲虾，但由于亲虾管理方面的原因，最后用于增殖放流的亲虾总数为 1 032 尾，放流苗种超过 12 亿尾。事实上，在我国北方海区，每年的亲虾保有量能够达到如此数量级别的苗种培育厂家屈指可数。山东半岛丁字湾 2013 年中国对虾放流使用亲虾数量为 300 余尾。2012 年山东半岛胶州湾中国对虾放流数量为 9 000 万尾，虽然没有所用亲虾数量的具体统计，但保守估计，人工条件下以每尾海捕亲虾生产 30 万尾放流仔虾，整个胶州湾使用亲虾数量大约为 300 尾。实际上，野生亲虾怀卵量可高达 60 万～120 万粒，人工培育条件下，其中至少 60% 可以培育成放流仔虾。作为苗种培育企业，为实现利润的最大化，其原则是用最少的亲虾培育最多的苗种（这显然会增加放流群体产生近交衰退的风险，但这的确是目前的现实情况。而且到目前为止，增殖放流活动中，尚没有关于亲虾使用数量的明确规定）。因此，以胶州湾为例，假设要实现放流个体的精确识别和溯源，可以通过培育 300 个中国对虾全同胞家系（每个家系培育仔虾 30 万尾左右），然后利用微卫星分子标记对回捕样本进行 300 个家系亲本的溯源实现。不过，实际情况与上述理想模式存在巨大的差异，一是用于放流苗种培育的海

捕亲虾均为交尾雌虾，父本信息无从查询（虽然交尾雌虾纳精囊中携带雄虾的精荚，但目前尚不具备活体精荚基因分型的条件，精荚DNA的取样会导致亲虾的死亡，这在企业是无法接受的，就单亲亲子溯源而言，也没有必要对精子的来源进行跟踪）。二是大批量进行家系培育不现实。以胶州湾为例，假设培育300个中国对虾家系，以每个家系培育30万尾放流仔虾推算，仅使用特定的家系培育设施（主要包括3～5 m^3 玻璃钢或桶300个），一般的苗种培育企业就无法满足，这还不包括个体控制交尾、亲本单独产卵、苗种同步化培育等烦琐的操作过程。对于渤海湾这样大批量放流的海域，更是无法实现。更重要的是，这种以家系培育方式生产放流苗种的流程可能会引起放流群体遗传多态性丧失的问题，虽然目前尚缺乏深入的研究加以证实。现实条件是可以从培育场采集到全部用于放流苗种生产的亲虾（母本）信息（根据增殖放流规定，放流苗种必须是用当地采集的亲虾培育的苗种）。那么仅仅依靠母本信息，在不影响现有放流行为的前提下，能否实现放流苗种与母本之间的单亲亲子鉴别？换句话说，也就是能否实现放流个体的精确溯源目的呢？答案是肯定的。

有必要再次简单描述一下中国对虾的越冬及生殖洄游习性：每年秋季越冬洄游途中，雄虾将精荚交接到雌虾的纳精囊中完成交尾，大部分随后死亡；第二年春季，携带精荚的交尾雌虾离开越冬场生殖洄游到产卵场完成生产后也逐渐死亡。苗种场一般是在生殖洄游途中捕获交尾雌虾，人工条件下完成苗种培育并放流。交尾过程中，一旦雌虾完成交尾，纳精囊随即关闭，不再接受其他雄虾的精荚。因此，绝大多数情况下，一尾雌虾仅携带一尾雄虾的精荚。人工育苗过程中，多使发育程度接近的雌虾同一批次产卵，亲虾在排出成熟卵子时同步释放纳精囊中的精子，两者随即在体外完成受精。从精荚中释放出的精子在海水中存活时间极短（不到30 s），因此，绝大多数卵子与母体自身精荚释放的精子结合。特殊情况下，会有少量卵子与其他雌虾纳精囊中同步释放的精子受精。从遗传学角度，所有增殖放流苗种实际上是由多个母系半同胞家系组组成的。在这个母系半同胞家系组中，包括卵子与亲虾自身精荚释放的精子受精形成的一个全同胞家系，它们的子代占绝大多数；卵子与其他雌虾携带的精荚同步释放的精子受精形成的一个或几个家系，它们的子代占极少数。不过无论是哪种情况，由于在随后的分析中只能依靠母本信息，通过母本进行母子鉴别，所以个体精子来源的不同不会对分析方法及最终结果的准确性产生影响。假设山东半岛胶州湾某年增殖放流苗种亲虾（交尾雌虾）数量为300尾，则所有放流苗种可以划分为300个母系半同胞家系组（实际生产中，每个母系半同胞家系组可能由一个全同胞家系组成，也可能由几个母本来源相同的母系半同胞家系组成，统称为母系半同胞家系组）。来源于同一母系半同胞家系组的子代个体携带与母本相同的微卫星等位基因信息，借助此，可以实现母系半同胞家系组子代与母本之间的母子溯源，也就实现了所有增殖放流个体的精确溯源。

在家系父母本信息完整前提下，依靠少数几个等位基因丰富的微卫星位点，即可实现准确的子代个体识别与家系溯源（Ellegren，1991；Ashie et al，2000；Jackson et al，2003；Sekino et al，2004；Castro et al，2006；Dong et al，2006；于飞等，2009），这在本书编者团队已经完成的科研项目中也得到了验证（李伟亚等，2012；Wang et al，2014）。不过，面对的实际情况是所有家系（母系半同胞家系组）中仅母本信息是完整的，缺乏父本信息。那么这种情况下仍旧能够实现放流个体的精确溯源吗？答案是肯定的，即单亲亲子鉴别。单亲亲子识别在国际奶牛业中最具代表性的就是国际动物遗传学会（IS-AG）推荐的普遍应用于国内引进种公牛精液检测及亲子溯源的 12 个奶牛微卫星标记（ISAG Conference，2008；杨超等，2011）；王静等（2009）利用 ABI 公司牛亲子鉴定试剂盒提供的 11 个微卫星标记和 3 个自选标记，对我国部分种公牛进行检测后发现，14 个位点的累积个体排除概率均达到 99.99%。在个体识别中，要达到同一排除概率，单亲已知比双亲已知所要求的微卫星位点显然要多。Slabbert 等（2009）在进行南非养殖鲍（*Haliotis midae*）家系识别中发现其在双亲和单亲已知条件下，3 个微卫星位点的累积排除概率分别为 97% 和 88%。类似的结果在日本对虾（*Penaeus japonicas*）、大菱鲆（*Scophthalmus maximus* L.）、中国对虾等多个物种的亲子鉴别中均有体现（Jerry et al，2004；Dong et al，2006；于飞等，2009；李伟亚等，2012）。在本书编者团队已结题的基金项目（批准号：41076109）研究中，已经在双亲已知和单亲已知条件下，对中国对虾亲子鉴别结果的准确性及所需微卫星位点数目进行了研究：双亲已知条件下，任何一个四重 PCR 的四个微卫星位点提供的累积个体排除概率（>99.99%）都可满足精确的亲子鉴别；而在单亲已知条件下，需要所有四重 PCR 体系的 8 个微卫星位点才能够提供同样的准确结果（累积个体排除概率>99.99%）。该结果同时也证实了利用微卫星位点进行中国对虾大样本（2 507）单亲亲子鉴别的准确性和可行性（Zhang et al，2014）。

2014 年，本书编者团队正式开展了中国对虾放流群体单亲亲子溯源分析。基于 8 个 SSR 位点的基因分型信息，对采集的 2013 年渤海湾（天津汉沽）放流中国对虾亲虾 884 尾（占该海域所有放流亲虾的 44.2%）和秋季回捕样本 842 尾进行了单亲亲子溯源。共计从回捕样本中检测到放流个体 448 尾，对应的亲本个体数量是 337 尾。根据母子检出类型，1 母对 1 子为 253 组，253 个放流个体；1 母对 2 子类型检测出 62 组，124 个放流个体；1 母对 3 子类型为 18 组，54 个放流个体；1 母对 4 子类型为 3 组，12 个放流个体；1 母对 5 子类型为 1 组，5 个放流个体（王陌桑，2016）。这个研究证实了结合现有的放流模式，能够实现放流个体的精准识别和溯源，该研究也是国内首次有如此大量放流个体被认定。由于此研究只是对部分放流亲虾进行了采样分析，因而还不能确认剩余的 394 尾回捕样本是放流还是野生。可以预期，假如采集了某一海域（渤海湾）所有增殖放流亲虾，则可以实现对所有回捕样本中放流和野生个体的精确鉴别。

第三节　环境 DNA 技术建立及在中国对虾资源量评估中的应用初探

中国对虾是我国重要的渔业资源之一，由于受到人类活动的影响，资源严重衰退，野生资源近乎枯竭，自 20 世纪 80 年代起，为了恢复中国对虾渔业资源量开始人工放流，至 20 世纪 90 年代末，中国对虾的资源量几乎完全依赖于人工放流，但有关增殖放流效果评价方面的研究却尚未成熟。因此，准确地评估渤海中国对虾的增殖放流效果，对于合理地制定相应的放流策略来说至关重要。然而，对于中国对虾的资源状况评估而言，掌握中国对虾在渤海的时空分布与种群资源量动态变化是准确地评估其增殖放流效果的基础。但现有的渔业资源调查方法对于放流的中国对虾种群而言，其调查效果差且费时费力，往往不能够准确地反映中国对虾的种群动态变化与时空分布情况。因此，探索一种更适于中国对虾资源调查的方法至关重要。近年来，随着分子生物学的快速发展，环境 DNA（environmental DNA，eDNA）技术作为一种新的水生生物调查方法已经被成功地应用到水生生态系统的研究领域（单秀娟等，2018）。

一、环境 DNA 技术简介

环境 DNA（environmental DNA，eDNA）是指从皮肤、黏液、唾液、精子、分泌物、卵、粪便、尿液、血液、根、叶、果实、花粉和腐烂体等释放出来的游离的 DNA 分子片段（Bohmann et al，2014）。环境 DNA 技术是指从环境样品（土壤、沉积物和水体等）中直接提取出 DNA 片段后，利用 PCR 与高通量测序等技术进行定性或定量分析的方法（Ficetola et al，2008；Haile et al，2009）。

环境 DNA 技术最早出现在环境微生物学领域，其被用于分离和纯化沉积物中微生物的 DNA（Ogram et al，1987），但环境 DNA 技术真正得到认可及应用却是在 2000 年之后（Rondon et al，2000；Yoccoz，2012）。利用环境 DNA 技术监测和保护大型水生生物，始于用源于古老沉积物中的 DNA 去评价生物多样性（Willerslev et al，2003），而关于水样 DNA 的第一次研究，则是利用从水样中提取的 DNA 去监测水域中是否存在入侵物种美国牛蛙（*Rana catesbeiana* 或 *Lithobates catesbeianus*）（Ficetola et al，2008）。之后随着环境 DNA 技术的日益成熟，环境 DNA 技术已经成为一种新的水生生物调查方法，其主要被用来进行生物入侵的防治、濒危物种的保护、生物多样性的评价以及生物量的评估等。目前，此项技术已被成功应用到哺乳类、两栖类、鱼类、无脊椎动物等水生生物的研究中。同时，eDNA 技术适用的栖息地类型也是多样化的，包括池塘、河流、湖泊、海洋等。

二、环境 DNA 技术的主要操作流程

水环境 DNA 的分析主要有 4 个步骤：水样的采集及保存→水样 DNA 的提取→DNA 检测→结果分析。通常由于研究目的的不同以及采样环境的差异，不同的研究人员在采集水样、提取 DNA 以及对 DNA 进行分析这 3 个过程中采取了不同的方法。

环境 DNA 技术日趋成熟，研究范围越来越广，取样环境也越来越丰富，据以往的研究，水样来源于养殖池、小溪、湖泊、河流和海洋等各种人工和天然水体。水样采集方法根据需要可以分为直接采集法和过滤法。直接采集法是指水样采集后不进行过滤，将水样直接进行保存来完成环境 DNA 的收集（Thosmen et al，2012）。过滤法是指将水样进行过滤之后把环境 DNA 截留在滤膜上，保存滤膜从而实现对 DNA 采集（Pilliod et al，2013），其根据过滤地点的不同又可以分为在线过滤（采集水样的同时直接对其进行过滤）、采样后过滤（收集水样和过滤分开进行，但都是在野外完成的）和水样采集-保存-实验室过滤（在野外进行水样采集与保存，之后在实验室进行过滤）。目前通常使用的滤膜主要有聚碳酸酯膜、硝酸纤维膜、玻璃纤维膜和尼龙膜等，孔径一般在 $0.22 \sim 1.5\ \mu m$。研究表明，不同的滤膜具有不同的 DNA 回收率，其中混合纤维滤膜的回收效果最佳

（Liang et al，2013）。滤膜的保存则采取冷冻保存（－20 ℃保存）和脱水保存（一般使用 3 mol/L 的醋酸钠和无水乙醇混合液或 95％的乙醇进行脱水）两种方法。

根据已有的研究，由于水体性质的不同，水样的采集量一般集中在 15 mL 至 10 L，以 1～2 L 的采样量为最多（Rees et al，2014）。目标种的检出率还取决于物种的生活习性、生活环境以及种群密度大小等因素。因此，为了提高目标种的检出率，研究人员在采集水样时应注意：①在同一采样位置的同一水体深度设置不同的水量梯度，针对不同水体中的不同物种，寻求最佳的采样量；②在同一水体中设置不同的水深梯度，寻找最佳的采样位置；③在同一位置的同一水深进行多次采样，以增加物种的检出率；④野外采集的样品应该及时进行保存，防止 DNA 降解导致的实验误差。

由于水样中含有的 DNA 量极少且成分复杂，因此水样中环境 DNA 的提取没有一个统一的标准，为了提取高质量的水样 DNA，大多数研究者都采用 DNA 提取试剂盒与传统方法相结合的方式来提取水环境中的 DNA。采用的方法主要有酒精沉淀法、过滤法及酚-氯仿-异戊醇法等（Costas et al，2007；Deiner et al，2014；Deiner et al，2015）。针对不同的研究对象应该采取不同的提取方法，以达到最佳的提取效果，Deiner 等（2015）通过比较 3 种不同的环境 DNA 提取方法发现，对于真核生物，应该提取 $CO\ I$ 基因，采用过滤与 DNeasy Blood and Tissue Kit 相结合的方法，而对于水环境中的真菌，则应该采用沉淀与 MO BIO's PowerWater DNA Isolation Kit 相结合的方法（Deiner et al，2015）。

通过对水样 DNA 分析，得到环境 DNA 组成情况，进而依据环境 DNA 的组成情况进行物种监测、生物多样性评价和生物量评估等。该阶段首先需要进行的是针对不同的目标种选取 DNA 识别片段来设计引物。为了确保实验结果的精确性，要求所选取的 DNA 片段必须能够有效区分不同物种，尤其是那些亲缘关系比较近的物种。大量研究表明，在 DNA 浓度较低的情况下，细胞中的线粒体 DNA（mitochondrial DNA，mtDNA）拷贝数要比核 DNA 大得多且含有更多的保守序列，从而更容易被检测得到，基因组数据库中包含大量 mtDNA 的序列信息，更有利于在研究过程中对环境 DNA 序列进行对比与分类。因此，mtDNA 更适合被用来进行动物识别。

根据调查目的的差异，设计不同的引物。可以参考 NCBI 数据库中的序列，也可以利用测序技术来获取目标种的 mtDNA 序列。如果是进行物种监测，就需要针对目标种设计高特异性引物；如果是进行生物多样性评估，则需要设计通用性的引物，要求此引物尽可能多的扩增物种的识别片段。另外，环境 DNA 容易降解，一般选取低于 100 bp 的片段。还可以利用荧光定量 PCR 测得目标种 DNA 片段的量，据此来进行生物量估测；通过二代测序还可以同时得到多种物种的 DNA 序列，以此来进行生物多样性评估（Thomsen et al，2012）。

通过凝胶电泳检测 PCR 的结果，从而推测采样点处是否存在目标种，PCR 的结果以阴性、阳性记录。阴性表明环境样品中不存在目标种的 DNA，阳性则表明环境样品中存在目标种的 DNA。在定量 PCR 中则是以阳性对照为基准设置荧光阈值，当未知浓度样品的扩增量超过荧光阈值时标记为阳性，反之记为阴性。如果是利用通用引物扩增之后进行测序，扩增所得 DNA 片段与目标种相匹配，则结果记为阳性，反之则为阴性。一般通过设置 3～10 个平行样本的方法来确保结果的准确性，通过设置阴阳性对照排除假阳性与假阴性扩增以及交叉污染。

三、中国对虾生物量评估的环境 DNA 检测技术建立及优化

由于环境 DNA 极易降解且在环境中含量极低，因而其在环境中的存留时间将会直接影响后期的定性与定量分析。为了能够将环境 DNA 技术准确地应用到水生生态系统的研究领域中，探究环境 DNA 在水体中的存留时间显得尤为重要。环境 DNA 在环境中的存留时间是指切断环境 DNA 的来源后，环境 DNA 在环境中的持续存在时间（Dejean et al，2011）。虽然已有相关研究表明，环境 DNA 在水体中呈指数式降解（Dejean et al，2011；Strickler et al，2015），但是不同的物种具有不同的生活史，其释放环境 DNA 的速率各不相同（Minamoto et al，2017），从而会导致不同物种释放的环境 DNA 在水体中的存留时间不同。此外，生活史类型的差异也会导致物种释放的环境 DNA 量的多少与环境 DNA 片段的大小各不相同（Geerts et al，2018）。因此，针对不同的研究对象应采用不同环境 DNA 富集与提取方法，建立一套最适于该物种的环境 DNA 技术操作流程，以期能够达到最佳的研究效果。

李苗等（2019）以中国对虾为研究对象，针对中国对虾的线粒体 DNA $CO\ I$ 基因，设计了一对只能够扩增中国对虾 $CO\ I$ 基因的目的片段为 597 bp 的普通 PCR 引物与一对目的片段为 106 bp 的实时荧光定量 PCR（TaqMan 法）引物（表 3-7），并结合实时荧光定量 PCR 技术，做了两个方面的研究：①定量分析了水环境中环境 DNA（即 eDNA）随时间的降解情况，基于赤池信息准则（akaike information criterion，AIC）选择了最适于 eDNA 随时间降解的统计模型；②采用滤膜法富集 eDNA，结合 DNeasy Blood and Tissue Kit（Qiagen，Hilden，Germany）试剂盒提取 eDNA，选取直径为 47 mm 的玻璃纤维膜、硝酸纤维膜、聚碳酸酯膜、尼龙膜共 4 种材质的滤膜，每种滤膜根据其孔径大小设置 0.45 μm、0.8 μm、1.2 μm、5 μm 共 4 个梯度，取样水量设置 500 mL、1 L、2 L 三个梯度，筛选了最适于中国对虾 eDNA 研究的操作流程。

表 3-7　中国对虾 mtDNA $CO\ I$ 基因 PCR 扩增引物信息

引物	引物序列 （5'-3'）	退火温度 （℃）	片段大小 （bp）
$CO\ I$ PF	TTGTAGTTACAGCCCACGCT	56.4	597
$CO\ I$ PR	AAATTATCCCGAAGGCGGGT	56.7	
$CO\ I$ DF	AGGGGTAGGAACAGGATGAAC	57.7	106
$CO\ I$ DR	GACACCAGCTAGATGCAGCG	59.1	
探针	5'FAM-TCAGCTAGAATTGCTCATGCCGGAGCTTCAGT-3'BHQ1	66.2	106

结果发现，在 eDNA 的释放源头被去除后，随着时间的推移，水体中 eDNA 的拷贝数与时间呈负相关关系。第一天（2018 年 1 月 12 日）检测时每 15 mL 水样中含有的

DNA 拷贝数为 3.76×10^4，而在第 27 天（2018 年 2 月 7 日）检测时，每 15 mL 水体中的 eDNA 拷贝数则降解为 711（图 3 - 1）。此外，基于 AIC 比较了 GAM（gaussian）、GAM（inverse gaussian）、GLM（general linear model）、一元一次回归及一元二次回归 5 种模型对 eDNA 降解与时间之间的关系的适用性，发现用 GAM 模型拟合 eDNA 降解与时间之间的关系曲线 AIC 值最小（AIC＝472.069 4），同时其相关系数 R^2 也最高（R^2＝0.984）（表 3 - 8），说明 GAM 模型能更好地反映 eDNA 的降解与时间之间的关系。在滤膜未出现堵塞的情况下，用同一材质同一孔径的滤膜过滤不同体积的水样，过滤的水样体积越大所提取的 eDNA 浓度（拷贝数/μL）及产量（拷贝数）越大（图 3 - 2、图 3 - 3）；在滤膜未出现堵塞的情况下，用同一材质不同孔径的滤膜过滤相同体积的水样，滤膜孔径越大，提取的 eDNA 浓度及产量越小；通过对所有样品的检测，结果显示使用 0.45 μm 的玻璃纤维滤膜过滤 2 L 的水样提取到的 eDNA 的浓度最高，为 1 750 拷贝数/μL，且其 eDNA 产量也最大；理论上随着取样水量的成倍增加，所提取 eDNA 的浓度及产量的平均值均应该呈倍数关系增加，但由于实验在操作的过程中存在一定的误差，导致最终提取的 eDNA 浓度及产量并非呈严格的倍数关系递增。

表 3 - 8　基于 AIC 对模型的选择

	GAM（gaussian，高斯拟合）	GAM（inverse gaussian，逆高斯拟合）	GLM	一元一次拟合	一元二次拟合
AIC	472.069 4	497.606 6	518.599 6	518.599 6	491.432 9
R^2（偏差解释率）	0.984	0.977	0.896 9	0.896 9	0.963 5
	98.9%	96.6%	—	—	—

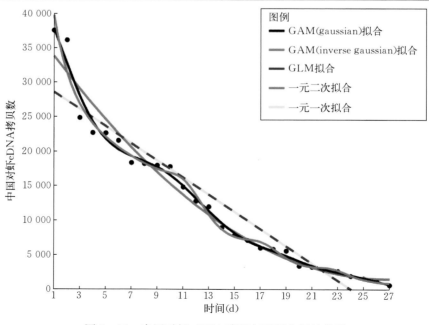

图 3 - 10　中国对虾 eDNA 降解与时间之间的关系

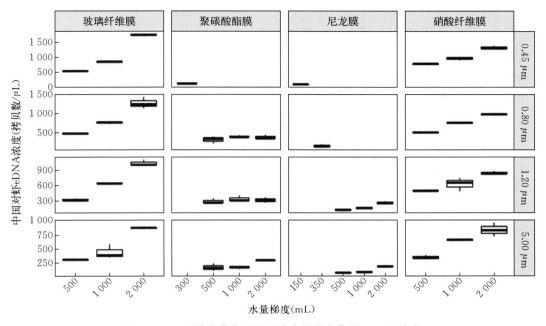

图 3-11　不同滤膜类型及过滤水量所富集的 eDNA 浓度

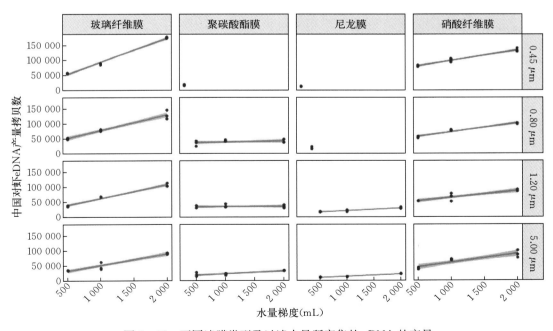

图 3-12　不同滤膜类型及过滤水量所富集的 eDNA 的产量

　　通过检测 eDNA 在水体中的存留时间发现，短片段 eDNA 在水环境中能够存留长达一个月左右的时间，研究人员可以据此来合理地设计实验方案，确定合适的采样周期以及寻求合适的 eDNA 存储方法，从而为 eDNA 技术应用到水生生态系统的研究奠定基础。同时，确定采用 0.45 μm 的玻璃纤维滤膜过滤 2 L 水样，结合 DNeasy Blood and Tissue Kit 试剂盒提取 eDNA 能够检测到的 DNA 拷贝数最多，初步建立了一套针对中国对虾 eDNA 技术的操作流程。

四、eDNA 技术在渤海中国对虾渔业资源调查中的初步应用

渤海是中国对虾的产卵场和索饵场，目前也是中国对虾重要的增殖放流区域。李苗等（2018）以渤海中国对虾为研究对象，探究了 eDNA 技术在海洋甲壳类动物研究中的适用性以及灵敏性，设计了中国对虾线粒体 DNA $CO\ I$ 基因的特异性引物与探针，应用实时荧光定量 PCR（TaqMan 法）对渤海区域的中国对虾做了定性与定量分析：①应用 eDNA 技术检测了 2017 年 6 月与 8 月渤海中国对虾的时空分布；②探究了 eDNA 拷贝数与拖网调查的中国对虾生物量之间的关系。首次将 eDNA 技术与中国对虾的渔业资源调查相结合，为未来 eDNA 技术在渔业资源调查中的应用奠定了基础。

李苗等（2018）在整个渤海设置了 60 个采样点（图 3-13）。野外采集水样的时间与渤海渔业资源调查航次的时间相同，其中 2 个航次的调查时间分别为 2017 年 6 月 8—17 日与 2017 年 8 月 9—18 日，两个航次中所用的采样方法、采样装置及过滤装置均相同。在每个采样点用玻璃采水器取 2 L 表层水（0～1 m 水深）作为一个样本，每个采样点做 3 次技术重复，每 10 个采样站点做一次阴性对照（每个样本过滤 2 L 蒸馏水，做 3 次技术

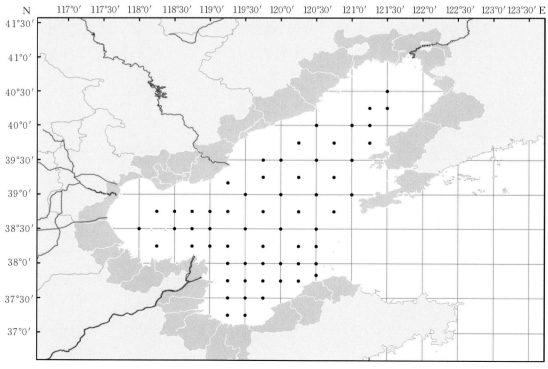

图 3-13　渔业资源调查与 eDNA 技术调查站位设计

重复）。水样采集完成后立即用真空泵与过滤器进行过滤，滤膜选取直径为 47 mm、孔径为 0.45 μm 的 GF/F 玻璃纤维滤膜，过滤完成后将每张滤膜单独折叠并用铝箔纸包起来（Takahara et al，2012），−20 ℃避光保存，直至在实验室内提取 DNA。采样前用 10% 的漂白剂漂白玻璃采水器及所有过滤装置，并用蒸馏水洗涤（超纯去离子水过滤以减少 DNA），且所有装置在使用前用紫外光照杀菌 30 min。为了防止交叉污染，取样时在每次过滤完之后，用蒸馏水仔细冲洗所有过滤装置，在进行实验操作时，eDNA 的提取与 PCR 扩增分别在不同的实验室进行。

水样 DNA 提取完成后发现（图 3−14），①6 月，eDNA 浓度最小值为 4.5 ng/μL，最大值为 351.75 ng/μL；②8 月，eDNA 浓度最小值为 1.3 ng/μL，最大值为 359.5 ng/μL；③2 个月份大部分 eDNA 样品的 260 nm/280 nm 值在 1.8～2.0，说明提取的 eDNA 质量较高，而只有小部分提取的 eDNA 样品质量较低，主要是取样站点周围水体中 DNA 的浓度较低且含有腐殖质等多种杂质导致的；④eDNA 是所有存在于取样站点周围生物的 DNA 混合在一起的，由于不同生物之间的 DNA 片段大小不一致，所以在用琼脂糖凝胶电泳检测 eDNA 时，其条带会出现严重的拖带现象。

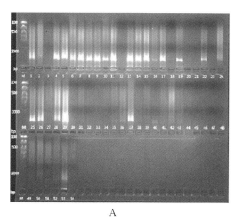
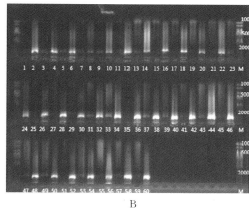

图 3−14　eDNA 的琼脂糖凝胶电泳检测
A 与 B 分别为 2017 年 6 月与 8 月的 eDNA 样品检测结果

通过分析实时荧光定量 PCR 的检测结果可以发现（图 3−15）：2017 年 6 月取样的 54 个站点都能成功扩增出中国对虾的 mtDNA *CO I* 基因，检出率高达 100%，而 2017 年 8 月取样的 60 个站点中只有 23 个站点周围水域中能够检测到中国对虾，检出率只有 38%。而根据底拖网调查的结果显示（图 3−15）：在 2017 年 6 月的渔业资源调查中未捕获到中国对虾，在 2017 年 8 月的渔业资源调查中仅仅有 11 个站位捕获到中国对虾。与传统的底拖网调查相比，eDNA 技术具有非常高的灵敏性；通过与传统底拖网调查结果的结合，并经过进一步的相关影响条件的优化、组合，未来 eDNA 技术完全可以被用来进行中国对虾时空分布的研究。

利用 2017 年 8 月底拖网调查所得的中国对虾生物量数据与 eDNA 样品实时荧光定量 PCR 所得的 DNA 拷贝数进行拟合发现，eDNA 的拷贝数与底拖网所得的生物量之间并未

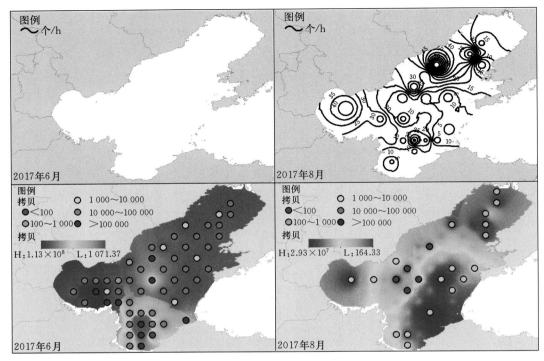

图 3-15　基于 eDNA 技术对渤海中国对虾的定性与定量检测结果

呈现出显著的线性相关（图 3-16）。

此外，eDNA 技术与底拖网调查方法在成本方面也存在巨大的差异：①传统的底拖网调查方法在海上的调查时间每次至少 10 d，而每天的成本至少 10 000 元（人民币，下同），且至少需要配备 5 名工作人员，在上岸后还需要花费一周的时间处理渔获物等一系列样品。②eDNA 技术在海上调查期间则只需要 1 名工作人员进行水样采集，在调查结束回到实验室后利用仅仅 3 d 的时间就可以处理完所有 eDNA 样品，且处理样品所需试剂与药品的花费不到 10 000 元。总而言之，eDNA 技术较底拖网调查而言省时省力、经济高效。

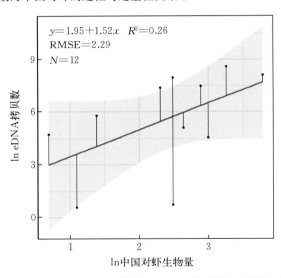

图 3-16　中国对虾生物量与 eDNA 拷贝数之间的关系

不同物种具有不同的生活史特征，因而不同物种释放到环境中的 DNA 的量的多少以及其释放的 eDNA 在水体中的存留时间也不一样（Geerts et al, 2018），因而，在用 eDNA 技术进行物种检测时，对于不同的物种有不同的检出率。普遍认为，在应用 eDNA

技术进行生物监测时，皮肤直接与水体接触的生物类群比具有外骨骼的生物类群有更高的检出率（Forsstrom et al，2016）。已有研究表明，用 eDNA 技术检测鱼类和两栖类时，检出率几乎接近 100%，在蜻蜓的检测中检出率只有 82%（Thomsen et al，2012），而在甲壳类动物的检测中检测率则更低（小龙虾为 59%，螃蟹为 57%）（Tréguier et al，2014；Forsstrom et al，2016）。此外，Machler 等（2014）发现，在对 *Asellus aquaticus*、*Crangonyx pseudogracilis*、*Gammarus pulex*、*Tinodes waeneri* 等物种的检测中，用传统的调查方法反而要比用 eDNA 技术的效果好（Machler et al，2014）。以上 eDNA 的检出率的差异性主要来源于物种本身（例如生活史类型的差异、目标种资源量状况等）以及温度、pH、紫外光照、水文条件等环境因子的影响（Atsushi et al，2014；Kelly et al，2014；Pilliod et al，2014）。除此之外，eDNA 的检出率还受到人为主观因素的影响，包括 eDNA 水样的采集、eDNA 的富集、eDNA 的提取以及 eDNA 的分析等一系列过程（Deiner et al，2015）。

在李苗等（2018）的研究中，2017 年 6 月，54 个站位所取的水样全部成功地扩增出了中国对虾 mtDNA *CO I* 基因，检出率高达 100%，而在 2017 年 8 月，60 个站位所取的水样中，只有 23 个能够检测到中国对虾，检出率只有 38%。随着中国对虾的不断生长，在 2 个月份之间中国对虾 eDNA 的检出率出现了非常大的差别，说明就同一物种而言，其在不同的生长时期，应用 eDNA 技术对其进行检测，其检出率是不相同的。检出率出现如此大的变动，其主要原因在于：①同一物种在不同的生长时期释放 eDNA 的速率是不相同的（Atsushi et al，2014），且中国对虾的生长与鱼类不同，其是在断续地蜕皮中生长，且蜕皮间隔的时间随个体的增大在不断延长（邓景耀等，1990），因为中国对虾在 6 月的时候蜕皮频率要比 8 月高，导致中国对虾在 6 月释放到水环境中的 DNA 要比 8 月的多。②中国对虾特有的生活史特征也是导致 2 个月份之间检出率不同的原因之一。中国对虾是一种大型的洄游性虾类，在不同的生长时期其在渤海中的分布不同（邓景耀等，1990），每年 6—7 月中国对虾在近岸浅水区觅食，但是在这期间其游泳能力较弱，在海流的作用下其在沿岸较远的海域中也会有分布，从而就会出现检出率高达 100% 的情况，而在每年 8 月初，虾群开始由近岸浅水区向 10 m 左右的深水区移动（邓景耀等，1990），且到每年 8 月时中国对虾体长能够达到 80～100 mm，已经完全具备游泳能力，受海流作用移动的可能性很低，虾群将更为集中地分布在某些固定的区域，因而在近岸浅水区的调查站点不会有中国对虾的分布，从而 8 月与 6 月相比 eDNA 的检出率要低很多。③中国对虾的自然死亡也是造成 2 个月份之间检出率出现差别的原因。就中国对虾目前的资源状况而言，其主要来源于增殖放流，而每年自 5 月初开始放流，至 8 月时，其间不会有资源量补充，所以中国对虾的生物量理论上不断减少，这也就导致 6 月的检出率要高于 8 月。Pilliod 等（2014）在两栖动物的检测中也曾证实了这一点，种群的密度越高则检出率越高（Pilliod et al，2014）。④环境因子的变动也能够导致 2 个月份之间检出率的差异。8 月与 6 月相比，海水表面的温度较高，而海水温度越高，海洋中微生物的活动会更活跃，进而导致 eDNA 的降解速率加快（Eichmiller et al，2016），最终导致 8 月中国对虾释放的 eDNA 在海水中的存留时间要比 6 月短，从而造成了检出率的差异。除了以上客观因素以外，人为因素也会影响 eDNA 的检出率，但是在本研究中 2 个月份的采样方法、样品处理方法以及后期的分析均是相同的，且本研究所用的 eDNA 技术的操作流程均是进行优化之后的，因此，人为主观因素对本研究 2 个月份之间检出率的差异造成的影响可以忽略。

通过分析实时荧光定量 PCR 所得的中国对虾 eDNA 的拷贝数与底拖网调查得到的中国对虾生物量之间的关系发现，与人工生态系统和淡水生态系统中的研究不同的是 eDNA 拷贝数与生物量之间并未呈现出良好的正相关关系。在底拖网检测到中国对虾存在，同时 eDNA 技术也检测到中国对虾存在的情况下，本研究中定量分析的结果出现了 3 种情况：①eDNA 的拷贝数与中国对虾生物量呈正相关关系；②eDNA 的拷贝数很高，但拖网检测到的中国对虾数量很少；③eDNA 的拷贝数很低，但拖网检测到的中国对虾数量较多。第 1 种情况是最为理想的，然而在海洋生态系统的研究中更多的是第 2 种与第 3 种情况。这主要是由于海洋生态系统环境条件复杂，具有各种不确定因素，各种物理过程、化学过程以及生物过程都会对 eDNA 的产生、降解以及迁移产生影响（Hansen et al，2018），进而导致研究人员建立目标种生物量与其释放的 eDNA 的拷贝数之间的关系的不确定性。

关于外界因素是如何影响 eDNA 的产生，当前的研究认为，主要是由于生物因素与非生物因素之间的相互作用会对生物产生一些潜在的影响，例如行为、摄食、健康状况、新陈代谢以及雌雄性比例等（Kelly et al，2014；Pilliod et al，2013），从而导致生物释放 eDNA 的速率发生变化。Takahara 等认为温度的变化不会对生物体释放 eDNA 的速率产生影响（Takahara et al，2012），而 Lacoursière 等（2016）认为温度的改变会对物种生物量评估的准确性产生影响。有关这方面的观点存在的争议较多，未来还需要进一步确定。

eDNA 降解机制的不确定性也是阻碍准确评估生物量的重要原因之一。eDNA 在被生物体释放到环境中的那一刻就开始降解，其在水体中的存留时间为 1 周到 1 个月，不同的生物其 eDNA 在水体中的存留时间也不同（Dejean et al，2011；Goldberg et al，2013；Thomsen et al，2012），影响其降解的因素主要有温度、pH、光照等环境因子。当前认为温度是影响 eDNA 降解的最主要因素。Strickler 等（2015）研究了美国牛蛙释放到水体中的 eDNA 分别在 5 ℃、25 ℃、30 ℃条件下的降解情况，发现当环境中 eDNA 的量相同时，在 5 ℃的条件下 eDNA 的降解最为缓慢（Strickler et al，2015），证实了低温能够使 eDNA 的降解速率下降。而关于 pH 与光照是如何影响 eDNA 降解的还存在一些争议，有研究认为光照越强 eDNA 的降解速率越快，也有研究认为光照对 eDNA 的降解没有影响（Andruszkiewicz et al，2017；Pilliod et al，2014；Strickler et al，2015）。尽管已经有许多研究人员探究了单一的环境因子是如何影响 eDNA 降解的，但对于海洋生态系统而言，以上提到的几个环境因子并非单独对 eDNA 的降解起作用，而是共同影响 eDNA 的降解，至于几个环境因子之间对 eDNA 的降解起颉颃作用还是促进作用，还没有相关的研究。因此，在准确建立 eDNA 的拷贝数与生物量之间的关系之前，解决上述问题至关重要。

eDNA 随水流的迁移对生物量的评估也具有一定的影响。Deiner 等（2014）检测了生活在湖泊里的两种无脊椎动物 *Daphnia longispina* 与 *Unio tumidus* 释放的 eDNA，在与湖泊连通的河流里按照距离的远近设置取样点发现，河流与湖泊之间的距离越大能检测到的 eDNA 的拷贝数越低，在距离湖泊 9.1 km 的地方便不再有目标种的 eDNA（Deiner et al，2014）。同时，Jane 等（2014）研究表明，在河流里水流的流速越大，eDNA 的降解速率越快（Jane et al，2014）。然而，在海洋生态系统中，有关 eDNA 传输距离的远近，还没有相关研究的定论，尽管有学者推测 eDNA 在海洋中 1 周能够随水流移动 600 km（Hansen et al，2018），但是海洋环境条件复杂，海况的不同也许会造成 eDNA 具有不同的降解速率。此外，海洋生态系统中水流方向是多变的，因而 eDNA 随水流的迁移也是多向性的，这将是导致假阳性或假阴性结果出现的原因之一。因此，未来有关海洋生态系统中 eDNA 传输距离方面的研究也是值得被关注的。

五、小结

环境 DNA 技术作为一种新的水生生物监测和调查方法，在目标种监测、生物多样性调查和生物量估测等方面得到广泛应用，李苗等（2018）探究了 eDNA 技术在海洋甲壳类——中国对虾时空分布与生物量评估方面的适用性以及灵敏性，首次成功地从取自渤海的水样 eDNA 中扩增出中国对虾的 mtDNA CO Ⅰ 基因，并对渤海海域中国对虾的时空分布与生物量评估进行了相关分析，发现可以将 eDNA 技术用于中国对虾时空分布的研究，而对于 eDNA 技术在中国对虾生物量评估方面的应用则存在一定的困难，eDNA 的拷贝数与底拖网调查得到的中国对虾生物量之间并未呈现出良好的正相关关系，其在生物量评估方面的应用还需要进行深入的研究。此外，研究结果表明，eDNA 技术相对于传统的拖网调查方法而言具有以下显著的优势。

（1）灵敏度高　在对低密度种群、珍稀物种及一些隐存种进行监测调查时，传统方法很难监测到目标种，但利用 eDNA 方法则可以很容易地监测到。

（2）经济高效，省时省力　eDNA 方法通常比传统方法需要更少的物力、财力、人力以及时间。Jerde 等（2011）通过对入侵物种亚洲鲤的调查研究表明，同一区域内同一分布点，电捕鱼需要耗费工时 93 d。

（3）对生态系统干扰低　传统的网捕、电捕等调查方法在捕获目标种的同时会对其他生物造成伤害，甚至会破坏生态系统，而 eDNA 技术只需要对采集的水样进行分析便可以得到结果，对生物及生态系统干扰较低。

（4）对调查人员的要求降低　传统方法要求研究人员具备较高的分类鉴定能力（肖金花等，2004）。而 eDNA 技术只需要分子生物学的方法即可，运用 DNA 条形码技术使物种分类鉴定更加快速高效（任保青等，2010）。

（5）采样受限小　传统方法通常会受到天气、环境等因素的影响，而 eDNA 方法由于其采样方法的简单及要求低，受外界影响因素更小（Thomsen et al，2015）。

（6）标准化　尽管 eDNA 技术仍然需要方法优化，但可以以非常标准化的方式在给定类型的栖息地中获取环境样本（Deiner et al，2015；Takahara et al，2015）。传统方法则较为困难，其结果取决于调查人员的专业素质和采样经验。

eDNA 技术与传统调查方法相比更具优势，但就目前的研究现状而言，eDNA 技术在某些方面仍然存在一系列问题与不足。

（1）eDNA 的提取以及分析方法需进一步优化　目前各研究者在样品的采集与保存、DNA 的提取以及分析的过程中所采取的方法不尽相同，导致研究结果之间的对比性较差，以至于在 eDNA 技术的各个环节中仍然存在争议。未来需要对比各种不同的方法进行统一标准。

（2）检测结果的精确度有待提高　尽管 eDNA 技术的灵敏度较传统方法更高，但其检测结果在时间尺度和空间尺度上的精确度却较低，例如在海洋生态系统中，由于水流方向不确定，导致 eDNA 从生物体释放后，其随水流的迁移方向、迁移距离尚未知。

（3）污染问题　在样品的采集、运输和保存等过程中存在交叉污染，实验室分析过程存在试剂污染，这些都会对实验结果造成影响。

（4）影响 eDNA 产生和降解的因素有待进一步考证　目前的研究现状还不确定环境因子是如何影响 eDNA 的产生速率和降解速率的，而这直接关系到环境中最终存在的 DNA 的量，也就决定了 DNA 定量研究的准确性。

在将 eDNA 技术准确地应用到海洋生态系统的生物量评估方面的研究领域之前，必须先解决以上问题与不足。目前，eDNA 技术可以作为传统渔业资源调查方法的一种辅助手段进行一些相关的定性研究，相信在未来 eDNA 技术将能够在海洋生态系统的研究中发挥其更大的潜力。

应用 eDNA 技术评估自然水域中水生生物的资源量将是未来研究的一大热点问题，而目前最大的障碍则是影响 eDNA 释放与降解的速率的机制尚未知，阻碍了研究人员建立 eDNA 的量与目标种生物量之间关系。为了能够用 eDNA 技术准确地评估水生生物的资源量，未来的研究应该着眼于环境因子对 eDNA 的释放与降解的影响机制，阐明在环境因子变动的情况下 eDNA 的释放速率与降解速率是如何变化的。此外，采样方法的设计也值得关注，科学设置采样位置能够最大限度地减小误差，这也是准确评估生物量的条件之一。

参考文献

陈畅，1990. 象山港的中国对虾增殖业 [J]. 中国水产，7：10-11.

邓灯，张庆文，王伟继，等，2005. 中国对虾几个产卵场群体携带白斑综合征病毒状况调查 [J]. 水产学报，29（1）：74-78.

邓景耀，1983. 放流增殖对虾资源 [J]. 海洋科学，6：55-58.

邓景耀，叶昌臣，刘永昌，1990. 渤黄海的对虾及其资源管理 [M]. 北京：海洋出版社.

邓景耀，1997. 对虾放流增殖的研究 [J]. 海洋渔业（1）：1-6.

邓景耀，1998. 对虾渔业生物学研究现状 [J]. 生命科学（4）：191-194，197.

高焕，孔杰，于飞，等，2007. 人工控制自然交尾条件下中国对虾父本的微卫星识别 [J]. 海洋水产研究（1）：1-5.

胡国庆，葛茂书，苏保林，等，1998. 渤海资源退化原因及其对策——以山东省寿光为例 [J]. 中国农业资源与区划（4）：37-40.

孔杰，高焕，2005. 中国明对虾基因组串联重复序列分析 [J]. 科学通报（13）：1340-1347.

李苗，单秀娟，王伟继，等，2020. 环境 DNA 在水体中存留时间的检测研究——以中国对虾为例 [J]. 渔业科学进展，41（1）：51-57.

李伟亚，王伟继，孔杰，等，2012. 中国对虾微卫星四重 PCR 技术的建立及其在模拟放流效果评估方面的应用 [J]. 海洋学报，34（5）：213-220.

林军，安树升，2002. 黄海北部中国对虾放流增殖回捕率下降的原因 [J]. 水产科学 (3)：43-44.

刘莉莉，万荣，段媛媛，等，2008. 山东省海洋渔业资源增殖放流及其渔业效益 [J]. 海洋湖沼通报 (4)：91-98.

刘瑞玉，崔玉珩，徐凤山，1993. 胶州湾中国对虾增殖效果与回捕率的研究 [J]. 海洋与湖沼 (2)：137-142.

刘永昌，高永福，邱盛尧，等，1994. 胶州湾中国对虾增值放流适宜量的研究 [J]. 齐鲁渔业 (2)：27-30.

罗坤，张天时，孔杰，等，2008. 中国对虾幼虾荧光体内标记技术研究 [J]. 海洋水产研究 (3)：48-52.

任保青，陈之端，2010. 植物 DNA 条形码技术 [J]. 植物学报，45 (1)：1-12.

单秀娟，李苗，王伟继，2018. 环境 DNA（eDNA）技术在水生生态系统中的应用研究进展 [J]. 渔业科学进展，39 (3)：23-29.

施德龙，2004. 中国对虾标记虾的制作及放流技术要点 [J]. 中国水产 (10)：79-80.

王静，刘丑生，张利平，等，2009. 微卫星在种公牛个体识别与亲缘鉴定方面的应用 [J]. 遗传，31 (3)：285-289.

王明德，1996. 海洋岛渔场中国对虾资源保护和利用的研究 [J]. 自然资源学报，11 (3)：244-248.

王陌桑，2016. 中国对虾增殖放流群体溯源分析及迁徙动态研究 [D]. 上海海洋大学.

肖金花，肖晖，黄大卫，2004. 生物分类学的新动向——DNA 条形编码 [J]. 动物学报，50 (5)：852-855.

许思思，2011. 人为影响下渤海渔业资源的衰退机制 [D]. 青岛：中国科学院研究生院（海洋研究所）.

杨超，张毅，石万海，等，2011. 中国荷斯坦公牛亲子鉴定及个体识别信息库的建立 [J]. 中国奶牛，16：1-4.

叶昌臣，宋辛，韩德武，2002. 估算混合虾群中放流虾与野生虾比例的报告 [J]. 水产科学 (4)：31-32.

叶昌臣，杨威，林源，2005. 中国对虾产业的辉煌与衰退 [J]. 天津水产，1：9-11.

于飞，王伟继，孔杰，等，2009. 微卫星标记在大菱鲆（*Scophthalmus maximus* L.）家系系谱印证中的应用研究 [J]. 海洋学报（中文版），31 (3)：127-136.

曾一本，1998. 我国对虾移植、增殖放流技术研究进展 [J]. 中国水产科学，5 (1)：74-78.

张于光，李迪强，饶力群，等，2003. 东北虎微卫星 DNA 遗传标记的筛选及在亲子鉴定中的应用 [J]. 动物学报 (1)：118-123.

张志和，沈富军，孙姗，等，2003. 应用微卫星分型方法进行大熊猫父亲鉴定 [J]. 遗传 (5)：504-510.

Andruszkiewicz E A，Starks H A，Chavez F P，et al，2017. Biomonitoring of marine vertebrates in Monterey Bay using eDNA metabarcoding [J]. Plos One，12 (4)：e0176343.

Ashie T N，Daniel G B，Edward P C，2000. Parentage and relatedness determination in farmed Atlantic salmon（*Salmo salar*）using microsatellite markers [J]. Aquaculture，182：73-83.

Atsushi M，Keisuke N，Hiroki Y，et al，2014. The release rate of environmental DNA from juvenile and adult fish [J]. Plos One，9 (12)：e114639.

Bohmann K，Evans A，Gilbert M T，et al，2014. Environmental DNA for wildlife biology and biodiversity monitoring [J]. Trends in Ecology & Evolution，29 (6)：358-367.

Bravington M V，Ward R D，2004. Microsatellite DNA markers：evaluating their potential for estimating the proportion of hatchery-reared offspring in a stock enhancement programme [J]. Molecular Ecology，13：1287-1297.

Castro J，Bouza C，Presa P，et al，2004. Potential sources of error in parentage assessment of turbot (*Scophthalmus maximus*) using microsatellite loci [J]. Aquaculture，242：119 - 135.

Chan R W K，Dixon P I，Pepperell J G，et al，2003. Application of DNA - based techniques for the identification of whaler sharks (*Carchorhinus* spp.) caught in protective beach meshing and by recreational fisheries off the coast of New South Wales [J]. Fishery Bulletin，101 (4)：910 - 914.

Costas B A，Mcmanus G，Doherty M，et al，2007. Use of species - specific primers and PCR to measure the distributions of planktonic ciliates in coastal waters [J]. Limnology & Oceanography Methods，5 (6)：163 - 173.

Deiner K，Altermatt F，2014. Transport distance of invertebrate environmental DNA in a Natural River [J]. Plos One，9 (2)：e88786.

Deiner K，Walser J C，Mächler E，et al，2015. Choice of capture and extraction methods affect detection of freshwater biodiversity from environmental DNA [J]. Biological Conservation，183：53 - 63.

Dejean T，Valentini A，Duparc A，et al，2011. Persistence of environmental DNA in freshwater ecosystems [J]. Plos One，6 (8)：e23398.

Dong S R，Kong J，Zhang T S，et al，2006. Parentage determination of Chinese shrimp (*Fenneropenaeus chinensis*) based on microsatellite DNA markers [J]. Aquaculture，258：283 - 288.

Eichmiller J，Best S E，Sorensen P W，2016. Effects of temperature and trophic state on degradation of environmental DNA in lake water [J]. Environmental Science & Technology，50 (4) .

Ellegren H，1991. DNA typing of Museum birds [J]. Nature，354 (6349)：113 - 113.

Ficetola G F，Miaud C，Pompanon F，et al，2008. Species detection using environmental DNA from water samples [J]. Biology letters，4 (4)：423 - 425.

Forsstrom T，Vasemagi A，2016. Can environmental DNA (eDNA) be used for detection and monitoring of introduced crab species in the Baltic sea? [J]. Marine Pollution Bulletin，109：350 - 355.

Geerts A N，Boets P，Heede S V D，et al，2018. A search for standardized protocols to detect alien invasive crayfish based on environmental DNA (eDNA)：A lab and field evaluation [J]. Ecological Indicators，84 (84)：564 - 572.

Goldberg C S，Sepulveda A，Ray A，et al，2013. Environmental DNA as a new method for early detection of New Zealand mudsnails (*Potamopyrgus antipodarum*) [J]. Freshwater Science，32 (3)：9.

Haile J，Froese D G，Macphee R D E，et al，2009. Ancient DNA reveals late survival of mammoth and horse in interior Alaska [J]. Proceedings of the National Academy of Sciences of the United States of America，106 (52)：22352 - 22357.

Hansen B K，Bekkevold D，Clausen L，et al，2018. The sceptical optimist：challenges and perspectives for the application of environmental DNA in marine fisheries [J]. Fish and Fisheries，19：751 - 768.

Herbinger C M，Doyle R W，Pitman E R，et al，1995. DNA fingerprint based analysis of paternal and maternal effects on offspring growth and survival in communally reared rainbow trout [J]. Aquaculture，137 (1 - 4)：245 - 256.

Jackson T R，Martin - Robichaud D J，Reith M E，2003. Application of DNA markers to the management of Atlantic halibut (*Hippoglossus hippoglossus*) broodstock [J]. Aquaculture，220 (1 - 4)：0 - 259.

Jane S F，Wilcox T M，Mckelvey K S，et al，2014. Distance，flow and PCR inhibition：EDNA dynamics in two headwater streams [J]. Molecular Ecology Resources，15 (1)：1 - 12.

Jerde C L，Mahon A R，Chadderton W L，et al，2011. "Sight-unseen" detection of rare aquatic species using environmental DNA [J]. Conservation Letters，4 (2)：150 - 157.

Jerry D R，Preston N P，Crocos P J，et al，2004. Parentage determination of Kuruma shrimp *Penaeus* (*Marsupenaeus*) *japonicas* using microsatellite markers（Bate）[J]. Aquaculture，235：237 – 247.

Kelly R P，Port J A，Yamahara K M，et al，2014. Using environmental DNA to census marine fishes in a large Mesocosm [J]. Plos One，9.

Lacoursière – Roussel A，Rosabal M，Bernatchez L，2016. Estimating fish abundance and biomass from eDNA concentrations：variability among capture methods and environmental conditions [J]. Molecular Ecology Resources，16（6）：1401 – 1414.

Liang Z，Keeley A，2013. Filtration recovery of extracellular DNA from environmental water samples [J]. Environmental science & technology，47（16）：9324 – 9331.

Machler E，Deiner K，Steinmann P，et al，2014. Utility of environmental DNA for monitoring rare and indicator macroinvertebrate species [J]. Freshwater Science，33（4）：1174 – 1183.

McDonald G J，Danzmann R G，Ferguson M M，2004. Relatedness determination in the absence of pedigree information in three cultured strains of rainbow trout（*Oncorhynchus mykiss*）[J]. Aquaculture，233（1 – 4）：1 – 78.

Minamoto T，Fukuda M，Katsuhara K R，et al，2017. Environmental DNA reflects spatial and temporal jellyfish distribution [J]. Plos One，12（2）：e0173073.

Ogram A，Sayler G S，Barkay T，1987. The extraction and purification of microbial DNA from sediments [J]. Journal of microbiological methods，7（2 – 3）：57 – 66.

Pilliod D S，Goldberg C S，Arkle R S，et al，2013. Estimating occupancy and abundance of stream amphibians using environmental DNA from filtered water samples [J]. Canadian Journal of Fisheries and Aquatic Sciences，70（8）：1123 – 1130.

Pilliod D S，Goldberg C S，Arkle R S，et al，2014. Factors influencing detection of eDNA from a stream – dwelling amphibian [J]. Molecular Ecology Resources，14（1）：109 – 116.

Qingyin Wang，Zhimeng Zhuang，Jingyao Deng，et al，2006. Stock enhancement and translocation of the shrimp *Penaeus chinensis* in China [J]. Fisheries Research，80（1）.

Rees H C，Maddison B C，Middleditch D J，et al，2014. Review：The detection of aquatic animal species using environmental DNA – a review of eDNA as a survey tool in ecology [J]. Journal of Applied Ecology，51（5）：1450 – 1459.

Rondon M R，August P R，Bettermann A D，et al，2000. Cloning the soil metagenome：a strategy for accessing the genetic and functional diversity of uncultured microorganisms [J]. Applied and environmental microbiology，66（6）：2541 – 2547.

Sekino M，Sugaya T，Hara M，et al，2004. Relatedness inferred from microsatellite genotypes as a tool for broodstock management of Japanese flounder *Paralichthys olivaceus* [J]. Aquaculture，233（1 – 4）：1 – 172.

Slabbert R，Bester A E，D' amaton M E，2009. Analysis of genetic diversity and parentage within a South African hatchery of the abalone *Haliotis midae* Linnaeus using microsatellite markers [J]. Journal of Shellfish Research，28（2）：369 – 375.

Strickler K M，Fremier A K，Goldberg C S，2015. Quantifying effects of UV – B，temperature，and pH on eDNA degradation in aquatic microcosms [J]. Biological Conservation，183：85 – 92.

Takahara T，Minamoto T，Yamanaka H，et al，2012. Estimation of fish biomass using environmental DNA [J]. Plos One，7（4）：e35868.

Takahara T，Minamoto T，Doi H，2015. Effects of sample processing on the detection rate of environmental DNA from the Common Carp (*Cyprinus carpio*) [J]. Biological Conservation, 183: 64 - 69.

Thomsen P F, Kielgast J, Iversen L L, et al, 2012. Monitoring endangered freshwater biodiversity using environmental DNA [J]. Molecular Ecology, 21 (11): 2565 - 2573.

Thomsen P F, Willerslev E, 2015. Environmental DNA—An emerging tool in conservation for monitoring past and present biodiversity [J]. Biological Conservation, 183: 4 - 18.

Tréguier Anne, Paillisson J M, Dejean T, et al, 2014. Environmental DNA surveillance for invertebrate species: advantages and technical limitations to detect invasive crayfish, *Procambarus clarkii*, in freshwater ponds [J]. Journal of Applied Ecology, 51 (4): 871 - 879.

Vandeputte M, Kocour M, Stéphane Mauger, et al, 2004. Heritability estimates for growth - related traits using microsatellite parentage assignment in juvenile common carp (*Cyprinus carpio* L.) [J]. Aquaculture, 235 (1 - 4): 1 - 236.

Wang W J, Tian Y, Kong J, et al, 2012. Integration genetic linkage map construction and several potential QTLs mapping of Chinese shrimp (*Fenneropenaeus chinensis*) based on three types of molecular markers [J]. Genetika, 48 (4): 422 - 434.

Wang W, Zhang K, Luo K, et al, 2014. Assessment of recapture rates after hatchery release of Chinese shrimp *Fenneropenaeus chinensis*in Jiaozhou Bay and Bohai Bay in 2012 using pedigree tracing based on SSR markers [J]. Fisheries Science, 80 (4): 749 - 755.

Willerslev E, Hansen A J, Binladen J, et al, 2003. Diverse plant and animal genetic records from Holocene and Pleistocene sediments [J]. Science, 300 (5620): 791 - 795.

Yoccoz N G, 2012. The future of environmental DNA in ecology [J]. Molecular Ecology, 21 (8): 2031 - 2038.

Zhang K, Wang W, Kong J, et al, 2014. Accuracy of short sequence repeats on singleparent parentage identification in Chinese shrimp *Fenneropenaeus chinensis* [J]. Aquatic Biology, 20 (1): 45 - 51.

第四章
中国对虾增殖放流的生态安全

过度捕捞、生态环境恶化等各种因素导致了我国黄海、渤海重要渔业资源在过去 30 年持续萎缩。以中国对虾为例，1998 年秋汛产量从历史最高年份近 4 万 t 下降到 500 t，而春汛在 1989 年则已经消失（邓景耀等，2001；Wang et al，2006）。1981 年开始的以中国对虾为代表的增殖放流，对我国渔业资源恢复及相关行业的稳定发展都产生了极其重要的促进作用。现有研究结果及我国 30 多年的实践都证实，增殖放流在短期内，甚至在较长一段历史时期内，对资源量的补充及经济效益的提升都起到了极大的促进作用（邓景耀，1997，1998；Wang et al，2006；Loneragan et al，2013；Sarkar et al，2017）。目前，包括中国对虾在内，我国已经对牙鲆、半滑舌鳎、许氏平鲉、海蜇、三疣梭子蟹等多个物种开展增殖放流。随着人工育苗技术不断获得突破，增殖放流可以根据需要随时在其他物种中开展。此外，增殖放流是人为干预下的群体资源恢复，包括亲本捕捞及培育、人工授精（某些种类）等多个步骤，且依物种不同而不同。在这个过程中，会产生无意识人工选择、遗传淹没（genetic swamping）、渐渗杂交（introgression hybridization）等遗传效应，寄生虫、病原菌载体传播，增殖放流群体适应性下降，以及繁殖成功率降低等各种问题，最终会以原有种质群体资源的生态安全水平降低的形式集中反映出来，进而威胁其原有种群资源，包括其在原有生境中的可持续存在（Araki et al，2010；Laikre et al，2010）。极端情况下，增殖放流会导致某一物种资源面临崩溃（Lindley et al，2009）。令人意外的是，如果不考虑捕捞量增加及经济效益的提升，增殖放流对野生种质资源及其相关生态系统因素的影响绝大多数是负面的，至少在目前看来是如此。有研究已经获得了这种影响导致的长期群体遗传学参数变化数据，及其所导致群体（放流、野生及混合）水平的适应性、存活率及繁殖成功率降低等方面的证据（Araki et al，2010；Laikre et al，2010；Perrier et al，2013；Ozerov et al，2016）。野生群体是增殖放流的根本，也是海水养殖业品种改良的唯一基础。增殖放流的目的在于恢复衰退的渔业资源、增加捕捞量，保护野生种质资源群体的可持续性和健康发展；在大规模增殖放流的前提下，要兼顾渔业生产的可持续发展及野生种质资源群体的健康生存，满足人类对高质量蛋白质的需求。我国海水增殖目前尚缺乏综合性、长期性尤其是从生态系统层面的针对特定增殖放流物种开展的已有放流模式的综合评估，以及对未来可持续发展的预期策划。因此，迫切需要从生态系统层面，包括从物种多样性水平、遗传多样性水平、病害传播、生理生态习性改变及冲击、放流物种的适应性等多层面分析评估我国目前主要增殖放流物种（甲壳类、鲆鲽类、贝类等）现状及其对野生群体的潜在影响，并开展预期评估，为我国增殖放流的可持续发展提供政策依据。进入 21 世纪，可持续发展渔业已成为世界共同关注的时代主题，资源增殖在改善渔业资源种群结构和质量以及促进近海渔业可持续发展方面起到了极其重要的作用，并产生了明显的效果。日本、美国等发达国家的渔业部门也大力开展资源增殖的研究工作，其放流技术、标记技术、追踪监测技术以及回捕评估技术等方面居领先地位，在资源增殖种类的亲鱼遗传管理、苗种质量控制和苗种野性驯化都有较为严格的要求。发达国家的资源增殖工作研究更多集中在生态安全和综合效果评估方面。放流活动已经在全球范围内开展，包括中国、日本、美国、加拿大、挪威等这些传统渔业大国，也包括澳大利亚、印度等在近些年刚刚启动增殖放流活动的国家。增殖放流活动涵盖了各种水域环境，包括海水、淡水、半咸水、河口等，种类覆盖鱼类、甲壳类和软体动物等。欧美国家较早对一些高经济价值鱼类［如大西洋鲑（*Salmo salar*）和大西洋鳕（*Gadus morhua*）］启动了增殖放流活动。随着增殖放流活动的长期实施，在恢复产量、资源保护修复的同时，研究焦点已从单纯的种群资源恢复、产量增加聚焦到更深层面，即增殖放流对野生种群可持续发展的影响方面。关注点包括增殖放流个体存活率、适应性降低、繁殖成功率降低等多个问题；研究方向转为从群体遗传学水平（包括遗传湮没，genetic swamping；渐渗杂交，introgression hybridization；种群分化，population divergent 等，从早期仅分析少数几个位点升级为从全基因组水平进行评估）评估增殖放流对野生种群资源的冲击及未来发展预期，尤其是基于多年增殖放流样本数据，研究结果可信度高（Ozerov et al，2016）。通过对 70 个左右增殖放流相关的研究分析后发现（主要包括 31.7% 的鲑鳟鱼类、15.8% 的比目鱼类、14.9% 的鲷科鱼类），1/3 左右的研究结果表明放流导致了放流群体适应性水平下降，包括存活率、主动寻找庇护场所能力、竞争性、繁殖成功率等各项指标的下降，1/3 左右的研究结果发现放流群体遗传多样性水平降低，这种降低不仅表现在少数几个位点等位基因频率水平降低（尤其是稀有等位基因的丢失会导致野生群体应对环境变化水平的降低），同时还有全基因组水平的降低，没有一个研究结果表明放流群体遗传水平的改变导致了其在环境适应性方面有所增加（Araki et al，2010）。放流群体适应性衰退在利用多代亲本开展苗种培育时尤为明显，利用太平洋鲱一年生个体进行增殖放流则并不显著（Kitada et al，2009）。增殖放流苗种繁育过程中人为对亲本有意或无意的选择，包括人工授精都会导致快速的驯化，而当这些人工培育群体被释放到环境中后，会造成本土群体基因库的丢失，进而对本土适应性造成严重威胁（Sauvage et al，2010；Lamaze et al，2012a，2012b）。研究结果表明，多个物种的增殖放流已经对野生群体产生了不同程度的遗传湮没效应，推动了种群的混合（混合群体遗传多样性水平增加），但却减少了群体分化。在极端情况下，大规模缺乏合理规划的增殖放流会导致群体资源的崩溃，比如美国加利福尼亚的银大麻哈鱼（*Oncorhynchus kisutch*）由于大规模增殖放流导致野生群体基因同质化，部分野生群体对环境变化的适应性降低，这被认为是导致野生群体资源崩溃的主要原因之一（Eldridge et al，2009，2010；Lindley et al，2009），这也促使美国对银大麻哈鱼增殖放流渔业采取了更为苛刻的管理。也有少数研究结果表明，增殖放流对于恢复种群数量有推动作用。对于澳大利亚、印度少数几个增殖放流开展较晚的国家而言，其关注点主要在于如何开展成功的增殖放流活动及其效果如何，增殖放流活动对资源量的补充作用，以及如何通过政府和个人利益协调来增加增殖放流投入等（Loneragan et al，2013；Sarkar et al，2017），尚未转移到研究增殖放流活动对生态系统的深度影响。我国渔业资源增殖的研究工作有近 30 年的历史，但有关资源增殖的基础研究和相关技术仍然明显滞后，没有形成成熟的渔业资源增殖技术体系。对基于营养层次水平的渔业资源增殖模式，放流增殖物种或外来物种的监测和评估技术，放流群体所带来的生态影响（稳定性影响和遗传学影响），渔业资源增殖与效果评价技术体系等方面，尚未开展深入的科学研究。

第一节　中国对虾增殖放流策略

在人类活动与气候变化相互叠加产生的多重压力下，我国近海渔业资源严重衰退，渔业资源持续下降（单秀娟等，2012；Jin et al，2013），许多传统的重要经济种类的补充基本上依赖于增殖放流。保障我国近海生态系统的可持续产出是重大的国家需求，开展增殖放流和发展增殖渔业是优化种群结构、改善水域环境、促进衰退渔业种群恢复的一个重要途径，对促进近海渔业资源的可持续利用具有重要的意义。

莱州湾作为黄海、渤海 8 个增殖放流区之一，开展中国对虾增殖放流始于 1985 年，20 世纪 90 年代中期因虾病暴发而中断，至 2005 年得以恢复，近年来放流数量逐年增加，2011 年的放流量已超过了 5 亿尾（金显仕，2014）。尽管林群等（2013）对莱州湾中国对虾增殖生态容量评估结果表明莱州湾中国对虾仍有较大的增殖潜力，但当前放流的现状是：一方面产量并未随放流数量的增加而成正比地上升（金显仕，2014）；另一方面，放流的中国对虾对来年产卵群体的补充贡献较小（李忠义等，2012），仍属于生产性放流（Bell et al，2008），对种群的恢复和重建作用不大。此外，与快速发展的增殖放流相对应的却是整个莱州湾的食物网结构仍处于持续地衰退中（张波等，2015）。

科学制订增殖放流策略，选择合适的种类和数量、地点和时间、规格和结构进行放流，是维持生态系统的稳定、取得最佳增殖效果、保障渔业资源可持续利用的必要前提。本节根据莱州湾逐月底拖网调查，了解增殖放流中国对虾的生长、分布、摄食和食物竞争等状况，探讨中国对虾增殖放流适应性管理策略。

一、中国对虾的生长

在莱州湾的 9 个航次的调查中，仅有 4 个航次捕获到中国对虾。从各航次中国对虾的（CPUE，单位渔获量）分布分析（图 4-1），在 7 月初的调查中，靠近小清河口的 7 214 站捕获中国对虾，渔获量仅为 7.22 g/h；在 8 月初的调查中，18 个站有 11 个站捕获中国对虾，渔获量为 663 g/h，集中分布在莱州湾西部；9 月初调查的 18 个站中在 11 个站捕获中国对虾，渔获量为 131 g/h，主要分布在莱州湾湾口和湾外；10 月调查的 18 个站有 7 个站捕获中国对虾，渔获量为 39.56 g/h，主要分布在莱州湾湾口外。

莱州湾中国对虾的体长和体重分布见图 4-2，在 7 月 8—12 日的调查中捕获中国对虾

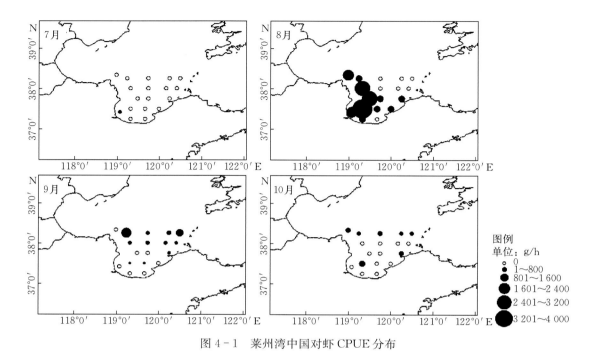

图 4-1　莱州湾中国对虾 CPUE 分布

16 尾, 平均体重为 8.13 g。8 月 1—5 日共捕获中国对虾 479 尾, 体长为 89～152 mm, 平均体长 127.64 mm, 64.55% 的个体体长集中在 120～140 mm; 体重为 7.50～38.58 g, 平均体重 21.59 g, 89.56% 的个体体重集中在 10～30 g。9 月 6—11 日共捕获中国对虾 53 尾, 体长为 117～202 mm, 平均体长 169.92 mm, 72.73% 的个体体长集中在 150～190 mm; 体重为 11～80 g, 平均体重 44.88 g, 70.59% 的个体体重集中在 30～70 g。10 月 19—23 日共捕获中国对虾 14 尾, 体长为 126～217 mm, 平均体长 173.67 mm; 体重为 15～95 g, 平均体重 50.71 g。

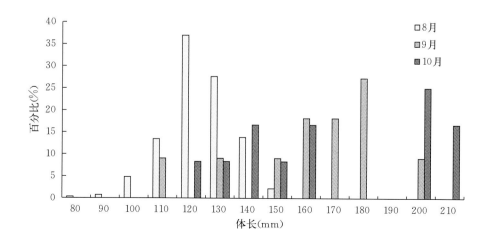

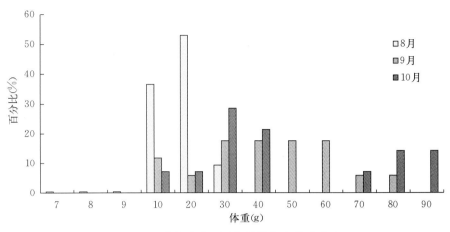

图 4-2　莱州湾中国对虾的体长和体重分布

二、中国对虾的摄食

在分析的 90 尾中国对虾 [体长为 111～152 mm，平均体长为（133.22±9.29）mm] 胃含物样品中，有 19 个空胃，摄食率为 78.89%。食物组成包括浮游植物、原生动物、桡足类、介形类、糠虾类、钩虾类、多毛类、涟虫类、双壳类、腹足类、端足类、等足类、长尾类、短尾类和海胆类共 15 类（表 4-1）。摄食浮游植物饵料的个数百分比和出现频率百分比分别为 11.55% 和 14.38%，浮游动物饵料分别占 20.12% 和 21.25%，底栖动物饵料分别占 68.33% 和 64.37%，可见，中国对虾是摄食范围较广、偏摄食底栖动物饵料的杂食性种类。中国对虾摄食的底栖动物饵料主要是双壳类和钩虾类，分别占食物组成的个数百分比为 45.42% 和 11.16%；出现频率百分比为 40.00% 和 10.62%。中国对虾摄食食物的 Levins 多样性指数为 3.52。

表 4-1　中国对虾的食物组成

饵料种类	个数百分比 N（%）	出现频率百分比组成 FO（%）	饵料种类	个数百分比 N（%）	出现频率百分比组成 FO（%）
园筛藻（*Coscinodiscus* sp.）	8.17	10.00	短尾类大眼幼体	1.00	1.25
虹彩园筛藻（*Coscinodiscus oculusiridis*）	1.00	1.25	糠虾（*Mysidacea*）	8.37	8.75
星脐园筛藻（*Coscinodiscus asteromphalus*）	1.59	2.50	长额刺糠虾（*Acanthomysis longirostris*）	1.20	1.25
根管藻（*Rhizosolenia* sp.）	0.80	0.62	钩虾（*Gammarid amphipods*）	5.58	6.25
拟玲虫（*Tintinnopisis*）	0.80	1.25	拟钩虾（*Gammaropsis* sp.）	4.78	3.12
猛水蚤（*Harpacticoida*）	0.40	0.62	玻璃钩虾（*Hyale* sp.）	0.40	0.62
小毛猛水蚤（*Microsetella norvegica*）	0.40	0.62	螺赢蜚（*Corophium* sp.）	0.40	0.62
介形类	3.59	4.37	涟虫类（*Cumacea*）	0.60	1.25
长尾类溞状幼体	5.18	4.37	中国涟虫（*Bodoeria chinensis*）	0.20	0.62

（续）

饵料种类	个数百分比 N (%)	出现频率百分比组成 FO (%)	饵料种类	个数百分比 N (%)	出现频率百分比组成 FO (%)
多毛类 (Polychaeta)	1.00	2.50	云母蛤 (Yoldia sp.)	0.80	0.62
勒特蛤 (Raeta pulchella)	0.80	0.62	篮蛤 (Potamocorbula sp.)	0.80	1.25
凸壳肌蛤 (Musculus senhousei)	1.39	0.62	其他双壳类 (Bivalvia)	29.68	23.74
偏顶蛤 (Modiolus modiolus)	0.20	0.62	腹足类 (Gastropoda)	0.40	0.62
薄片镜蛤 (Dosinia corrugata)	0.40	0.62	端足类 (Amphipoda)	6.37	3.12
脆壳理蛤 (Theora fragilis)	0.40	0.62	等足类 (Isopoda)	0.80	1.87
理蛤 (Theora sp.)	0.80	0.62	短尾类 (Brachyura)	0.60	1.25
樱蛤 (Tellinidae sp.)	2.59	2.50	长尾类 (Macrura)	0.40	0.62
镜蛤 (Dosinia sp.)	7.57	8.12	海胆类 (Echinoidea)	0.60	0.62

三、中国对虾的食物竞争

莱州湾 8 月渔业资源群落的 14 种重要种类的渔获量占总渔获量的 92.64%（表 4-2），其中优势种有 4 种，矛尾虾虎鱼、口虾蛄、日本枪乌贼和斑鰶，其中矛尾虾虎鱼的渔获尾数最多，占总渔获尾数的 35.54%；口虾蛄的渔获量最高，占总渔获量的 26.23%；均为底栖动物食性种类。主要种有 10 种，5 种鱼类（短吻红舌鳎、绯鲉、蓝点马鲛、矛尾复虾虎鱼和白姑鱼）和 5 种虾蟹类（日本蟳、葛氏长臂虾、隆线强蟹、日本关公蟹和中国对虾）。作为莱州湾主要的增殖放流种类，中国对虾是莱州湾 8 月渔业资源群落的重要种类，渔获量占总渔获量的 1.36%；而三疣梭子蟹不是重要种类，渔获量仅占总渔获量的 0.95%。胃含物研究（表 4-2）表明，莱州湾渔业资源群落的重要种类以底栖动物食性为主，占总渔获量的 63.54%；其次是杂食性种类和广食性种类，鱼食性种类所占的比例较小。

表 4-2　莱州湾 8 月渔业资源群落的重要种类及与中国对虾的食物重叠指数

种　　类	重量百分比 W (%)	个数百分比 N (%)	出现频率 F (%)	相对重要性指数 IRI	摄食习性	食物重叠指数 Q_{ij}
矛尾虾虎鱼 (Chaeturichthys stigmatias)	21.85	35.54	94.44	5 420	底栖动物食性	0.84
口虾蛄 (Oratosquilla oratoria)	26.23	11.33	88.89	3 339	底栖动物食性	0.52
日本枪乌贼 (Loligo japonica)	11.09	13.47	94.44	2 319	广食性	0.20
斑鰶 (Clupanodon punctatus)	10.25	7.96	83.33	1 518	杂食性	0.58
日本蟳 (Charybdis japonica)	6.20	1.39	94.44	717	底栖动物食性	0.64
葛氏长臂虾 (Palaemon gravieri)	0.94	9.15	50.00	505	底栖动物食性	0.97

（续）

种 类	重量百分比 W（%）	个数百分比 N（%）	出现频率 F（%）	相对重要性指数 IRI	摄食习性	食物重叠指数 Q_{ij}
短吻红舌鳎（Cynoglossus joyneri）	3.57	2.04	77.78	437	底栖动物食性	0.75
绯䲗（Callionymus beniteguri）	1.02	3.14	94.44	393	底栖动物食性	0.85
隆线强蟹（Eucrate crenata）	2.28	1.58	44.44	172	—	—
蓝点马鲛（Scomberomorus niphonius）	2.90	0.36	50.00	163	鱼食性	0.01
矛尾复虾虎鱼（Synechogobius hasta）	2.17	2.07	50.00	154	底栖动物食性	0.32
日本关公蟹（Dorippe japonica）	1.22	1.06	61.11	139	—	—
白姑鱼（Argyrosomus argentatus）	1.56	1.35	38.89	113	底栖动物食性	0.15
中国对虾（Fenneropenaeus orientalis）	1.36	0.38	61.11	106	杂食性	—
三疣梭子蟹（Portunus trituberculatus）	0.95	0.05	38.89	39	底栖动物食性	0.80

将饵料种类归为 13 个大类（浮游植物、糠虾类、多毛类、原生动物、双壳类、腹足类、端足类、等足类、短尾类、长尾类、棘皮动物、甲壳类和鱼类）计算中国对虾与三疣梭子蟹、口虾蛄、日本蟳、矛尾虾虎鱼、斑䲗、短吻红舌鳎、绯䲗、蓝点马鲛、矛尾复虾虎鱼和白姑鱼的食物重叠系数；将饵料种类归为浮游植物、浮游动物、底栖动物和游泳动物 4 大类计算中国对虾与葛氏长臂虾和日本枪乌贼的食物重叠系数。结果表明（表 4-2），中国对虾除与鱼食性的蓝点马鲛、广食性的日本枪乌贼、底栖动物食性的白姑鱼的食物竞争较弱以外，与杂食性的斑䲗和底栖动物食性的口虾蛄和矛尾复虾虎鱼存在中等强度的食物竞争，与三疣梭子蟹和其余 5 种底栖动物食性的重要种类都存在严重的食物竞争。

四、莱州湾增殖放流中国对虾的生长适应性管理策略

20 世纪 70 年代，莱州湾中国对虾每年提供的幼虾资源量占渤海对虾总资源量的 40% 左右（刘传桢等，1981），由于过度捕捞、生活环境污染、产卵场被挤占等原因，中国对虾资源逐渐衰退，渤海自 1985 年开展中国对虾放流。山东半岛南部沿海 2010—2012 年中国对虾增殖放流效果的评估结果表明，放流群体所占平均比例已高达 97.68%（金显仕，2014）。因此，研究放流中国对虾的生长规律以提出其增殖放流适应性管理策略是非常必要的。莱州湾中国对虾的产卵群体在 4 月下旬就到达各河口产卵场（邓景耀等，1990），而放流中国对虾一般是在 5 月下旬放流小规格苗种，6 月中旬放流大规格苗种（表 4-3）（金显仕，2014）。在本研究 9 个航次的调查中，放流前的 4 个航次均未捕获中国对虾，仅在放流后的 4 个航次捕获了中国对虾，因此，本研究采集的中国对虾应该主要源自增殖放流，这同时也表明莱州湾的中国对虾群体以增殖放流群体为主。

表 4-3 2011 年莱州湾中国对虾放流情况统计

[修改自金显仕等（2014）]

放流海域	放流地点	放流时间	平均体长（mm）	放流数量×10⁴（尾）	合计×10⁴（尾）
莱州湾东部	莱州	5 月 26 日	11.0	9 137	9 137
莱州湾南部	寒亭	6 月 11 日	30.6	9 524	18 651
	昌邑	6 月 21 日	38.3	9 127	
莱州湾西部	潍坊	6 月 12 日	41.1	4 549	23 392
	垦利	6 月 10 日	32.4	7 536	
	东营	6 月 15 日	37.0～37.1	11 307	

　　莱州湾放流中国对虾在 8 月初的平均体长为（127.64±11.44）mm，平均体重为（21.59±5.54）g（图 4-2）；8 月 14—19 日放流中国对虾的平均体长达 149.5 mm（120～175 mm），平均体重达 38.5 g（22～60 g）（图 4-3）（李忠义等，2012），远大于 1965—1979 年间同时期莱州湾野生中国对虾群体（74.04±7.74）mm 的平均体长（邓景耀等，1990）。与邓景耀等（1990）统计的 1970—1979 年渤海秋汛对虾的平均体重相比（表 4-4），9 月上旬放流中国对虾的体重高于同时期野生群体 31.49 g 的平均体重；但 10 月中、下旬放流中国对虾的体重就与同时期野生群体的平均体重 49.83～51.95 g 相接近。

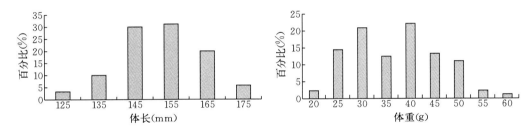

图 4-3　8 月中旬莱州湾中国对虾的体长和体重分布

（李忠义等，2012）

　　莱州湾沿岸约有 10 个中国对虾放流点（金显仕等，2014），放流的时间、批次较多（表 4-3），难以估算莱州湾放流中国对虾的生长方程，因此采用体重瞬时增长系数 $[G=100\times(\ln W_2-\ln W_1)/t]$ 来评估其生长规律（邓景耀等，1990）。根据本研究的调查结果，结合李忠义等（2012）在莱州湾开展的中国对虾跟踪调查（7 月 23—30 日的调查仅捕获 1 尾中国对虾，不计入统计）可以厘清莱州湾增殖放流中国对虾的生长规律（表 4-4）。7 月是莱州湾放流中国对虾的快速生长期，7 月底至 8 月初达到生长拐点，以后生长减慢；这与鳌山湾放流中国对虾 7 月 18 日至 8 月 3 日达到生长拐点、8 月初已越过生长迅速阶段、8 月底以后生长缓慢的生长规律相似（李忠义等，2014）。放流虾群的生长拐点早于野生虾群 8 月 8—19 日到达生长拐点的时间，但放流中国对虾 9—10 月的体重瞬时增长系数仅为 0.26，低于 1970—1979 年渤海野生虾群 0.92 的体重瞬时增长系数（邓景耀等，1990）。可见，放流中国对虾快速生长期早于野生虾群，但持续时间短于野生虾群，这就是上述放流虾群与野生虾群同时期个体存在差异的原因。莱州湾中国对虾的开捕时间为8月20日，此时中国对虾的个体较鳌山湾放流中国对虾小，如延迟开捕时间至9月1日，此期间的体重瞬时增长系数可维持在1.7左右，还具有一定的生长潜力。因此，适当地延迟开捕时间可获得更高的产量。

表4-4　放流中国对虾的体重瞬时增长系数

调查时间	平均体重（g）	瞬时增长系数
6月29—30日	1.59	—
7月8—12日	8.13	11.66
8月1—5日	21.59	3.37
8月14—19日	38.50	3.04
9月6—11日	44.88	0.55
10月19—23日	50.71	0.26

五、莱州湾增殖放流中国对虾的分布适应性管理策略

邓景耀等（1990）的研究表明，中国对虾的幼体在变态发育为仔虾（3.9～30 mm）后离开产卵场，开始溯河游向低盐的河口和河道水域内生活。随着个体的不断增长，耐低盐的能力也逐渐减弱，加之浅水区水温迅速升高，幼虾逐渐移至河口附近海区或渐向深水区移动；莱州湾虾群每年8月初即由近岸浅水区向深水区移动；8月上旬可扩展至8～14 m水深处。当前，对放流中国对虾的追踪调查可以厘清莱州湾增殖放流中国对虾的生长活动和分布规律，这有助于提出相应的增殖放流适应性管理策略。莱州湾在5月下旬至6月中旬放流中国对虾，放流苗种体长在10～40 mm（表4-4），随后开展追踪调查。6月底14个站中有6个站捕获中国对虾76尾，体长为46～61 mm；7月初仅在靠近小清河口的站捕获中国对虾16尾；7月中旬15个站只有1个站捕获中国对虾1尾；8月初18个站有11个站捕获中国对虾479尾。其分布规律是（图4-1和图4-4）：8月初放流中国对虾集中分布在莱州湾西部；8月中旬主要集中在莱州湾的西部和湾口；9月初至10月中旬主要分布在莱州湾湾口和湾外。可见，放流中国对虾基本保持了与野生中国对虾相似的生长活动规律，但放流后需经过一段时间的生长和适应后才开始溯河，7月主要在河道内生活，8月初移出河道向深水扩展。尽管在莱州湾沿岸都有中国对虾的增殖放流（表4-3），但放流后中国对虾在莱州湾的分布特点使得我们有必要重新思考当前增殖放流地点的选择。

从卵子和幼虾数量分布方面分析，莱州湾的主要河流大都分布在西部，因此湾西部是对虾繁殖、生长的主要场所；湾南部的潍河口、胶莱河口和芙蓉岛（湾东部）一带也有亲虾产卵，但卵子和幼虾数量比西部少很多（刘永昌，1982）。从环境条件和敌害生物的分布方面分析，邓景耀等（1990）认为莱州湾的西岸黄河口附近海区是比较适宜的放流海区，但其东岸的环境条件则与西岸截然不同，这里是沙质底质，透明度较大，又是三疣梭子蟹的集中索饵分布区，该海区显然不适于放流中国对虾苗种。1985—1986年莱州湾标记放流的试验结果也表明湾西部的回捕率高，湾南部的回捕率低（邓景耀等，1990）。中国

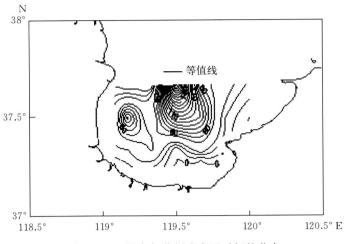

图 4-4   8 月中旬莱州湾中国对虾的分布
(李忠义等，2012)

对虾放流时处于仔虾阶段（表 4-3），以摄食浮游植物饵料为主（邓景耀等，1990），放流期间浮游植物的丰度是决定虾苗存活率的重要因素之一。对莱州湾近岸海域浮游植物群落的研究表明，湾东部在放流期间浮游植物细胞丰度较低（图 4-5）（宁璇璇等，2011），可见，从饵料基础方面分析，莱州湾东部也不适宜中国对虾的放流。综上所述，结合本研究中放流中国对虾的生长分布规律，莱州湾西部优于湾南部和东部，是增殖放流中国对虾的最佳地点。随着莱州湾食物网结构的变

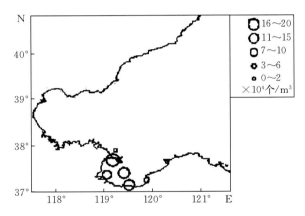

图 4-5   5 月莱州湾近岸海域浮游植物的数量分布
(宁璇璇等，2011)

化（张波等，2015），关于中国对虾主要敌害生物鲈、三疣梭子蟹等资源量的下降（单秀娟等，2012），须进一步采集水深小于 5 m 的内湾、河口附近的浅水区和定置网密布的海区的渔获物，才能研究敌害生物对中国对虾增殖放流的危害（唐启升等，1997）。

六、莱州湾增殖放流中国对虾的摄食和食物竞争适应性管理策略

本研究中莱州湾增殖放流中国对虾在 8 月初的摄食率为 78.89%，高于 1959—1963 年同时期野生虾群的 52.7% 的摄食强度（邓景耀等，1990），这可能与此阶段放流中国对虾生长更快、个体更大有关。从摄食食物种类分析，放流中国对虾成虾的摄食范围较广，是偏重摄食底栖动物饵料的杂食性种类；摄食的底栖动物饵料主要是双壳类和钩虾类，这与邓景耀等（1990）和程济生等（1997）的研究结果相似。将饵料种类归为相同的大类

后，计算得出中国对虾的摄食生态位宽度低于日本蟳（$B=6.03$），与三疣梭子蟹（$B=3.97$）接近（姜卫民等，1998），因此，中国对虾与三疣梭子蟹间的食物竞争程度强于与日本蟳间的食物竞争。

由于是将饵料种类归为浮游植物、浮游动物、底栖动物和游泳动物4大类计算中国对虾与葛氏长臂虾和日本枪乌贼的食物重叠系数，可能高估了它们之间的食物竞争。尽管白姑鱼是底栖动物食性种类，但由于其主要摄食底层虾蟹类，因此与中国对虾食物竞争较弱。除此之外，中国对虾与莱州湾渔业资源群落的其余8种重要种类都存在中等强度或严重的食物竞争，而它们之间的食物竞争主要是由于均摄食较多的双壳类饵料。邓景耀等（1990）的研究表明，渤海中国对虾放流量可达40亿～100亿尾，按莱州湾中国对虾每年提供的幼虾资源量占渤海对虾总资源量的40%左右计算（刘传桢等，1981），莱州湾的放流量应为16亿～40亿尾，饵料生物数量和水平是中国对虾增殖容量的一个重要限制因素。随着莱州湾渔业资源食物网结构的演变，当前莱州湾生态系统以底栖生物食性种类为主，对底栖动物的饵料竞争增强（张波等，2015）；同时当前莱州湾底栖动物种类组成和群落结构发生了改变，总的来说是更小型的多毛类和甲壳类比例增加，而体型较大的棘皮动物和双壳类软体动物种类则向减少的方向发展（周红等，2010）；而且生物量也呈下降趋势，由1958—1960年的9.16 g/m² 下降到2006年的4.94 g/m²，2011年的3.83 g/m²（均按生物量鲜质量转换为干质量5∶1的比例将底栖动物生物量换算为干质量）（邓景耀等，1990；周红等，2010；李少文等，2014）。可见，仅从饵料基础和食物竞争状况分析，莱州湾中国对虾的放流量就应减少为5亿～10亿尾，当前的放流量应该是较合理的（表4-3）。采用Ecopath模型对莱州湾当前中国对虾和三疣梭子蟹增殖生态容量的估算结果表明，放流量均可在现有基础上提高2～3倍，但同时研究者也认为这只是一个理论的上限，实际放流量应减半才能获得最大可持续产量（林群等，2013；张明亮等，2013）。因此，综合考虑当前莱州湾食物网结构和饵料基础，多放流种类间的食物竞争关系，以及生态系统的可持续利用等方面因素，当前中国对虾的放流量也应该是较合理的（表4-3）。

第二节　放流中国对虾动态迁徙分布跟踪
——以莱州湾和渤海湾为例

增殖放流是人为干涉条件下的资源补充和种群恢复过程，放流苗种从数量上对资源形成的补充效应直接增加了渔业捕捞的经济效益，减轻了自然种群的捕捞压力，维持了渔业种群的延续，进而保证了相关渔业经济的可持续发展。中国对虾是我国单一放流数量最多的物种，黄海、渤海每年放流中国对虾仔虾数量都在几十亿尾以上。与之相比，由于春季山东半岛东南外海洄游亲虾的高强度捕捞，已经很少有生殖洄游亲虾能够达到渤海沿岸莱州湾、渤海湾和辽东湾这些天然产卵场。因而，自然条件下的中国对虾幼体补充则形不成群体规模。根据近几十年来的渔业调查数据，在莱州湾、黄河口、渤海湾、辽东湾这些历史上中国对虾主要的产卵场，规模化的受精卵或者幼体群体寥寥无几，20世纪90年代晚期，我国"渤海海洋生态系统动力学"研究项目课题组在渤海海域调查中，竟然未采到一尾对虾幼体（刘瑞玉，2004），甚至在莱州湾滩河口地区这些传统中国对虾幼体索饵活动的海域已经捕捞不到自然种群幼体。而 20 世纪 60 年代在对虾产卵季节，在渤海湾的卵子和幼体基本可以达到每网 2 万～3 万个（包括受精卵、无节幼体和溞状幼体）（邓景耀等，1990），两相比对，现阶段渤海内自然种群已经近乎衰竭。在这种情况下，缺乏自然群体"引导"的放流中国对虾幼体会遵循什么样的动态迁徙习性呢？能不能在秋末冬初游出渤海口抵达朝鲜半岛西海岸的黄海深海完成越冬洄游，甚至来年春季再游回到各自原有的放流海域？还是完全受到环境、饵料、温度、海流等因素的影响随机洄游到任一产卵场？放流中国对虾的动态迁徙和分布问题，首先是科学、准确评价放流效果的关键内容之一；其次是渔业主管部门制定并适时调整增殖放流规范和操作规程的重要依据；再者，多海域放流中国对虾动态迁徙分布是解决渔业纠纷的重要依据。依据 1964—1978 年间物理标记放流调查结果（当时中国对虾自然种群资源正处在鼎盛期，未遭受严重破坏），老一辈研究工作者对中国对虾自然种群的洄游迁徙分布有深入的调查，即黄海、渤海中国对虾自然种群不一定在来年春季洄游到出生地产卵，而是在渤海湾放流的也有部分洄游到山东半岛南岸的青海、乳山渔场、胶州湾、海州湾及辽东半岛东安的海洋岛渔场、鸭绿江口，当然也洄游到渤海各个河口附近的产卵场产卵；与此同时，在山东半岛南岸产卵、索饵的中国对虾第二年春季也有洄游到辽东半岛东岸和渤海各个河口产卵场的。不过并未从数量上进行进一步统计（邓景耀等，1983）。近 30 年以来，在人工放流条件下，绝大多数春季产卵洄游亲虾，在尚未洄游到产卵场之前，便被在山东半岛东南外海捕获，并人为运输到渤海、山东半岛南部，包括辽宁半岛各沿海育苗场进行苗种培育，经过人工性腺促熟发育的雌虾完成排卵和体外受精的过程，再经过 45 d 左右高密度人工育苗后，发育到仔虾期的中国对虾被放流到周边海域，完成放流。经过这一番人为干涉的放流中国对虾群体会遵循何种索饵、越冬、生殖洄游途径并完成个体的生命周期，目前尚无定论。尤其是各地放流苗种是否能返回原放流地点，放流中国对虾能否游出渤海口到达越冬场，放流对虾能否形成繁殖群体补充到中国对虾渔业资源中等问题更是目前学术界颇为关注的焦点。

一、莱州湾增殖放流中国对虾动态迁徙及数量分布

莱州湾位于渤海南部，与渤海湾、辽东湾并列渤海三大湾之一，是潍河、白浪河、胶莱河、小清河、支脉河等山东半岛主要淡水径流入海口。海湾开阔，水下地形平缓，绝大部分水深在 10 m 以内，海底以粉沙淤泥为主，沉积物丰富。莱州湾最西段与黄河入海口接壤，黄河每年带来的大量营养物质大部分随海流转入莱州湾，使得莱州湾海域资源优势明显，是渤海重要的渔业生物产卵场、索饵场所，因而成为渤海乃至我国主要的渔场，尤以中国对虾和三疣梭子蟹为代表。我国中国对虾增殖放流试验就始于莱州湾潍河口，据统计，莱州湾每年的增殖放流中国对虾数量约占整个渤海的 40%，因此，选择莱州湾开展中国对虾增殖放流群体的动态迁徙分布具有很强的地域代表性。

1. 样品采集

2015 年从位于山东半岛莱州湾南岸的昌邑市海丰水产养殖有限责任公司（山东省潍坊市昌邑市下营镇）回购了其所有增殖放流中国对虾苗种培育之后的亲虾共计 1 016 尾，该育苗场是负责当年莱州湾中国对虾放流任务的指定育苗场之一。该育苗场培育的约 2 亿尾仔虾，于当年 6 月初前后在莱州湾潍河口附近进行了放流。研究人员于 2015 年 7—9 月

分别多次在莱州湾以及渤海湾海上调查站点进行回捕取样，具体捕捞地点及捕捞时间见表4－5及图4－6。

表4－5 2015中国对虾回捕海上调查站点信息

捕捞时间	经　　度	纬　　度	捕捞数量（尾）
7月16日	119°28′33.06″E	37°11′41.76″N	1
7月16日	119°29′40.68″E	37°25′7.20″N	3
7月17日	118°15′0.00″E	38°45′0.00″N	1
7月17日	118°0′0.00″E	38°15′0.00″N	4
7月18日	118°0′0.00″E	38°30′0.00″N	1
7月18日	118°15′0.00″E	38°30′0.00″N	6
7月18日	118°30′0.00″E	38°30′0.00″N	3
7月18日	118°15′0.00″E	38°45′0.00″N	1
7月19日	118°0′0.00″E	38°45′0.00″N	9
7月19日	118°15′0.00″E	38°50′1.20″N	1
7月27日	119°4′58.80″E	38°20′0.00″N	1
7月27日	119°15′0.00″E	38°45′0.00″N	2
7月27日	119°15′0.00″E	38°0′0.00″N	2
7月28日	119°30′0.00″E	37°45′0.00″N	2
8月6日	119°20′13.26″E	37°25′25.62″N	46
8月7日	119°42′0.06″E	37°44′18.06″N	2
8月7日	119°29′36.42″E	37°43′41.94″N	42
8月7日	119°29′58.80″E	37°36′56.58″N	7
8月7日	119°45′11.34″E	38°0′46.80″N	12
8月8日	119°10′58.92″E	38°13′43.20″N	54
8月9日	118°22′13.50″E	38°44′30.60″N	50
8月9日	118°16′4.80″E	38°44′38.16″N	76

7月16—27日，对莱州湾、渤海湾及辽东湾进行样品捕捞，其中辽东湾海域，120°10′E—121°45′E，40°N—40°45′N，合计20个站点；渤海湾海域（117°45′E—119°E、38°15′N—39°N）合计25个站点；莱州湾海域（119°5′E—120°30′E、37°11′N—38°N）合计21个站点。其中莱州湾21个站点中，4个站点捕捞样品8尾，渤海湾25个站点中，8个站点捕捞样品29尾，辽东湾20个站点中并未捕捞到中国对虾，合计37尾。由于保存不当，未能进行分析。8月6—9日，莱州湾及渤海湾合计8个站点，获得回捕样品288尾，均提取附肢肌肉组织保存，用于提取DNA（使用前一章描述的醋酸铵快速沉淀方法）。将提取的DNA通过0.8%琼脂糖凝胶电泳进行质量检测，条带明亮、单一不拖带，说明不含有蛋白质。随后通过核酸定量仪进行定量，检测吸光度（260 nm/

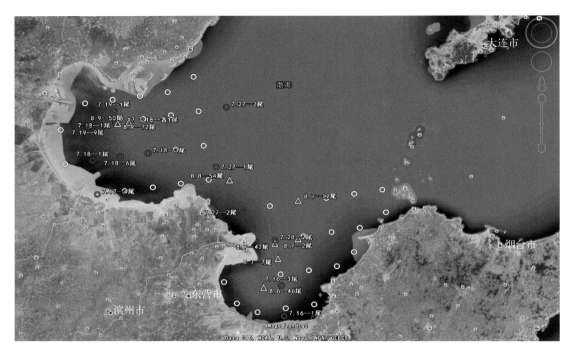

图 4 - 6　2015 年中国对虾捕捞站点信息

图中×.××——×尾表示月、日及捕捞数量

白色圆圈表示两次均未捕捞到中国对虾的调查站点；红色圆圈表示在第 1 个航次捕捞到中国对虾的站点；黄色三角形表示在第 2 个航次捕捞到中国对虾的站点

280 nm值在 1.8～2.0 为宜）及 DNA 的浓度，通过双蒸馏水将 DNA 稀释到50 ng/μL，置于−20 ℃保存。

2. SSR-PCR 反应及基因分型数据统计

微卫星反应体系使用多重与单重结合的方式进行扩增，具体引物信息见表 4 - 6，引物上游 5′添加荧光标记，分别为 6 - FAM、TAMRA、ROX、HEX，通过上海生工生物工程技术服务公司（Sangon Biotech）合成。

表 4 - 6　中国对虾微卫星荧光标记四重及单重 PCR 引物序列信息

PCR 体系	位点信息	GenBank 序列号	最佳退火温度（℃）	引物序列（5′-3′）及荧光基团
四重 PCR	EN0033	AY132813	64	F: 6-FAM-CCTTGACACGGCATTGATTGG R: TACGTTGTGCAAACGCCAAGC
	RS0622	AY132778	66	F: ROX-TCAGTCCGTAGTTCATACTTGG R: CACATGCCTTTGTGTGAAAACG
	FCKR002	JQ650349	60	F: HEX-CTCAACCCTCACCTCAGGAACA R: AATTGTGGAGGCGACTAAGTTC
	FCKR013	JQ650353	61	F: TAMRA-GCACATATAAGCACAAACGCTC R: CTCTCTCGCAATCTCTCCAACT

（续）

PCR 体系	位点信息	GenBank 序列号	最佳退火温度（℃）	引物序列（5′-3′）及荧光基团
单重 PCR	RS1101	AY132811	52	F：6-FAM-CGAGTGGCAGCGAGTCCT R：TATTCCCACGCTCTTGTC
	FC019	—	45	F：ROX-GTTGATGCCAGCAGTTAT R：TTCCAAGGGTCAGAGGTG
	RS0683	AY132823	64	F：HEX-ACACTCACTTATGTCACACTGC R：TACACACCAACACTCAATCTCC
	FCKR009	JQ650352	52	F：TAMRA-GCACGAAAACACATTAGTAGGA R：ATATCTGGAATGGCAAAGAGTC
	FC027	—	45	F：ROX-GCGTGTAATGCTTGCTGT R：TTTAGGACCTGCGGAGAA

注：本表部分内容参照李伟亚等（2012）。

2013 年中国对虾放流亲虾及回捕样品使用 EN0033、RS0622、FCKR002、FCKR013、RS1101、FCKR009、FC019、RS0683 这 8 个位点进行分析。在 2015 年中国对虾放流亲虾及回捕样品分析中，将 FC019 位点更换为 FC027。其中 EN0033、RS0622、FCKR002、FCKR013 采用四重 PCR 进行扩增，RS1101、FCKR009、FC019、RS0683、FC027 采用单重 PCR。

四重 PCR 的反应体系为 2.5 μL Buffer（10×）、2 μL Mg^{2+}（2.5 mmol/L）、2.5 μL dNTP（2.5 mmol/L）、0.25 μL EN0033 引物、0.5 μL RS0622 引物、0.5 μL FCKR002 引物、0.5 μL FCKR013 引物、2 μL DNA 模板、0.2 μL Taq（5U）、12.3 μL ddH_2O。

PCR 反应条件为 94 ℃变性 4 min，后进行循环 1：94 ℃变性 40 s、70 ℃退火 1 min（每个循环退火温度降低 1 ℃）、72 ℃延伸 1 min，共循环 5 次。随后进行循环 2：94 ℃变性 40 s、65 ℃退火 1 min，72 ℃延伸 1 min，共循环 8 次。再进行循环 3：94 ℃变性 40 s、64 ℃退火 1 min（每个循环退火温度降低 1 ℃）、72 ℃延伸 1 min，共循环 4 次。进行循环 4：94 ℃变性 40 s、61 ℃退火 1 min、72 ℃延伸 1 min，共循环 12 次。最后 72 ℃延伸 5 min，4 ℃保存。

RS1101、FC027、RS0683、FCKR009、FC027 采用单重 PCR。PCR 反应体系为 2.5 μL Buffer（10×）、2 μL Mg^{2+}（2.5 mmol/L）、2.5 μL dNTP（2.5 mmol/L）、0.5 μL 引物、2 μL DNA 模板、0.2 μL Taq（5U）、14.8 μL ddH_2O。

PCR 反应条件为 94 ℃变性 4 min、94 ℃ 40 s、退火 1 min、72 ℃延伸 1 min，经过 35 个循环，72 ℃延伸 5 min，4 ℃保存。

将 2 μL PCR 产物加入 96 孔板中，每个孔加入 GeneScanTM - 500 LIZ Size Standard 0.1 μL，去离子甲酰胺 7.9 μL，共计 10 μL，轻微震荡进行混匀，95 ℃变性 5 min，变性后放置于冰水混合物上进行快速冷却，随后放入 ABI 3130 中进行分析。

通过 GeneMarker 2.2.0 对数据原始文件进行读数，记录全部个体 8 个位点的等位基因峰值，确定其基因型。

通过 Cervus 3.0 软件进行数据分析，计算等位基因数（N_a）、观测杂合度（H_o）、期望杂合度（H_e）、多态信息含量（PIC）以及 Hardy-Weinberg 平衡（HWE）等。有效等位基因数（N_e）的计算公式：

$$N_e = 1/\sum X_i^2 \tag{4-1}$$

式中 X_i 是等位基因 i 的频率。

通过 GENEPOP 计算 F_{is}、F_{st}，通过 Coancestry1.0 计算近交系数，从而分析群体遗传分化及近交水平。使用 NeEstimator v2.01 计算两个群体的有效群体数量（N_e）。

3. 放流个体的识别及溯源

使用 Cervus 3.0 利用 8 个微卫星位点对回捕群体进行亲权分析，所得排除概率见表 4-7。结果表明，当双亲基因型均为未知时，8 个微卫星位点的排除概率（CE-1P）为 45.8% ~ 85.9%，平均值为 74.5%，8 个位点的累积排除概率为 99.9% 以上；当仅有一个亲本的基因型已知时，8 个微卫星位点的排除概率（CE-2P）为 63.2% ~ 92.4%，平均值为 84.8%，8 个位点的累积排除概率为 99.9% 以上；当亲本的基因型均为已知时，8 个微卫星位点的排除概率（CE-2P）为 81.4% ~ 99.0%，平均值为 95.4%，8 个位点的累积排除概率为 99.9% 以上，3 种情况下排除概率最高的位点均为 EN0033，说明本研究所采用的 8 个微卫星位点具有较高的分辨能力，具有可信度。

表 4-7 2015 年放流亲本群体及回捕群体微卫星位点排除概率

位 点	第一亲本排除概率（E-1P）	第二亲本排除概率（E-2P）	双亲排除概率（E-PP）
EN0033	85.9%	92.4%	99.0%
FCKR002	71.5%	83.4%	95.4%
RS0622	83.1%	90.7%	98.5%
FCKR013	78.0%	87.6%	97.4%
RS1101	45.8%	63.2%	81.4%
RS0683	71.9%	83.6%	95.8%
FC027	81.8%	90.0%	98.2%
FCKR009	78.0%	87.6%	97.4%
累积排除概率	99.9%	99.9%	99.9%

根据 PIC 大小排列，位点数量依次增加，累积排除概率不断升高，对此进行分析，结果见图 4-7。随着位点数目的增加，累积排除概率不断升高。结果表明，当双亲基因型均为未知时，3 个微卫星位点的累积排除概率（CE-1P）为 99.6%，4 个微卫星位点的累积排除概率为 99.9% 以上；当仅有一个亲本的基因型已知时，3 个微卫星位点的累积排除概率（CE-2P）就能够达到 99.9% 以上；当亲本的基因型均为已知时，只需要 2 个微卫星位点，累积排除概率（CE-2P）就能达到 99.9% 以上。

使用 Cervus 3.0 的 "Simulation of Parentage Analysis" 功能，参数设置为置信度 95%，子代数量 10 000，基因分型错误率 1%，真实亲本采样率为 1，模拟结果显示鉴定率达到 100%。

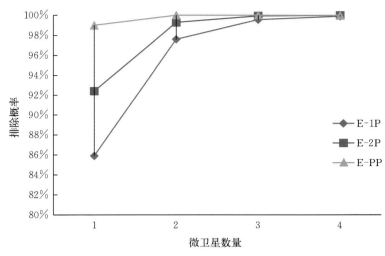

图 4-7　2013 年群体微卫星位点数量与单亲排除概率关系

　　使用 Cervus 3.0 的 "Parentage Analysis" 功能，将 2015 年采集完成放流苗种培育的 1 016 尾亲虾的微卫星分型结果作为候选亲本，对回捕群体的 288 尾中国对虾进行亲权分析。结果表明回捕的 288 尾个体中，155 尾个体的 $LOD > 3.0$，确认为人工放流个体，放流个体所对应亲本数为 135 尾。135 尾亲虾中，绝大部分只发现了一尾对应的子代，数量为 116 尾；18 尾亲虾分别发现了两尾对应的子代；1 尾亲虾发现了 3 尾对应的子代。具体结果见表 4-8，根据个体识别结果以及捕捞信息绘制的捕捞站点信息见图 4-8。根据渤海海上调查站点捕获中国对虾样品的放流溯源分析调查，分别有 41.30%～85.71%（平均 53.63%）的个体被鉴别出是来自莱州湾的增殖放流个体，这个数量与莱州湾增殖放流中国对虾苗种占整个渤海放流总量 40% 左右的比例是相符合的。

表 4-8　2015 年第二航次中国对虾捕捞站点及放流个体检出情况

采样日期	采样站点		回捕样品数量（尾）	回捕样品中放流个体数量（尾）	放流个体所占比例（%）
	经度	纬度			
8 月 6 日	119°20′13.26″E	37°25′25.62″N	46	19	41.30
8 月 7 日	119°42′0.06″E	37°44′18.06″N	2	1	50.00
8 月 7 日	119°29′36.42″E	37°43′41.94″N	42	23	54.76
8 月 7 日	119°29′58.80″E	37°36′56.58″N	7	6	85.71
8 月 7 日	119°45′11.34″E	38°0′46.80″N	12	6	50.00
8 月 8 日	119°10′58.92″E	38°13′43.20″N	54	35	64.81
8 月 9 日	118°22′13.50″E	38°44′30.60″N	50	28	56.00
8 月 9 日	118°16′4.80″E	38°44′38.16″N	76	37	48.68
平均					53.63

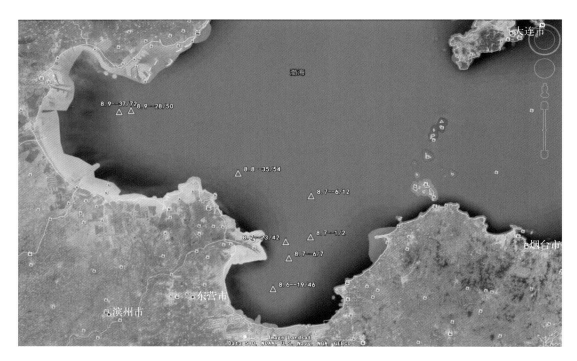

图 4-8　2015 年中国对虾捕捞站点信息

黄色三角形表示回捕站点，标注的数字前面为回捕日期，
后半段斜杠前数字为检出放流个体数量，斜杠后数字为回捕样本数量

　　中国对虾具有明显的洄游特性，在对虾完成越冬之后，随着水温升高，3 月初中国对虾在黄海中南部开始进行聚集，3 月中、下旬聚集的对虾一部分向西北方向进行移动，在4 月中、下旬抵达胶州湾和海州湾的产卵场。而其余大部分中国对虾继续沿着 6～7 ℃的等温线逐渐向北移动，对虾主群也沿着黄海中部的海沟西侧 40～60 m 等深线向北迁徙。虾群一部分向西北移动，抵达山东半岛南部海区。3 月底至 4 月初，对虾主群抵达山东头，小部分对虾继续向北移动，抵达黄海北部沿海的产卵场，而对虾主群随后沿着 38°00′N 以南的 40 m 等深线向西进行迁徙，抵达烟台、威海渔场。4 月上、中旬，虾群经过 4 d 左右穿过水温较低的渤海海峡，抵达渤海。4 月下旬虾群分散进入河口附近的产卵场进行产卵。孵化后的受精卵经过各个幼体阶段后，至 6 月初变态发育为仔虾。仔虾具有溯河的特点，随后进一步变态发育为幼虾。由于幼虾耐低盐能力较弱，并且沿海海水温度开始升高，因此对虾开始向深水区进行移动。9 月前后，对虾开始向渤海中部以及辽东湾东南部移动，进行索饵。莱州湾中国对虾的产卵群体在 4 月下旬就到达莱州湾各河口产卵场，而放流中国对虾一般是在 5 月下旬放流小规格苗种，6 月中旬放流大规格苗种，而且莱州湾放流站点较多，并且放流时间批次各有不同。本研究中，于 7 月分别在莱州湾、渤海湾、辽东湾进行中国对虾样品的采集，具体捕捞结果见表 4-1（7 月回捕的样品由于调查船上条件所限，样品冷冻保存失败，未能对样品进行 SSR 基因分型分析）。随后于 8 月分别在莱州湾、渤海湾进行捕捞，获得样品后进行分析。通过与母本信息进行匹配，确定放流个体比

例，捕获到中国对虾的 8 个站点均发现有人工放流个体，放流个体主要分布于莱州湾海域，并且渤海湾也有一定比例的分布，具体分布情况见图 4-8，本研究结果与张波等人于 2011 年 5 月至 2012 年 4 月在莱州湾进行的 9 次底拖网调查的结果相似。可以看出，莱州湾中国对虾放流群体与此前中国对虾渔业资源受破坏前的野生种群的迁徙及分布相似，莱州湾增殖放流中国对虾在 6 月初放流之后到 9 月之前，大体沿着山东、河北渤海沿岸朝西北偏北方向进行索饵洄游，最北的个体抵达天津沿海（118°22′E、38°44′N）。结合 7 月 16—27 日辽东湾回捕结果（这个阶段在 20 个辽东湾回捕站点均未捕捞到对虾个体）分析，在 9 月之前，基本未向东北或渤海口方向迁徙，也没有发现往长山列岛出渤海口方向迁徙的迹象。增殖放流群体显示出迁徙洄游活跃、分布范围广泛的特点。本研究结果证实了莱州湾放流群体具有洄游活跃、分布广泛等特点，并且莱州湾西部更适合进行中国对虾的放流（Wang et al，2020），这与张波等（2015）的研究结果相同。邓景耀等（1990）认为在莱州湾中，黄河口更适合中国对虾的放流，然而黄河口为三疣梭子蟹的聚集索饵区域，并且河口东岸主要为沙质底质，具有透明度高等特点，并不适宜中国对虾的放流，而且 1985 年及 1986 年的相关放流试验结果表明，莱州湾西部回捕率比南部回捕率更高。而放流时，中国对虾处于仔虾阶段，主要把浮游植物作为主要饵料，因此浮游植物的丰富程度也决定了中国对虾的分布与移动。莱州湾西部的浮游植物丰富度较莱州湾东部更高，因此莱州湾西部比东部更适合中国对虾的放流。综上各种原因，作为中国对虾放流地点，莱州湾西部优于南部与东部。

二、渤海湾增殖放流中国对虾动态迁徙及数量分布

渤海湾与莱州湾、辽东湾同为渤海三大海湾之一，地理位置位于渤海西部，海域内沉积物以细砂粒和淤泥为主，是渤海重要的渔业作业区域，历史上是中国对虾重要产区，同时也是中国对虾重要的产卵场和索饵场。位于渤海湾腹地的天津市大神堂海域滩涂众多，生物资源丰富，2015 年被认定为首批国家级海洋牧场示范区，此地也是渤海湾重要的中国对虾育苗基地。位于此地的天津大神堂水产良种场及天津市渤海水产资源增殖站承担了渤海湾每年主要的中国对虾增殖放流任务，每年培育、放流的中国对虾仔虾规模都近 10 亿尾，此地放流中国对虾的动态迁徙分布和数量变动规律一定意义上代表了整个渤海湾放流的中国对虾。

1. 样品采集

2015 年从天津大神堂水产良种场采集增殖放流亲虾共计 200 尾（当年该公司总共用于增殖放流中国对虾亲虾为 1 200 余尾）。海上回捕样品同本节前半部分（表 4-8 中，8 月 6—9 日回捕样品，共计 288 尾）。

2. SSR-PCR 反应及基因分型数据统计

同本节前半部分。使用相同的 8 个 SSR 位点及 PCR 扩增条件、SSR-PCR 产物检测流程、数据统计软件分析等。

3. 放流个体的识别及溯源

放流个体识别及亲本溯源使用 Cervus 3.0 软件，流程同本节前半部分内容。通过与来自渤海湾 200 尾亲虾进行亲子溯源分析，在 8 月第 2 个调查航次 8 个站点中回捕到 288

尾中国对虾样品，在其中 7 个海上站点（除去站点 119°42′0.06″E、37°44′18.06″N 站点未检测到来自渤海湾放流个体）回捕样本中检测到了来自当年渤海湾天津海域增殖放流的中国对虾个体，共计 38 尾。根据检出个体的母本来源情况分析，有 32 尾个体各来自 32 尾亲虾，有 3 尾亲虾各有两尾子代被检出。也就是说，在绝大部分调查站点中检测到分别来自莱州湾和渤海湾的增殖放流个体。根据放流个体的站点分布可以推测，天津汉沽放流中国对虾个体有部分 9 月之前在渤海的动态迁徙分布大致是沿着渤海西岸朝向南偏东南方向，其中有部分个体越过黄海口进入莱州湾内，和莱州湾部分增殖放流中国对虾个体的迁徙分布呈现交叉混杂的情况（图 4-6）。由于渤海湾增殖放流亲虾采集的样本数量为 200，并非为整个渤海湾所有增殖放流亲虾，仅约为天津汉沽大神堂海域所有增殖放流亲虾的 1/6。可以预期，如果增加亲虾分析数量，回捕样本中将有更多的增殖放流个体被鉴别出来，对渤海湾整个中国对虾群体中增殖放流个体的数量将会有一个相对确切的评估。

关于渤海湾增殖放流中国对虾的迁徙和分布，笔者 2018 年的补充实验再次验证了此前的结论。具体样本情况包括 2018 年中国对虾增殖放流亲本 436 尾，其中来自天津大神堂水产良种场样本 78 尾；渤海水产研究所 160 尾；渤海水产资源增殖站 198 尾；2018 年 9 月及 10 月由渤海水产研究所分别在渤海湾（118.171 68°E、38.755 8°N）及黄河口北部（119.143 3°E、38.006 7°N）回捕两批中国对虾，分别为 958 尾和 600 余尾。

中国对虾基因组 DNA 提取采用传统的酚-氯仿-异戊醇提取方法，具体为剪取约 0.05 g 中国对虾肌肉组织放到已加入 600 μL 组织裂解液（10 mmol/L Tris-HCl，pH 8.0；100 mmol/L EDTA，pH 8.0；0.5% SDS）的 1.5 mL 离心管中，用眼科剪充分破碎组织后加入 20 μL 蛋白酶 K（20 ng/μL），56 ℃ 水浴消化至组织液澄清；加入等体积酚∶氯仿∶异戊醇（25∶24∶1），轻轻颠倒混匀，12 000 r/min，4 ℃，离心 10 min；移液管移取 400 μL 上清液至另一 1.5 mL 离心管中，加入等量氯仿，混匀离心，吸取上清液加入等体积 -20 ℃ 预冷异戊醇混匀后 -20 ℃ 放置 1 h，离心，弃上清，75% 酒精洗涤两次后晾干溶解。0.8% 琼脂糖电泳检测，GeneQuant 分光光度计检测浓度，调整基因组 DNA 终浓度至 50 ng/μL 备用。

对 3 批共 436 尾增殖中国对虾亲本每批样品中的一半，近 210 尾，以及两批回捕样本，每批随机挑选 90 尾，共 180 尾，共计 390 个样本进行了基因组 DNA 的提取。为了提高基因分型的精确度，采用核心重复序列为 3、4 或者 5 个碱基的微卫星位点替代了此前所用的部分核心重复序列为 2 个碱基的位点（表 4-9）。

表 4-9　8 个中国对虾微卫星位点信息

位点名称	Genebank 序列号	退火温度（℃）	引物序列
EN0033	AY132813	64	F：6-FAM-CCTTGACACGGCATTGATTGG R：TACGTTGTGCAAACGCCAAGC
RS0622	AY132778	66	F：HEX-TCAGTCCGTAGTTCATACTTGG R：CACATGCCTTTGTGTGAAAACG

（续）

位点名称	Genebank 序列号	退火温度 （℃）	引物序列
RS1101	AY132811	52	F：ROX-CGAGTGGCAGCGAGTCCT R：TATTCCCACGCTCTTGTC
RS0683	AY132823	64	F：TAMRA-ACACTCACTTATGTCACACTGC R：TACACACCAACACTCAATCTCC
EN0113	AY132816	65	F：6-FAM-TGTCAAGAGAGCGAGAGGGAGG R：ATGCTTGTGACTTAGTGTAGGC
BM29561	—	58	F：HEX-AACAGACCACATACGGGAC R：TTTTCGGAAGTAACATCACA
RS0916	—	56	F：ROX-GGCTAATGATAATAATGCTG R：CGTTGTTGTTGCTGTTG
RS0779	—	50	F：TAMRA-ATGACACTCAAATCAAAG R：CAGAATAACATCATTACTAC

对所有 210 个亲本及两批共 180 个回捕个体在 8 个微卫星位点的多态性信息进行了分析（Cervus 3.0 软件），具体包括每个位点及所有 8 个位点的等位基因数（N_a）、观测杂合度（H_o），期望杂合度（H_e）、多态信息含量（PIC）以及 Hardy-Weinberg 平衡等（表 4-10）。

表 4-10 位点多态性信息（包含 210 个亲本及 180 尾回捕群体）

Locus	k	N	H_{Obs}	H_{Exp}	PIC	NE-1P	NE-2P	NE-PP	NE-I	NE-SI	HW	F（Null）
EN0033	56	224	0.607	0.97	0.967	12.2%	6.5%	0.8%	0.2%	26.7%	ND	0.228 9
RS0622	21	283	0.88	0.921	0.914	28.1%	16.3%	4.4%	1.2%	29.3%	ND	0.021 9
RS1101	13	273	0.883	0.851	0.831	46.9%	30.3%	13.5%	4.1%	33.6%	NS	−0.020 8
RS0683	33	245	0.412	0.896	0.886	34.3%	20.7%	6.6%	1.9%	30.8%	***	0.369 5
EN0113	11	293	0.84	0.856	0.839	44.9%	28.8%	12.1%	3.7%	33.2%	NS	0.01
BM29561	42	291	0.869	0.95	0.946	18.6%	10.3%	1.8%	0.5%	27.7%	ND	0.043 7
RS0916	3	288	0.566	0.6	0.518	82.1%	68.9%	54.4%	24.2%	51.1%	NS	0.031 9
RS0779	12	257	0.693	0.867	0.85	42.9%	27.1%	11.0%	3.3%	32.6%	***	0.112
累积父/母排除概率（父母基因型未知）								99.982 015%				
累积父/母排除概率（已知母/父基因型）								99.999 999%				
累积父母对非排除概率								99.999 999%				
同一家系随机累积个体排除概率								99.987 393%				

注：Locus. 从基因型文件读取的基因座的名称，如果没有读取基因座名称，则读取基因座编号。k. 基因座上等位基因的数量；N. 在同一地点输入的数量；H_{Obs}. 观测杂合度；H_{Exp}. 期望杂合度；PIC. 多态信息含量；NE-1P. 父/母非排除概率（父母基因型未知）；NE-2P. 父/母非排除概率（母/父基因型已知）；NE-PP. 父母对非排除概率；NE-I. 不相关个体的非排除概率；NE-SI. 兄弟姐妹身份的平均非排除概率；HW. Hardy-Weinberg 平衡；F（Null）. 估算无效等位基因。NS=不显著，*=5% 水平显著，**=1% 水平显著，***=0.1% 水平显著，ND=未完成。如果选择 Bonferroni 校正选项，这些显著性水平包括 Bonferroni 校正。

采用 Cervus 3.0 软件，对所分析的 210 尾亲本和 180 尾回捕样本进行了亲子溯源分析（图 4－9、图 4－10）。其中 9 月回捕的个体中检测到放流个体 24 尾，对应的亲本数目为 17 尾，1 尾雌虾对应 1 尾放流个体的有 14 组；1 尾雌虾对应 2 尾放流的个体有 2 组；1 尾雌虾对应 3 尾及以上放流个体的有 1 组。10 月回捕的个体中检测到放流个体 37 尾，对应的亲本数目为 26 尾，1 尾雌虾对应 1 尾放流个体的有 18 组；1 尾雌虾对应 2 尾放流的个体有 4 组；1 尾雌虾对应 3 尾及以上放流个体的有 4 组（表 4－11）。

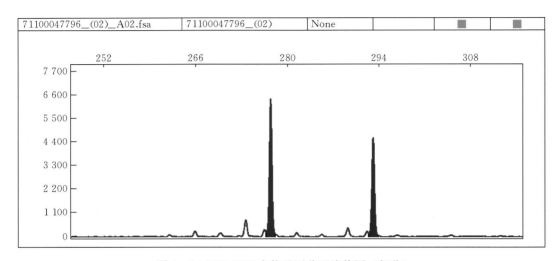

图 4－9　SSR-PCR 产物基因分型峰值图（部分）

横坐标为等位基因片段大小（碱基 base）；纵坐标为荧光信号强度

1	Offspring II	Loci typed	Father ID	Loci typed	Pair loci co	Pair loci mi	Pair LOD s	Candidate	Loci typed	Pair loci co	Pair loci mi	Pair LOD s	Pair top LC	Pair confid	Trio loci cc	Trio loci m	Trio LOD s	Trio top LC	Trio confid
2	Z90	8		0	0	0	0.00E+00	C9	7	7	1	4.1	4.1	*	0	0	0.00E+00	0.00E+00	
3	Z31	7		0	0	0	0.00E+00	C9	7	7	2	3.01	3.01	*	0	0	0.00E+00	0.00E+00	
4	Z78	8		0	0	0	0.00E+00	C6	7	7	1	4.66	4.66	+	0	0	0.00E+00	0.00E+00	
5	Z79	7		0	0	0	0.00E+00	C6	7	6	1	3.55	3.55	*	0	0	0.00E+00	0.00E+00	
6	Z80	7		0	0	0	0.00E+00	C6	7	6	1	3.55	3.55	*	0	0	0.00E+00	0.00E+00	
7	Z55	7		0	0	0	0.00E+00	C4	8	7	1	4.48	4.48	+	0	0	0.00E+00	0.00E+00	
8	Z104	8		0	0	0	0.00E+00	C39	8	8	1	4.11	4.11	*	0	0	0.00E+00	0.00E+00	
9	Z6	8		0	0	0	0.00E+00	C35	8	8	0	8.37	8.37	*	0	0	0.00E+00	0.00E+00	
10	Z38	8		0	0	0	0.00E+00	C35	8	8	2	4.38	4.38	+	0	0	0.00E+00	0.00E+00	
11	Z175	8		0	0	0	0.00E+00	C34	8	8	2	3.43	3.43	*	0	0	0.00E+00	0.00E+00	
12	Z39	7		0	0	0	0.00E+00	C28	8	7	2	4.28	4.28	+	0	0	0.00E+00	0.00E+00	
13	Z26	7		0	0	0	0.00E+00	C26	7	7	2	3.16	3.16	*	0	0	0.00E+00	0.00E+00	
14	Z50	8		0	0	0	0.00E+00	C25	7	7	1	4.89	4.89	+	0	0	0.00E+00	0.00E+00	
15	Z32	8		0	0	0	0.00E+00	C23	7	7	2	3.31	3.31	*	0	0	0.00E+00	0.00E+00	
16	Z17	8		0	0	0	0.00E+00	C22	6	6	1	4.62	4.62	+	0	0	0.00E+00	0.00E+00	

图 4－10　采用 CERVUS 3.0 软件鉴别出的亲子关系

表 4－11　回捕样本放流个体溯源分析结果统计

亲本来源	分类	数目	9 月	10 月
天津大神堂水产良种场	取样数（尾）	78		
	分析样本数（个）	40		
	溯源到的亲本/子代数	19	22	4
渤海水产研究所	取样数（尾）	160		
	分析样本数（个）	80		
	溯源到的亲本/子代数	8	1	8

（续）

亲本来源	分类	数目	9 月	10 月
渤海水产资源增殖站	取样数（尾）	198		
	分析样本数（个）	90		
	溯源到的亲本/子代数	16	1	25

注：回捕比次中，9 月回捕 958 尾，分析 90 尾；10 月回捕 600 尾，分析 90 尾。

　　9 月回捕样本中，鉴别出的放流个体绝大部分来自天津大神堂水产良种场；10 月回捕样本中，鉴别出的放流个体绝大部分来自渤海水产研究所和渤海水产资源增殖站。从两次放流个体检出地点可以看出，在 9 月，天津放流中国对虾有一部分集中在渤海湾周边（图 4-11）；在 10 月，天津放流中国对虾有一部分沿着渤海沿岸（天津、河北沿岸）朝向东南方向黄河口入海处迁徙游动（图 4-12）。

图 4-11　9 月中国对虾回捕地点示意图

其中分析 90 尾样本，检测到放流虾 24 尾（具体放流个体来源参见表 4-11）

三、中国对虾增殖放流群体的动态迁徙及分布

　　大规模人为干涉条件下，包括亲虾异地传输导致的生殖洄游途径被切断（在资源量本就极端匮乏的情况下，每年春季洄游亲虾大多在山东半岛东南外海被捕捞，并运输到黄海、渤海沿岸育苗场进行养殖苗种或放流苗种的培育，目前已经极少有亲虾能够到达渤海沿岸三大产卵场）、苗种异地放流（人工培育至仔虾期后被就地或者异地放流）、人工培育与自然发育条件差异显著等多重因素影响下，放流苗种的迁徙分布及生态习性变迁，以及

图 4 - 12　10 月中国对虾回捕地点示意图

其中分析 90 尾样本，检测到放流虾 37 尾（具体放流虾来源参见表 4 - 11）

放流个体是否能够返回原放流海域并完成繁殖过程，一直是学术界关注的科学问题之一。尤其是在大生态环境变迁剧烈的条件下，包括环境污染、围海造地、产卵场破坏、沿岸生境恶化、过度捕捞、人为干涉、病害频发等诸多因素累加效应综合作用，探究放流中国对虾是否仍能遵循野生群体的生态习性，完成生殖、索饵、越冬三大洄游，最终实现中国对虾渔业资源的增殖和补充，这对于科学评估现有增殖放流行为，在保障渔业资源量补充的前提下科学恢复中国对虾资源，指导现有管理和调控模式，无疑具有极为重要的参考价值。

　　在自然界中，每年春季生殖洄游亲虾到达包括渤海三大湾在内的产卵场之后，在水文条件合适的情况下，雌虾排卵并同步释放纳精囊中精子以完成体外受精，受精卵在体外完成成长发育。中国对虾的卵子和幼体分布受盐度及潮流影响显著。以渤海湾为例，一般来说，中心产卵场位于盐度相对较低的海区，适宜盐度为 23～29。但是受精卵经过变态期发育到仔虾一直是在盐度相对较高的海域，经过变态后的仔虾才开始离开产卵场，游向低盐的河口地区生活（邓景耀等，1990）。中国对虾幼体阶段从无节幼体到糠虾期游泳能力不足，主要以食物碎屑和浮游动植物为食，其分布受海流影响显著也不足为奇。发育到仔虾期后，即开始发展出比较强的游泳和捕食能力。与此相对应，在人工苗种培育过程中，幼体发育到仔虾期第 2 至第 3 天时是一个关键时期，这个阶段要开始投喂大量的活体饵料（比如成体活卤虫），否则高密度人工育苗条件下的仔虾极易发生互相残食的情况而导致苗种大量损失，这是仔虾期第 2 至第 3 天之后，仔虾开始发育出比较强的游泳及捕食能力的很好例证。游泳能力和主动捕食能力的增强为仔虾迅速生长和溯河迁徙提供了基础，不过由于仔虾逐渐成长为幼虾，其耐低盐能力逐渐减弱（20 世纪 60 年代的数据表明，自然界仔虾耐盐低限为 0.86、耐盐高限为 27.21），加之河口地区水温迅速升高，幼虾渐次离开河口附近海区向深水区迁徙分布（邓景耀等，1990），这是老一辈科研工作者在 20 世纪 60 年代中国对虾野生资源量丰富时期的跟踪调查结果。之后，尤其是进入 80 年代，随着捕捞强度的不断扩大及环境污染的加剧，中国对虾资源量急剧萎缩，这也表现在幼体的补充量呈现急剧下降的趋势。关于增殖放流中国对虾幼体溯河习性及在河道中分布的研究，无论是 1985—1993 年间以放流 3 cm 左右为主的经过暂养期的幼虾，还是之后放流体长为 0.7～1.2 cm 的仔虾，目前都未见有深入的研究。张波等（2015）认为，放流仔虾或幼虾基本保持与野生个体类似的活动规律，增殖放流个体在放流后需要经过一段时间的生长和适应才开始溯河，且认为 7 月其主要在河道内生活，笔者认为这个结论尚缺乏直接的证据支持。只有通过在河道内设网监测到幼体活体或者利用其他方式（比如 eDNA 检测）的间接证明，并且通过技术手段（包括微卫星分子标记个体溯源技术等）识别出其是来自放流的个体才能得出增殖放流中国对虾仍旧保持了其野生祖先溯河洄游习性的结论。近几十年以来，由于工业及生活污染的加剧，陆上河流普遍污染严重，大陆输入径流已经成为近海污染源的重要组成部分，放流中国对虾幼体是否能够延续溯河洄游具有很重要的研究价值，一方面污染对溯河上游个体造成威胁，放流个体具备趋利避害行为，因此环境污染会对放流效果产生影响；另一方面人工培育过程部分改变了放流中国对虾个体的生态习性，幼体已经丢失了溯河洄游的"印记"，只是集中在放流海域周边进行索饵，因此人为因素造成了对虾生态行为的改变。显然两种情况需要采取截然不同的管理措施。但中国对虾幼体（尤其是溞状幼体、糠虾期）不易与其他虾类和蟹类区分，加上资源量衰竭及调查条件所限等，导致近 30 年以来放流中国对虾幼体溯河洄游的相关研究开展的非常有限。溯河洄游是中国对虾早期生活史中一个极为关键的阶段，这个阶段正处于个体迅速生长及游泳能力快速发展的时期，蜕皮频繁，其所处自然水域生态环境的优劣、饵料基础的充足与否直接影响了个体存活率及其后续成长。杨爽等（2017）通过对在山东半岛莱州湾潍河河口及河道内放流个体中国对虾进行跟踪调查，发现潍河在靠近入海口附近至少从水质环境上还是适合中国对虾幼体发育生长的，幼虾在随后游出河道和之前的野生中国对虾习性相同，虽然笔者并未对这些个体是放流还是野生个体进行区分，但考虑到野生资源极度萎缩，所回捕样本绝大多数来自放流个体还是可信的。不过此研究结果仍旧无法证实放流个体是否保持了溯河上游的习性。近年来，随着相关分子生物学技术及其他学科领域的迅猛发展，包括微卫星分子标记个体溯源、eDNA 技术等，深入开展增殖放流中国对虾溯河洄游研究已经不存在技术上的障碍（Sekino et al，2005；Wang et al，2014；Taberlet et al，2018；李苗等，2019；Taal et al，2019）。与传统拖网调查相结合，在捕获实物的基础上，借助于此类技术，不仅能够对放流个体是否溯河洄游、溯河的时空分布进行精准判断，同时能够对其生物量进行评估预测。这对于综合评估水文环境条件、人为干涉因素等对放流效果的影响，将放流效果及产生的长期生态效应置于整个大生态系统中进行考量并制定出科学、可持续发展的中国对虾增殖放流行为，促进中国对虾资源恢复有重要的参考价值。

中国对虾发育到仔虾期之后，捕食能力获得显著提高，同时伴随着体长的增长及游泳能力的迅速增强，受浅水区水温日渐升高的驱使，已经能够渐次离开河口及产卵场周边的浅水区进入到深水海域，进行索饵洄游。对于放流中国对虾，研究者多采用放流前后的

"相对资源量"，或者放流个体与野生个体在体长方面的差异，以"体长频率分布"等方法区分放流和野生群体，据此开展资源量、回捕率评估和迁徙分布研究（叶昌臣等，2002；周军等，2006；袁伟等，2015；李科震等，2019）。放流与野生个体的准确区分对于开展资源量评估，尤其是放流群体的回捕率评估及迁徙分布显得尤为重要。生物个体之间存在显著的生长差异，即便是同一亲本的子代亦可能表现出明显的生长差异，所谓"一母生九子、九子各不同"，更何况中国对虾的繁殖力相当巨大。据统计，一尾雌虾生产的子代在放流后，有3 000～4 000尾最终成长为可捕捞规格。依据体长差异进行野生与放流群体的区分存在一定的误差，笔者在中国对虾育苗生产中就曾经发现，同一批受精卵在发育到仔虾期（1.2 cm左右）时，能够发现有数量不等的体长（3.5～5.5 cm）明显超过正常发育的个体，生产中称之为"老虎苗"，这种现象不仅在中国对虾育苗过程中经常出现，在其他物种，比如大菱鲆育苗中也时有出现，育苗中"老虎苗"的出现应该与亲本的遗传差异水平有一定关系。对个体进行标记重捕，依据标记个体重捕的时空分布变化，相比"体长频率分布"方法，显然能够更准确地推测中国对虾群体的动态迁徙分布规律。邓景耀等（1990）连续15年（1964—1979年）在渤海开展了大规模的渤海秋汛对虾索饵群体的标记（物理标记的挂牌方法）放流工作，放流对虾16万余尾，回捕近6 000余尾，标记对虾分别在渤海三大湾，即渤海湾、莱州湾和辽东湾进行，回捕分别为就地回捕、烟台和威海外海渔场回捕、越冬场及春汛洄游回捕。很明显，绝大多数标记个体是标记放流后1个月内就地回捕的，游出渤海的个体约为3%；越冬场和春汛期间回捕个体约为2.2%（邓景耀等，1983）。在这个基础上，中国对虾野生群体的迁徙、洄游路线被第一次完整地描绘出来。以渤海中国对虾秋汛期间野生群体为例，辽东湾在渤海中部海区东北部集群索饵，而后经渤海海峡中北部游出渤海；渤海湾主群向东，有相当数量个体向东南和和东北方向集结，少量个体游向滦河口、辽东湾和莱州湾，渤海湾近岸海区也有出现；莱州湾种群集结在渤海中部海区南侧，极少数个体在滦河口、渤海湾及黄河口海区出现（邓景耀等，1983）。渤海秋汛期间未被捕获的个体游出渤海口，绕过烟台、威海外海抵达黄海中南部越冬场越冬，第二年春季水温升高后再次启动生殖洄游。1979年之前尚未开展中国对虾人工养殖及放流活动，因此，这是中国对虾资源尚未遭受严重破坏之前关于中国对虾野生地理种群分布和迁徙洄游的最为真实的背景资料。进入20世纪80年代之后，随着人工育苗技术的突破和放流活动的开展，春季洄游亲虾资源被大肆捕捞，生殖洄游途径被干扰，伴随着大规模人工苗种的放流，黄海、渤海中国对虾野生种群越来越被"稀释"，"放流虾"逐渐成为整个黄海、渤海中国对虾群体的主要组成部分，放流苗种的迁徙分布逐渐成为研究者关注的问题。笔者注意到，邓景耀等标记放流跟踪是在秋汛期间进行的，这个时期中国对虾个体体长应该已经接近或超过8 cm，体重应该在8～15 g甚至更重，毕竟再小的个体采用当时的物理标记（吊牌）手段是不适用的（邓景耀等，1983）。中国对虾野生种群从幼体阶段离开河口地区之后，一直到物理标记这个阶段（2～4个月的时间）其分布和迁徙路线并未有详细的描述。邓景耀等（1983）认为，这个阶段幼虾一直是集中在产卵场周边的海域进行索饵洄游，秋汛期间捕捞的对虾个体就是原地种群，比如渤海湾捕捞的就是在渤海湾孵化、变态、发育的种群。

关于渤海增殖放流中国对虾在莱州湾、渤海湾等放流地点放流后如何迁徙分布，目前

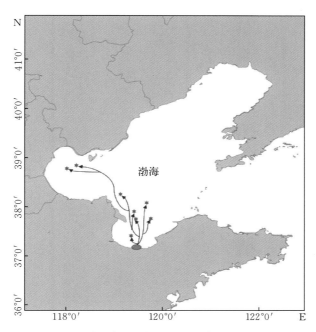

图 4 - 13 莱州湾增殖放流中国对虾在 8 月中旬之前的动态迁徙分布路线
图中蓝色圆形区域为放流地点

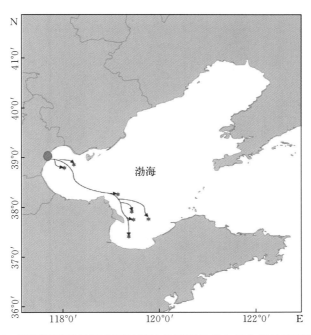

图 4 - 14 渤海湾增殖放流中国对虾从放流到 8 月中旬之前的动态迁徙分布
图中蓝色圆形区域为放流地点

已经有了初步的研究结果（图 4 - 15）。①增殖放流中国对虾在放流早期溯河洄游的研究

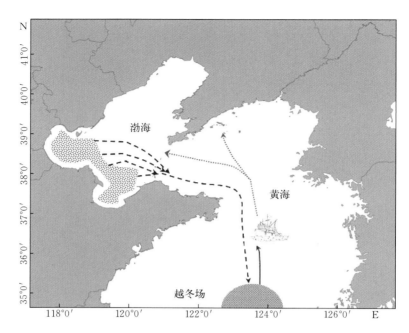

图 4-15　渤海（莱州湾及渤海湾）增殖放流中国对虾迁徙分布路径

图中蓝色区域为莱州湾及渤海湾增殖放流中国对虾在放流后至 8 月中旬的索饵活动区域

（两地放流群体在 8 月中旬时部分群体已经混杂在一起）；蓝色虚线为增殖放流中国对虾间接证实的

索饵及越冬洄游路线；绿色区域为越冬场；蓝色实线为被间接证实的增殖放流中国对虾生殖洄游路线；

红色虚线为被阻断（被捕捞）的增殖放流中国对虾生殖洄游路线

目前尚欠缺，虽然在河道内放流的增殖个体已经被证实是沿河外迁徙的。②莱州湾增殖放流中国对虾在 6 月初放流之后到 8 月中旬之前，大体沿着山东、河北的渤海沿岸朝西北偏北方向进行索饵洄游，最北的个体抵达天津沿海（118.22°E、38.44°N）。结合 7 月 16—27 日辽东湾回捕结果（这个阶段在 20 个辽东湾调查站点均未捕捞到中国对虾个体）分析，在 8 月中旬之前，莱州湾增殖放流个体基本未向东北或渤海口方向迁徙，也没有发现往长山列岛出渤海口方向迁徙的迹象。关于莱州湾增殖放流中国对虾 8 月中旬之后的迁徙分布，尚缺乏具体样品开展进一步研究，推测应该是随着水温的变化前往渤海中部，继而到 10 月末、11 月初启动越冬洄游游出渤海前往越冬场（图 4-13）。③对于渤海湾增殖放流中国对虾，从放流到 8 月中旬，已经有部分沿着渤海西岸朝向南偏东方向，其中有部分个体甚至越过黄海口进入莱州湾西部，和莱州湾部分增殖放流中国对虾个体呈现交叉混杂的情况。一直到 9 月，仍旧有大部分个体在渤海湾行索饵活动；到 10 月渤海湾增殖放流中国对虾有一部分沿着渤海沿岸（天津、河北沿岸）到达东南方向黄河口入海处索饵活动，之后随着水温的降低，渤海湾增殖放流个体应该很快前往渤海中部深水区并启动越冬洄游（图 4-12）。④秋汛期间未被捕获的莱州湾、渤海湾放流中国对虾能够穿越渤海口，绕过山东半岛烟台、威海外海到达黄海外海的越冬场完成越冬，并启动越冬洄游，因为已经有数量不等的春汛洄游亲虾在山东半岛东南外海被捕获，并被鉴别出是来自前一年莱州湾、渤海湾的增殖放流个体（见下节）。有研究人员发现，中国对虾（增殖放流）越冬不出渤海的现象增多（李文抗等，2009），但笔者的研究发现，至少绝大部分增殖放流中国对虾是会游出渤海的。发育到亲虾阶段的放流个体再如何前往黄海、渤海沿岸产卵场，由于春汛洄游的高强度捕获，目前尚无从得知。很多亲虾被船运到沿岸各个育苗场，有研究人员就此得出前一年增殖放流亲虾洄游到这些地方的结论显然是不准确的。

第三节　放流对繁殖群体的补充及群体遗传水平的影响

　　近些年来，放流中国对虾已经成为我国黄海、渤海对虾资源的重要补充来源，其在秋汛渔获物中所占比例一直维持在 90% 以上，有些海域甚至达到 97% 以上（Wang et al，2006；李科震等，2019）。因此，放流群体遗传多样性水平的高低、变动，对野生种群的遗传渗透及由此形成的遗传稀释等效应直接影响了增殖放流群体的生态安全，关系到增殖放流行为的可持续发展。增殖放流中，苗种场为了利润最大化，往往使用最少的亲虾完成放流苗种的培育。也有研究者在没有综合考量增殖放流生态安全的前提下，尤其是没有考虑近交效应的前提下，赞成这种做法，即合理利用亲本，利用最少的野生资源，达到最高的苗种产量（李文抗等，2009）。虽然推测其目的是最大限度保护野生资源的前提下，增加增殖放流苗种的数量，但这种做法从长期的生态效应来看是需要重新审视的。

　　与其他水产动物一样，中国对虾也具有很高的繁殖力，在自然海域发育成熟的亲虾，产卵量通常可以达到 50 万～120 万粒，在人工育苗条件下，其中 60% 的受精卵可以发育到仔虾期。这同时也意味着，在人工养殖条件下，如果对所用亲虾来源和数量不加以有效控制，这种高繁殖力的特性往往会导致后代近交风险的增加。尤其是采用传统的群体/个体选育策略时，近交风险更加突出，进而降低个体、群体水平的性能，比如生存能力、繁殖能力和竞争能力；对于由多位点决定且无加性遗传效应的与适应性相关的性状来说，近交引起的衰退更为严重。这种近交导致的某些表型性状的降低不仅出现在人工养殖条件下，也包括在自然条件下（马大勇等，2005；孔杰等，2009）。近交导致水产动物出现性状衰退是极为普遍的现象，对鱼类的研究表明，近交会对所有性状产生影响（Wang et al，2002），而水产动物的适应性性状相比形态学性状更易出现近交衰退，包括成体体重和体长（Su et al，1996；Rye et al，1998；Gallardo et al，2004）、性腺成熟系数（Gallardo et al，2004）、产卵数（Su et al，1996）、孵化率（Aulstad et al，1971；Gjerde et al，1983）、幼鱼死亡率（Aulstad et al，1971；Gjerde et al，1983；Nakadate et al，2003）、幼鱼畸形率（Gjerde et al，1983）、成鱼存活率（Gjerde et al，1983；Wang et al，2002；Nakadate et al，2003）、饲料转化率（Aulstad et al，1971；Gjerde et al，1983）及寄生虫感染（Smallbone et al，2016）等。10% 的近交能导致 3%～50% 不同程度的衰退，比如 10% 的近交导致银大麻哈鱼（Oncorhynchus kisutch）性腺成熟指数衰退 5.3%（Gallardo et al，2004），10% 的近交导致虹鳟（Oncorhynchus mykiss）产卵数减少 6.1%（Su et al，1996）；虽然 10% 近交水平增加了虹鳟卵孵化率（1.2%～13.7%），但同时增加了 3.6%～12.2% 鱼苗死亡率和 15%～50% 鱼苗残疾率（Aulstad et al，1971；Gjerde et al，1983）；对于虹鳉（*Poecilia reticulata*）、日本对虾（*Penaeus japonicus*）和虹鳟而言，10%的近交意味着成活率降低3.4%～12.7%（Gjerde et al，1983；Nakadate et al，2003）；同样是虹鳉，近交系（近交系数 $F=0.5$）相比对照系（$F=0.042$）和杂交系（$F=0.0$）更易感染页形三代虫（*Gyrodactylus turnbulli*），且持续时间更长、感染密度更高（Smallbone et al，2016）。学术界普遍认为近交导致了MHC（major histocompatibility complex，主要组织相容性复合体）这种重要免疫蛋白家族遗传多样性的丢失，从而引起了免疫能力的下降（Fraser et al，2010；Smallbone et al，2016）。

不同于陆上池塘养殖，放流亲虾完全来自春季捕捞的生殖洄游群体，少数育苗场对前一年秋末冬初捕捞的越冬洄游个体进行人工越冬后再在春季进行苗种培育，无论哪种方式所获得的亲虾都是经过自然交尾、携带精荚的雌虾，不需要开展人工授精。这与人工养殖业中，尤其是良种培育工作中，人为设计雌雄个体定向交配组合完全不同。在自然海域的越冬洄游途中，雌雄个体的自由交配方式可以最大限度避免子代出现近交衰退，前提是经过秋汛捕捞之后能够交尾的越冬群体数量足够大，从数量上能够满足有效群体大小的要求。影响群体近交水平的重要因素包括有效群体大小、亲本生产的后代数量、选择强度、配种方案、遗传力高低等（Gjerde et al，1996；Dupont-Nivet et al，2005）。选择强度、配种方案是良种选育工作中要重点考虑的研究内容，中国对虾生长性状的遗传力属于中等水平，从遗传选育角度出发，易于在有限选育世代内通过群体/家系选育等方式实现优良性状的改良（田燚等，2008）；相对于低水平遗传力，比如中国对虾抗WSSV性状，中等及以上水平遗传力则更容易受到近交水平的影响，在3个近交水平下（$F=0.25$、0.375和0.50），中国对虾仔虾期后140 d时体重性状的衰退量比对照组分别降低了10.4%、16.61%和23.68%；而抗WSSV存活时间分别只衰退了0.68%～2.22%，受近交衰退的影响要远小于生长和存活率性状（罗坤等，2015）。如前文所述，增殖放流所用亲虾是在自然海域中自由交尾的，不存在人为干涉条件下的定向交尾，假如繁殖群体足够大，能够满足有效群体大小的要求，这种随机交配是不会导致子代出现近交的。因此，增殖放流苗种是否发生近交以及近交水平如何，很大程度上取决于其有效群体大小及亲本生产的后代数量。

在自然海域中，中国对虾幼体成活率的研究并未有见详细的报道。根据邓景耀等1961—1978年间开展的中国对虾亲体数量（R）和世代补充量（A）研究显示，R/A 值从最高年份1977年的77.7到最低年份1963年的10.6，据此推算，不同年份，由于环境气候因素的影响，导致幼体、仔虾期间的损失以及被捕食情况的发生，春季每尾亲本（雌虾）生产的子代能够最终发育到秋汛成体时的数量应该在10.6～77.7尾（邓景耀等，1990）。而在人工育苗条件下，由于避免了天敌的捕食，排除了不利气候环境因素的影响，从亲虾的性腺促熟培育、受精卵的孵化一直到培育仔虾，都是在人工可控条件下精心完成的。在正常生产情况下，至少有60%的受精卵能够发育到仔虾期，然后被放流到自然海域中。因此，人工培育条件下受精卵的出苗率要远远超过其在自然海域中的出苗率，虽然人工放流苗种在放流到自然海域中适应野外环境、躲避天敌的能力会导致其在放流初期的数量上有所损失，但远不足以抵消其在数量上的优势。以近年来渤海和山东半岛南部黄海中国对虾秋汛资源量估算，两地秋汛资源量应该在3 500 t左右，其中渤海2 370余吨，山东半岛南部海区 1 100 余吨，以秋汛每尾对虾 40 g 平均体重计算，换算成尾数为 7 500 万尾（李忠义等，2012；李科震等，2019）。根据笔者实地调查，渤海主要增殖放流地点渤海湾和莱州湾每年使用的增殖放流亲虾为 8 000～10 000 尾，推测整个渤海增殖放流亲虾应该在 15 000 尾左右。按照这个数据推算，每尾亲虾生产的增殖放流苗种存活到秋汛成体时的数量应该在 4 000 尾左右，这个结果同时也得到了天津渤海水产研究所同行的肯定（私人通讯）。换句话说，相比自然条件下，在同样世代补充量的前提下，增殖放流所用亲体数量大为减少，而后代的"同质化"大为增加，子代中不同个体来自同一个亲本的概率相比野生环境增加了许多，世代群体发生近交衰退的可能性增加了。

本节利用微卫星分子标记对放流中国对虾群体及其亲本进行了近交水平的评估。其初衷在于客观评价目前的放流操作模式是否影响了放流群体的遗传多样性水平，导致出现某种程度的近交，目的在于适时指导调整现有中国对虾增殖放流策略，尤其是亲本使用量及其对应的苗种培育数量，保证增殖放流可持续发展。

近交是指具有亲缘关系的个体之间交配，导致后代群体中纯合基因型比例提高的一种现象。在放流与养殖过程中，由于使用的亲本群体数量的限制，不可避免地会引起近交的发生。而在发生近交后，无论在人工养殖的情况下，还是自然情况下，个体的性状往往发生下降或者退化，这种现象称之为近交衰退。关于近交导致衰退产生的机制的假说主要有两个：显性假说和超显性假说。显性假说指的是由于近交产生的大量隐性基因引起了性状的衰退，而超显性假说指的是由于杂合子缺失引起杂合优势的下降，进而导致性状的衰退。

水产动物中，近交衰退对性状的影响已经在前文有所描述。近交系数（F，coefficient of inbreeding）是用于评价群体或者个体近交水平的参数，指的是子代个体从祖先获得一对相同纯合基因的概率（Liu et al，2010）。基于通径分析，有多种类似的计算方法。Wright 提出的 F_{is}、F_{st} 和 F_{it} 三个参数，被称为固定指数，是用于表示群体内的近交程度以及群体间遗传分化的参数，数值越高说明近交程度越强、Hardy-Weinberg 平衡偏离越显著、亚群之间分化越明显（Cockerham et al，1993）。不同于选育工作，增殖放流亲本无论是个体还是群体，都没有连续多个世代的详细物理谱系可供溯源，或者通过物理谱系推算个体的遗传相关水平进而计算个体/群体的近交系数在此处也是不可行的。因此，本节主要从分子标记角度，利用微卫星位点等位基因进行近交系数的估算。

F_{is} 被称为群体内近交系数，反映群体内因为非随机交配而产生的杂合度缺失。常常用来表示近交的程度（Lokko et al，2006），这个数值表示了交配系统中的非随机性，因此它只是表现了近交的潜在可能性，而并不能准确地表达近交的程度。而且在随机交配中，近交也不会促使 F_{is} 显著为正，比如全同胞随机交配，既不会有 Hardy-Weinberg 平衡的偏移，也不会有 F_{is} 显著为正。而且，F_{is} 是基于等位基因频率进行计算，而不是基于基因型频率，这会导致其丢失所有近交累加效应的信息（Doyle，2016）。而 Doyle 等人建议最好的解决方法就是采用 Wang（2007）的最大似然法 TrioML 法来计算近交系数。

TrioML 法在估计两个个体之间的相关度 r 时，引入第 3 个个体的基因型。通过第 3 个个体作为参考，从而减少了因基因相同而被认定为亲缘相关的概率。这种算法允许近交以及数据中一定比例的基因型错误。Wang（2008）通过模拟人类微卫星以及 SNP 数据验证这种方法的可靠性，其结果表明，TrioML得到的相关度 r 的质量高于仅用两个个体进行估计的方法，并优于其他几种估计方法，进而计算得到近交系数。

一、基于分子标记数据估算有效群体数量的方法

1. 有效群体大小

有效群体数量（effective size of population，N_e）是指与实际群体的基因频率方差相同的理想群体的含量大小。保护遗传多样性对于稀有小群体来说非常重要。而有效群体数量是遗传中的重要参数，用于衡量一个群体长期的多样性与近交表现，并且可以表示一个群体的风险状况。Villanueva 等（2010）提出使用群体平均有效群体数量来评价群体的遗传多样性，而且有效群体数量在全基因组选择中也有重要作用。由于育种的准确估计是基于 QTL 以及 SNP 的连锁不平衡，因此有效群体数量越大，就意味着需要更多的标记位点。

有效群体数量的大小会随着估算方法的不同而发生变化，因此准确地估计有效群体数量显得尤为重要。用于计算有效群体数量的传统公式在真实群体中效果并不好。当系谱已知时，有效群体数量可以通过两代之间近交的增长来计算，其可靠性随系谱深度的增加而加强，并且两代的数据就能够提供一个可靠的结果。然而在自然群体中，无法有效地获得系谱信息，只能通过分子信息计算有效群体数量。Waples 等（2010）提出将不同的方法结合以提高运算结果的准确性。对于野生群体这种无法获得系谱的情况，基于分子数据对有效群体数量进行计算成为一种良好的解决方案。

2. 连锁不平衡法

连锁不平衡法是由 Hill 等在 1981 年提出的（Hill，1981），它是一种非常实用的计算方法，不同于别的基于分子数据的方法，这种计算方法只需要一个单独的群体样本就可以计算。配子在少量受精卵中随机分配时，会产生基因型频率的偏离以及配子频率的偏离，这两种偏离都可以用于计算有效群体数量。这种方法的假设包括稳定的群体、随机交配、没有选择迁徙或者突变。通过连锁不平衡计算有效群体大小的公式如下：

$$N_e = \frac{1}{3\left(r^2 - \dfrac{1}{s}\right)} \qquad (4-2)$$

其中，r 为等位基因之间的相关度，s 为样本量大小，r 的计算公式如下：

$$r = \frac{D}{\sqrt{(p \times (1-p) \times q + (1-q))}} \qquad (4-3)$$

其中，p 为等位基因 A 在位点 1 的频率，q 为等位基因 B 在位点 2 的频率，D 为非平衡 Burrow 复合测量值。

3. 分子共祖率增加法

有效群体数量大小同样可以通过两代之间的分子共祖率增加量来计算。共祖率增加量计算公式如下：

$$\Delta f_m = \frac{f_{(m)1} - f_{(m)0}}{1 - f_{(m)0}} \qquad (4-4)$$

其中，$f_{(m)1}$ 为 1 代的分子共祖率，$f_{(m)0}$ 为 0 代的分子共祖率。共祖率可以通过两代的样品数进行校正，公式如下：

$$f_{ii}^{M} = f_{ii}^{N_i} + \frac{(N_i - M) \times s_t}{M \times N_i} \qquad (4-5)$$

其中，f_{ii}^{N} 为共祖率的原始平均值，N 为初始样本量大小，M 为理想样本量大小，s 为每个个体共祖率的平均值，这种校正能够避免过高的估算小群体中的个体共祖率，最终有效群体大小公式如下：

$$N_e = \frac{1}{2\Delta f_m} \qquad (4-6)$$

4. 时态法

通过 F-统计量以及联合理论（coalescence theory），共有两种不同的时态法用于计算有效群体大小。Waples 用于估算 F 参数的公式如 4-7，这种方法是通过个体样本在两个或者多个不同时间中产生的遗传漂变进行计算的（Waples，1989）。

$$F_k = \frac{1}{A-1} \sum_{i=1}^{A} \frac{(x_i - y_i)^2}{(x_i + y_i)/2} \qquad (4-7)$$

其中，A 为一个位点的等位基因数量，x_i 和 y_i 分别为两个样本中第 i 个等位基因的频率，有效群体数量大小计算公式如下：

$$N_e = \frac{T}{2\left[F_k - 1\dfrac{1}{2S_0} - \dfrac{1}{2S_t}\right]} \qquad (4-8)$$

其中，T 为两个样本之间的世代间隔，S_0 和 S_t 分别为两个样本群体的样本量大小。

Jorde 和 Ryman 的 F-统计量法对等位基因频率高度偏离以及数量较少的群体进行无偏计算，但会产生较大的标准差（Jorde，2008）。F 参数计算公式如下：

$$F_S = \frac{\sum_{i=1}^{A}(x_i - y_i)^2}{\sum_{i=1}^{A} z_i(1 - z_i)} \qquad (4-9)$$

这种计算方式不同于之前的计算方式，在除法计算之前就对所有等位基因分别进行了求和。其中 z_i 是所有样本中第 i 个等位基因的平均等位基因频率。有效群体数量计算公式如下：

$$N_e = \frac{T\left(1 + \dfrac{F_S}{4}\right)\left(1 - \dfrac{1}{2n_y}\right)}{2F_S\left(1 - \dfrac{1}{4\bar{n}} + \dfrac{1}{4N}\right) - \dfrac{1}{\bar{n}} + \dfrac{1}{N}} \qquad (4-10)$$

其中，$\bar{n}$ 为两个样本的调和平均数，n_y 为最后一代的样本大小，N 为最早采集的样本大小。

二、渤海湾及莱州湾增殖放流群体遗传多样性水平评估

1. 材料方法

2013 年分别从渤海水产资源增殖站及天津大神堂水产良种场采集完成放流苗种培育的亲虾共计 884 尾，其培育出的仔虾于渤海湾（汉沽海域）放流。2013 年秋季在放流海

域周边进行了样本回捕，获得回捕群体 842 尾。分别提取附肢肌肉组织保存，用于提取 DNA。

2015 年从昌邑负责中国对虾放流的苗种扩增站获得用于培育放流子代的亲虾 1 016 尾，于 2015 年秋季分多次在莱州湾以及渤海湾进行回捕取样，具体捕捞地点及捕捞时间见前文。

本部分所用药品、仪器设备、基因组 DNA 提取及质量检测方法等均同前文（第三章第一节）

微卫星引物信息、PCR 反应条件及 SSR-PCR 产物基因分型等均同前文（在第三章第一节方法的基础上稍做调整）

2. 数据统计与分析

通过 GeneMarker 2.2.0 对数据原始文件进行读数，记录全部个体 8 个位点的等位基因峰值，确定其基因型。

通过 Cervus 3.0 软件进行数据分析，计算等位基因数（N_a）、观测杂合度（H_o）、期望杂合度（H_e）、多态信息含量（PIC）以及 Hardy-Weinberg 平衡等。有效等位基因数（N_e）的计算公式：

$$N_e = 1/\sum X_i^2 \qquad\qquad (4-11)$$

X_i 是等位基因 i 的频率。

通过 GENEPOP 计算 F_{is}、F_{st}、F_{it}，通过 Coancestry 1.0 计算近交系数，从而分析群体遗传分化及近交水平。使用 NeEstimator v2.01 计算两个群体的有效群体数量（N_e）。

三、结果

1. 2013 年渤海湾增殖放流中国对虾

（1）增殖放流亲虾及放流个体遗传多样性及差异　2013 年渤海湾回捕中国对虾样本 842 尾，使用 Cervus 3.0 的"Parentage Analysis"功能，对回捕样品进行亲本溯源及个体识别。结果表明，2013 年渤海湾回捕样本的 842 尾个体中，有 448 尾个体被鉴定为人工放流个体，放流个体所对应亲本数为 337 尾。337 尾亲虾中，绝大部分只发现了一尾对应的子代，数量为 253 尾；62 尾亲虾分别发现了两尾对应的子代；18 尾亲虾分别发现了 3 尾对应的子代；3 尾亲虾分别发现了 4 尾对应的子代；仅有 1 尾亲虾，发现了 5 尾对应的子代。分别对 842 尾增殖放流用亲本和 448 尾回捕放流个体进行了遗传参数统计分析。

2013 年渤海湾放流亲本群体及回捕群体（其中既包括增殖放流个体，也包括野生个体）遗传多样性信息见表 4-11。对于放流亲本群体及回捕群体，8 个微卫星位点总共分别发现了 254 个及 238 个微卫星位点。每个位点的等位基因数量分别为 8～63 个和 6～60 个，平均每个位点的等位基因数分别为 31.75 个和 29.75 个。EN0033 在两个群体中都有着最高的等位基因数，分别为 63 个和 60 个。FCKR002、RS0622、FCKR013、RS1101、RS0683、FC019、FCKR009 在两个群体中等位基因最大值为 38、25、27、21、42、8、31。等位基因片段大小在两个群体中分别为 152～580 bp 和 150～586 bp。两个群体中观测到的等位基因数（N_a）均高于有效等位基因数（N_e）。EN0033 仍有着最高的有效等位基因数。多态性信息含量（PIC）在 8 个位点中为 0.529～0.952，8 个位点的平均值为

0.857。观测杂合度（H_o）在亲本群体中为 0.683～0.910，在回捕群体中为 0.712～0.927，平均值分别为 0.806 和 0.828。期望杂合度分别为 0.603～0.954 和 0.625～0.952，平均值在两个群体中较为接近，均为 0.873。

在 16 个群体位点中（2 个群体、8 个位点），经过 Hardy-Weinberg 平衡检测，只有 3 个群体位点没有偏离 Hardy-Weinberg 平衡（$P>0.05$），而有 13 个群体位点（81.25%）偏离 Hardy-Weinberg 平衡。其中位点 FCKR013 在亲本群体中未发生偏离（$P>0.05$），而在回捕群体中发生了偏离（$P<0.05$）。

表 4-12　2013 年渤海湾放流亲本群体及回捕群体遗传多样性信息

位点名称	检测到的等位基因数（N_a）		有效等位基因数（N_e）		杂合度观测值（H_o）		杂合度期望值（H_e）		多态信息含量（PIC）		Hardy-Weinberg 平衡偏离显著度（P）	
	SP	RP	SP	RP	SP	RP	SP	RP	SP	RP	SP	RP
EN0033	63	60	21.600	20.723	0.794	0.740	0.954	0.952	0.952	0.950	0.000***	0.000***
FCKR002	25	24	11.378	11.097	0.818	0.891	0.913	0.910	0.905	0.903	0.000***	0.000***
RS0622	38	36	21.127	19.643	0.917	0.927	0.953	0.950	0.951	0.947	0.037*	0.034*
FCKR013	26	27	13.548	12.950	0.884	0.886	0.927	0.923	0.922	0.918	0.052	0.002**
RS1101	21	20	5.127	5.049	0.768	0.788	0.805	0.802	0.778	0.774	0.067	0.987
RS0683	42	36	10.121	9.844	0.742	0.807	0.903	0.899	0.895	0.891	0.000***	0.000***
FC019	8	6	2.519	2.667	0.840	0.873	0.603	0.625	0.529	0.553	0.000***	0.000***
FCKR009	31	29	13.580	13.290	0.683	0.712	0.927	0.925	0.922	0.920	0.000***	0.000***

注：SP. 亲本群体；RP. 回捕群体；* $P<0.05$；** $P<0.01$；*** $P<0.001$。

固定指数 F_{is} 和 F_{st} 检测了每个位点的遗传分化。F-统计量的分析结果见表 4-13。F_{st} 在两个群体中为 0～0.059，平均值为 0.028。F_{is} 值除了 FC019 位点外，其余 7 个位点在两个群体中均大于 0，两个群体的平均值分别为 0.056 和 0.033。虽然 FC019 位点的 F_{is} 低于 0，但是整个群体仍然表现出了杂合子的缺失。

表 4-13　2013 亲本群体及回捕群体在 8 个微卫星位点上的 F-统计量

位点名称	F_{is}		F_{st}	F_{it}
	SP	RP		
EN0033	0.168	0.223	0.021	0.211
FCKR002	0.104	0.021	0.000	0.064
RS0622	0.038	0.025	0.005	0.038
FCKR013	0.046	0.041	0.017	0.059
RS1101	0.046	0.018	0.059	0.090
RS0683	0.178	0.102	0.046	0.181
FC019	−0.393	−0.396	0.042	−0.336
FCKR009	0.263	0.231	0.033	0.273
平均	0.056	0.033	0.028	0.072

（2）近交水平及有效群体数量　两个群体的近交系数通过 Coancestry 1.0 中的 triadic likelihood 最大似然法进行计算。对于亲本群体及回捕群体，近交系数 F 最大值分别为 0.702 和 0.629，平均值分别为 0.132 和 0.116。

两个群体的有效群体数量（N_e）通过 NeEstimator 2.01 中的 linkage disequilibrium 连锁不平衡法进行计算。亲本群体和回捕群体的有效群体数量分别为 3 060.2 和 3 842.8。

2. 2015 年莱州湾中国对虾放流亲本及回捕群体

（1）遗传多样性及差异　2015 年莱州湾回捕的 288 尾个体中，有 155 尾个体经溯源分析被认定为来自莱州湾的放流个体，放流个体所对应亲本数为 135 尾。135 尾亲虾中，绝大部分只发现了 1 尾对应的子代，数量为 116 尾；18 尾亲虾分别发现了 2 尾对应的子代；1 尾亲虾发现了 3 尾对应的子代。

2015 年莱州湾放流亲本群体及回捕群体遗传多样性信息见表 4-14。对于放流亲本群体及回捕群体，8 个微卫星位点总共分别发现了 324 个及 228 个微卫星位点。每个位点的等位基因数量分别为 23~72 个和 19~49 个，平均每个位点的等位基因数分别为 40.5 个和 28.5 个。EN0033 在两个群体中都有着最高的等位基因数，分别为 72 个和 49 个。FCKR002、RS0622、FCKR013、RS1101、RS0683、FC027、FCKR009 在两个群体中等位基因最大值为 23、42、30、26、46、53、32。等位基因片段大小在两个群体中分别为 150~582 bp 和 150~569 bp。两个群体中观测到的等位基因数（N_a）均高于有效等位基因数（N_e）。EN0033 仍有着最高的有效等位基因数。多态性信息含量（PIC）在 8 个位点中为 0.780~0.962，8 个位点的平均值为 0.911。观测杂合度（H_o）在亲本群体中为 0.740~0.953，在回捕群体中为 0.756~0.993，平均值分别为 0.860 和 0.864。期望杂合度分别为 0.812~0.964 和 0.808~0.954，平均值分别为 0.925 和 0.912。

表 4-14　2015 年莱州湾增殖放流亲本群体及回捕群体遗传多样性信息

位点名称	检测到的等位基因数（N_a）		有效等位基因数（N_e）		杂合度观测值（H_o）		杂合度期望值（H_e）		多态信息含量（PIC）		Hardy-Weinberg 平衡偏离显著度（P）	
	SP	RP	SP	RP	SP	RP	SP	RP	SP	RP	SP	RP
EN0033	72	49	27.467	19.304	0.783	0.756	0.964	0.950	0.962	0.946	0.000***	0.000***
FCKR002	23	19	12.430	10.773	0.947	0.993	0.920	0.909	0.914	0.900	0.000***	0.000***
RS0622	42	33	21.859	20.843	0.921	0.949	0.955	0.954	0.952	0.950	0.000***	0.104
FCKR013	30	25	16.552	13.780	0.912	0.889	0.940	0.929	0.936	0.923	0.054 8	0.028*
RS1101	26	19	5.320	5.159	0.824	0.806	0.812	0.808	0.787	0.780	0.000***	0.612
RS0683	46	33	12.016	11.431	0.796	0.825	0.917	0.914	0.912	0.907	0.000***	0.092
FC027	53	22	21.331	9.761	0.953	0.888	0.954	0.902	0.951	0.891	0.000***	0.271
FCKR009	32	28	16.715	14.539	0.740	0.802	0.939	0.933	0.935	0.927	0.000***	0.000***

注：SP. 亲本群体；RP. 回捕群体；* $P<0.05$；** $P<0.01$；*** $P<0.001$。

在 16 个群体位点中（2 个群体、8 个位点），经过 Hardy-Weinberg 平衡检测，只有 5 个群体位点没有偏离 Hardy-Weinberg 平衡（$P>0.05$），而有 11 个群体位点（68.75%）偏离 Hardy-Weinberg 平衡。

固定指数 F_{is} 和 F_{st} 检测了每个位点的遗传分化。F-统计量的分析结果见表 4-15。F_{st} 在两个群体中为 0.003～0.173，平均值为 0.040。F_{is} 值除了 FCKR002 及 RS1101 位点外，其余 6 个位点在两个群体中均大于 0，两个群体的平均值分别为 0.069 和 0.052。虽然 FCKR002 及 RS1101 位点的 F_{is} 低于 0，但是整个群体仍然表现出了杂合子的缺失。

表 4-15　2015 年莱州湾增殖放流亲本群体及回捕群体在 8 个微卫星位点上的 F-统计量

位点名称	F_{is}		F_{st}	F_{it}
	SP	RP		
EN0033	0.187 5	0.201 3	0.023	0.209
FCKR002	−0.029 8	−0.092 7	0.011	−0.032
RS0622	0.035 7	0.005 6	0.013	0.042
FCKR013	0.029 8	0.043 8	0.003	0.036
RS1101	−0.014 3	0.002 9	0.173	0.165
RS0683	0.132 6	0.097 8	0.024	0.146
FC027	0.000 9	0.017 7	0.058	0.061
FCKR009	0.211 9	0.142 3	0.015	0.209
平均	0.069	0.052	0.040	0.104

（2）近交水平及有效群体数量　两个群体的近交系数通过 Coancestry 1.0 中的 triadic likelihood 最大似然法进行计算。对于亲本群体及回捕群体，近交系数 F 最大值分别为 0.580 和 0.489，平均值分别为 0.113 和 0.103。

两个群体的有效群体数量（N_e）通过 NeEstimator 2.01 中的 linkage disequilibrium 连锁不平衡法进行计算。亲本群体和回捕群体的有效群体数量分别为 3 572.1 和 2 752.7。

四、总结与分析

综合 2013 年、2015 年渤海湾及莱州湾增殖放流所用亲本群体及回捕的放流群体，其遗传多样性水平反映在等位基因数目上，8 个微卫星位点观测到的等位基因数（N_a）从 6 到 72 不等，均高于 Dong 等（2006）在中国对虾亲缘关系鉴定中检测到的 6～17 和 Meng 等（2009）在野生群体中得到的 6～25。一方面，本研究样本量要显著超过以上研究，2013 年渤海湾亲本群体与回捕放流样本量分别为 884 和 842，2015 年莱州湾增殖放流亲本群体与回捕放流群体样本量分别为 1 016 和 288，庞大的样本量增加了发现新位点与稀有等位基因的可能性。另一方面，Dong 等（2006）的研究中，不排除人工选育可能导致了某些等位基因的缺失。其中 EN0033 在两个群体中拥有最多的等位基因数，这与 Wang 等（2014）所得到的结果相似。本研究中，2013 年渤海湾两个群体的 PIC 的大小为 0.529～0.954，2015 年莱州湾两个群体的 PIC 的大小为 0.780～0.962，所有位点的 PIC 均大于 0.5，本研究所使用的微卫星位点全部表现为高度多态性。观测杂合度和期望杂合度反映了群体的遗传变异丰富程度。2013 年渤海湾两个群体的平均观测杂合度（H_o）分别为 0.806 和 0.828，平均期望杂合度（H_e）较为接近，均为 0.873。2015 年莱州湾两个群体，观测杂合度（H_o）平均值分别为 0.860 和 0.864，期望杂合度平均值分别为 0.925 和 0.912。无论是 2013 年渤海湾亲本及回捕的放流群体，还是 2015 年莱州湾增殖放流亲本及回捕群体，绝大多数位点均表现出期望杂合度（H_e）高于观测杂合度（H_o）的现象，说明存在一定程度的杂合子缺失的现象。不过遗传多样性水平均高于此前的相关研究（刘萍等，2004；Meng et al，2009）。

F-统计量能够反映一个群体遗传分化的程度。本研究中，2013 年渤海湾两个群体估算得到 F_{st} 为 0～0.059，平均值为 0.028，2015 年莱州湾两个群体估算得到 F_{st} 为 0.003～0.173，平均值为 0.040。根据 Wright 的定义，F_{st} 在 0～0.05 时，两个群体表现为不存在分化。F_{is} 均值无论在 2013 年渤海湾两个群体中还是 2015 年莱州湾两个增殖放流群体的平均值分别为 0.069 和 0.052，反映出 4 个群体都存在一定程度的近交，这不排除是由中国对虾长期大规模放流导致的。F_{is} 被称为群体内近交系数，反映了群体内因为非随机交配而产生的杂合度缺失，常常用来反映近交的水平。然而这个数值表示了交配系统中的非随机性，因此它只是表现了近交的潜在可能性，而并不能准确的表达近交的程度，且在随机交配中，近交也不会促使 F_{is} 明显为正，比如全同胞随机交配，既不会有 Hardy-Weinberg 平衡的偏移，也不会有 F_{is} 明显为正。F_{is} 是基于等位基因频率进行计算，而不是基于基因型频率，这会导致其丢失所有近交累加效应的信息。而最好的解决方法就是采用 Wang 的最大似然法 TrioML 法来计算近交系数。

通过 Coancestry 1.0 中的 triadic likelihood 最大似然法计算两个群体的近交系数，2013 年渤海湾亲本群体和回捕群体近交系数分别为 13.2% 和 11.6%，2015 年莱州湾亲本群体和回捕群体近交系数分别为 11.3% 和 10.3%，而回捕群体的近交程度在两个分析群体中均低于亲本群体的近交程度，这种差异可能是由于回捕群体中包含一定比例的野生个体所造成的，而且计算结果与 F_{is} 均反映了群体存在一定程度的近交。然而，并没有一个标准去定义近交水平的大小，Moss 建议近交的水平不要超过 10%。近交衰退已经在多种动物中得到了确认，对于水产动物，马大勇总结认为近交衰退对适应性性状影响更大（马大勇等，2005）。在对虾近交研究中，有很多文章研究了不同水平下近交衰退的程度。张洪玉等研究表明，近交系数为 37.5% 的中国对虾，当近交系数增加 10% 时，体长衰退 4.02%，体重衰退 7.30%（张洪玉等，2009）。Keys 研究表明，近交系数为 28%～31% 的日本对虾，当近交系数增加 10% 时，生长衰退 3.34%（Keys et al，2004）。曹宝祥研究表明，与选育群体和引进群体比较，近交系数为 25% 的近交群体，近交系数每增加 10%，收获体重分别衰退 6.60% 和 4.30%（曹宝祥等，2015）。Luo 等研究了不同近交系数（$F=0.25$，$F=0.375$，$F=0.5$）下中国对虾群体在生长、存活率以及 WSSV 耐受性的衰退程度，生长分别衰退了 10.4%、16.61% 和 23.68%，存活率和 WSSV 耐受性差距并不明显（Luo et al，2004）。在本研究中，得到的近交系数（13.23% 和 11.60%）均低于张洪玉（37.5%）、Keys（28%～31%）、曹宝祥（25%）以及 Luo（25%、37.5%、50%）等人评估的近交系数，但是高于 Moss（近交水平<10%）等人的近交系数（张洪玉等，2009；Keys et al，2004；曹宝祥等，2015；Luo et al，2014）。由于近交衰退与近交水平呈明显的线性关系，而中国对虾近交衰退已经在多种不同近交水平下得到了确认（从小于 10% 到 50%），且本研究得到的中国对虾近交系数在这个范围之间，因此可以确

认中国对虾渤海湾群体已经产生了一定程度的近交衰退。

由于长期的大规模放流（人为增加每尾个体的子代数量）以及高强度的捕捞（相当于每年亲虾群体发生一次不同程度的人为"瓶颈效应"），中国对虾群体已经发生了一定程度的近交。由于缺乏详细的历史数据，目前这种程度的近交所导致的放流中国对虾群体在重要性状（生长、适应、繁殖、抗病等）的衰退程度及其对野生群体的遗传渐渗等问题目前尚无法确定。不过，如果不及时采取有效的管理调控手段，随着近交水平的不断提高，尤其是近交效应的累积作用，中国对虾群体资源极有可能遭受重大的损害。针对增殖放流这种特定的资源补充行为，避免近交的进一步加强，对于维持中国对虾有效群体是可行的策略。

有效群体数量是指与实际群体有相同基因频率方差的理想群体的含量，是遗传中的重要参数。本研究中，2013 年渤海湾增殖放流亲本群体和回捕群体计算得到的有效群体数量分别为 3 060.2 和 3 842.8，回捕群体的有效群体数量高于亲本群体的有效群体数量，这可能是由于回捕群体中除了人工增殖放流个体外，仍然存在一定数量的野生个体，这部分野生个体丰富了回捕群体的遗传多样性，从而增大了回捕群体的有效群体大小。2015 年莱州湾亲本群体和回捕群体计算得到的有效群体数量分别为 3 572.1 和 2 752.7，回捕群体所得到的有效群体数量较小，这可能是由于样品数量差异较大以及长期放流所引起的近交加强造成的。

用于估算有效群体数量大小的方法有很多（Hill，1981），然而并没有估算有效群体大小的"黄金方法"（Luikart，2010），本研究中采用的方法为 linkage disequilibrium 连锁不平衡法。对于连锁不平衡法，有效群体数量的估计受交配方式的影响比较大（随机交配及终生单配性），而且不论群体性别比例如何偏离，所得到的有效群体大小结果仍然是可靠的。

由于较少的亲虾即可产生大量的子代，放流群体中少量的亲虾必然会影响自然群体的遗传多样性并增加近交发生的概率。当群体的有效数量过小时，会导致"瓶颈效应"的产生，进而导致养殖群体或者野生群体近交水平的提高。早期研究表明，为了避免近交衰退，确保群体短期内的生存能力，最小的 N_e 值应为 50，Franklin 等（1998）建议有效群体数量的大小至少为 500，从而保证群体的进化潜力。本研究中，两个群体有效群体数量均大于 Franklin 所建议的 500。然而，人工增殖放流已经对遗传多样性保护产生了直接或者间接的消极影响（Utter et al，1993）。一个重要原因就是人工放流过程中，出于经济利益考虑，育苗场往往用最少量的亲虾来培育最大量的子代，这种操作方式降低了遗传多样性并增加了子代发生近交的概率。为了维持群体的遗传多样性及有效群体数量大小，Nei（1976）建议群体大小保持在有效群体大小的 4～10 倍，从而达到"遗传变异-遗传漂变"的平衡。按照这个观点计算得到，对于 2013 年渤海湾放流群体，其理想的亲本群体大小为 30 602 尾，其回捕群体理想的亲本群体大小为 38 428 尾。对于 2015 年莱州湾放流群体，其亲本群体理想的亲本群体大小为 35 721 尾，其回捕群体理想的亲本群体大小为 27 527 尾。如前文所述，近些年以来无论渤海还是黄海，中国对虾资源补充几乎全部依赖放流群体进行维持，因此保持放流群体的有效群体大小，对于维持整个渤海湾中国对虾群体生态健康有着非常重要的意义。

对于增殖放流亲虾，基于遗传多样性并结合其实际放流数量，2013 年渤海湾使用的理想亲虾数量应为 5 120～15 301 尾，实际上的亲虾使用数量以及最终完成产卵的亲虾距离这个理想数值还存在一定差距。对于莱州湾，2015 年中国对虾增殖放流所用亲虾的理想数量应该为 7 144～17 861 尾，在允许的情况下，越大越好。不过，这个数值只是理论数值。有多种方法计算有效群体大小，方法的不同会导致数值上的差异，但是同一种方法得到的结果是可以比较的，至少可以统一分子标记中国对虾增殖放流效果评估标准体系，进而确保每年的数据之间可以进行比较，从而实现对放流行为的长期监测。同时，应该依据资源量进行捕捞限额调整，确保每年能有足够数量的"漏网之虾"完成后代繁育，保证能有部分野生个体同人工放流群体共同维持整个中国对虾资源的遗传多样性。经济成本、捕捞效益、亲虾数量、增殖放流数量等多因素之间的平衡，仍旧是当前面临的重大挑战。

第四节　放流对病原微生物传播的影响分析及评估

我国自 20 世纪 80 年代在渤海莱州湾潍河口开展试验并启动黄渤海大规模中国对虾人工增殖放流活动以来，各种数据都显示增殖放流活动无论是对过度捕捞导致资源衰竭的中国对虾资源量的补充效应，还是在恢复自然种群规模方面都取得了显著的效果，所带来的经济及社会效益非常显著。以黄海北部海洋岛渔场为例，这个阶段黄海北部（渤海除外，因其野生资源丰富，效果不易确认）平均每放流 1 亿尾幼虾（这个阶段放流的幼虾规格多在 3.0 cm，放流后成活率比较高），约产成虾 190 t（叶昌臣等，2005）。这种情况一直延续到 1992 年，到 1993 年往年效益显著的中国对虾增殖放流情况突然急转直下，当年统计数据表明，每放流 1 亿尾幼虾仅能回捕 42.8 t，比前面 8 年（1985—1992 年）的平均值下降约 70%。大量研究表明，在这个阶段，放流对虾在暂养期（体长 1.2 cm 左右的仔虾暂养 20 多天至放流前体长达 3 cm 左右）内感染杆状病毒（也叫皮下及造血组织坏死杆状病毒，hypodermal and hematoopoietic necrosis baculovirus，HHNBV）可能是增殖对虾在放流后大量死亡的主要原因。相关文献表明，这种病毒在亲虾及各期幼体中都有检出，和之后被鉴定及命名的对虾白斑综合征病毒（white spot syndrome virus，WSSV）归属于同一种或一类病毒（宋晓玲等，1996；汪岷等，1999；叶昌臣等，2005）。WSSV 在包括中国对虾在内的对虾类中均表现出非常复杂的传播途径，既表现为垂直传播，也存在水平传播，并且其潜伏和暴发受环境因素和理化因子的影响显著（何建国等，1999），这使得在养殖生产中，包括增殖放流苗种培育过程中病害的扩散和传播不易控制。为应对暂养期病毒感染对增殖放流幼虾成活率的影响，1996 年之后，中国对虾增殖放流措施不得不调整为"减小放流体长、缩短暂养期、提前放流"，调整后的 1998 年增殖放流效果相比前几年有所提高。从此之后，中国对虾增殖放流的规格大多为体长在 1 cm 左右的仔虾。与此同时，1993 年也成为曾经一度辉煌的中国对虾养殖业崩溃的转折点。据统计，1994 年我国对虾产量仅为 3 573 t，相比 1993 年骤降了 83.3%，全国范围内的绝大部分养虾池绝收（图 4 - 16）。

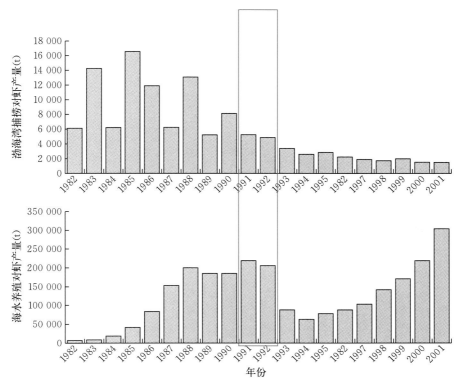

图 4 - 16　我国海水养殖对虾和渤海捕捞对虾产量均受到白斑综合征暴发的影响

数据来源：《中国渔业统计年鉴》（1982—2016 年）

应该说，长期以来包括缺乏病原检疫、环境污染严重、野生种群过度开发、种质资源衰退等诸多因素在内的叠加效应最终导致了我国对虾养殖业病毒病害的大暴发，其中人工育苗及人工养殖过程中，人为因素（无序化、高密度养殖、环境污染等）对病毒的积累及扩散也无法回避，毕竟病害暴发最早都是在养殖生产中发现的。通过提前放苗，相比1993—1996 年的历史低潮，中国对虾增殖放流已经有了一定程度的恢复，并且进入了相对平稳的发展时期；同期，通过各种调整措施，包括生态养殖、良种培育、病害防控等诸多措施，中国对虾养殖业也有一定程度的恢复，目前中国对虾年产量基本稳定在近 4 万的水平，仅为历史最高峰的 20 万 t 的 1/5 左右《中国渔业统计年鉴》（2018）。由于增殖放流所用亲虾为自然海域捕捞个体，养殖苗种培育也有很大一部分使用自然海域捕捞个体，因此，20 余年之后，黄渤海野生亲虾携带病毒情况如何，经过人工育苗后这些病毒会如何垂直传播给增殖放流个体，增殖放流个体在自然海域中的存活情况及在繁殖群体中的携带水平如何等，这些问题仍旧是关系到中国对虾增殖放流可持续健康发展的关键问题。最近研究发现，由于我国沿海及近海养殖的特点（高密度、直接进排水、养殖与自然海域滩涂等表现为开放或半开放式、缺少有效的病害防控措施等），同一时间尺度下海水增养殖动物病毒种类、丰度与近海海区中某些野生动物携带的病毒种类、丰度呈现出密切相关的关系。2015—2017 年间，我国沿海池塘养殖甲壳类重大和新发疫病病原的流行率与渤海、黄海和东海野生甲壳类中同种病原的检出率非常接近。这提示我国海水增养殖活动中，重大和新发疫病病原可能会向近海海域扩散和传播，并可能会对近海生物种群产生重大影响，危及近海生态安全；或者，近海海洋生态系统在为海水增养殖业提供物质和能量的同时，也向海水养殖输送着各类疫病病原，是沿海半开放养殖区海水养殖动物未知和新发疫病病原的源头。

一、我国典型增养殖区养殖对虾中主要病原微生物的监测

2017—2018 年，对我国沿海省市主要对虾养殖地区（包括河北、山东、江苏、上海、浙江、福建、广东、广西和海南等地）的对虾疫病流行情况开展调查，共采集样品 1 239 份（2017 年）和 586 份（2018 年），样品种类除了中国对虾之外，还包括其他主要养殖虾类，如凡纳滨对虾、日本对虾、斑节对虾和罗氏沼虾，还包括三疣梭子蟹和远海梭子蟹、饵料生物（卤虫、沙蚕、桡足类）、岸基池塘周边生态环境中的生物（天津厚蟹、招潮蟹、海蟑螂、藤壶、钉螺等）。所采集的生物样品分别用 RNAstore 固定、组织固定（4% 多聚甲醛固定液，即 PFA 固定液）或电镜固定等多种形式予以保存，并将新鲜样品中可能存在的微生物接种到 2216E 培养基中。

利用《OIE 水生动物疾病诊断手册》（2017—2018 年版）、国家标准、行业标准及文献中公开的多种方法，分别对样品携带或感染的 9 种重大及新发疫病病原的情况进行了系统调查，调查涉及的对虾病原种类包括白斑综合征病毒（WSSV）、传染性皮下及造血器官坏死病毒（infectious hypodermal and hematopoietic necrosis virus，IHHNV）、致急性肝胰腺坏死病副溶血弧菌（acute hepatopancreatic necrosis disease-causing vibrio parahaemolyticus，Vp_{AHPND}）、偷死野田村病毒（covert mortality nodavirus，CMNV）、虾肝肠胞虫（enterocytozoon hepatopenaei，EHP）、虾血细胞虹彩病毒（shrimp hemocyte iridescent virus，SHIV）、桃拉病毒（taura syndrome virus，TSV）、黄头病毒（yellow head virus，YHV）和传染性肌坏死病毒（infectious myonecrosis virus，IMNV）。采集的样本多来自疾病暴发时确认致病因子时的随机取样，因此为客观描述病原检测结果，下文中涉及岸基养殖区样品的结果用"病原阳性检出率"而非"病原流行率"来描述。

2017 年样品的检测结果显示，Vp_{AHPND}、CMNV、EHP、SHIV、WSSV、IHHNV、TSV、YHV、IMNV 的阳性检出率依次为 14.90%、25.70%、24.10%、10.80%、10.70%、2.70%、0.00%、0.00%、0.00%（图 4 - 17），这说明 2017 年我国沿海岸基半开放养殖地区虾类中流行性病原以 CMNV、EHP 和 Vp_{AHPND} 为主，SHIV 和 WSSV 检出率在 10% 左右，IHHNV 检出率较低，而 TSV、YHV、IMNV 无阳性检出。2018 年样品的检测结果显示，Vp_{AHPND}、CMNV、EHP、SHIV、WSSV、IHHNV、TSV、YHV、IMNV 的阳性检出率依次为 13.21%、19.12%、17.07%、5.66%、6.82%、8.70%、6.82%、0.00%、0.00%（图 4 - 17），这说明 2018 年我国沿海岸基半开放养殖地区虾类中流行性病原以 CMNV、EHP 和 Vp_{AHPND} 为主，IHHNV、WSSV、SHIV 和 TSV 检出率较低，而 YHV 和 IMNV 无阳性检出。上述检测结果说明，2017—2018 年，我国沿海岸基半开放养殖地区虾类中流行性病原以新发疫病病原 CMNV、EHP 和 Vp_{AHPND} 为主，

同时 SHIV、WSSV 和 IHHNV、TSV 也存在一定的阳性检出率，而 TSV、YHV、IM-NV 鲜有病例检出。因此，本研究将 CMNV、EHP 和 Vp_{AHPND} 列为关键病原微生物，并在针对近海野生虾类生物开展的调查中，对阳性检出率最高的 CMNV 进行了重点研究，同时也对 EHP 和 Vp_{AHPND} 进行了跟踪调查。

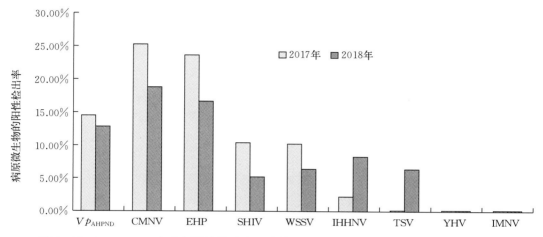

图 4-17　2017—2018 年我国沿海岸基半开放养殖区虾类重大及新发疫病病原阳性检出率

从华北和华东地区沿海岸基半开放养殖区的调查结果来看，Vp_{AHPND} 主要在河北、山东和江苏等省份检出率较高，CMNV 主要在河北和山东检出率较高，EHP 主要在河北、山东、江苏和上海检出率较高，2017 年 WSSV 在江苏检出率较高，2018 年 WSSV 和 IH-HNV 在河北检出率较高（图 4-18 和图 4-19）。不过，受限于采样方式和不同地区的样品数量不同，各地区阳性检出率不能完全代表当地的疫病流行情况。

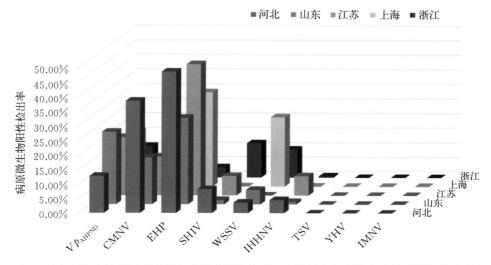

图 4-18　2017 年我国不同省市岸基半开放养殖区虾类重大及新发疫病病原阳性检出率

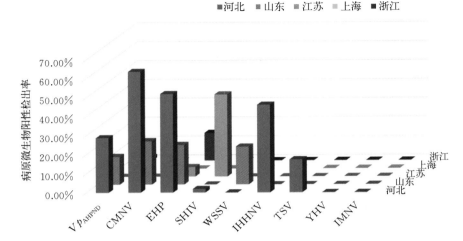

图 4-19　2018 年我国不同省市岸基半开放养殖区虾类重大及新发疫病病原阳性检出率

二、我国近海海域野生虾类中主要病原微生物的监测

为了调查我国华北和华东沿海海域，主要是渤海、黄海和东海海域野生虾类中关键病原微生物的流行情况，2016—2019 年，搭乘中国水产科学研究院黄海水产研究所北斗号和黄海星号渔业调查船的"973"项目航次、国家自然科学基金委共享航次和渔业资源调查航次，于每年的 5 月和 8 月分别赴渤海、黄海和东海海域，在设定的采样点（图 4-20）利用底拖网采集各种野生虾类样品，根据采样期间的海况与渔获量，每个采样点采集 4～10尾野生虾类。取样时将样本个体的头胸甲部分沿着中线剖开，将剖面中部的肝胰腺切碎储存在 RNAstore 溶液中，或涂抹于采样卡上用于分子生物学检测；将每个样品的肌肉、肝胰腺、眼柄或者无节幼体（取决于采样的雌性个体是否繁殖）保存在 4% 多聚甲醛固定液中用于组织病理学和原位杂交（ISH）分析；同样取样品肌肉、肝胰腺、眼柄或者无节幼体保存在 2.5% 戊二醛溶液中用于 TEM 分析。因海区样品的采集为定时、定点和定量，满足经典流行病学调查的条件要求，因此本节中采用"病原流行率"来描述病原的检出和流行情况。

从海区采集回来的样品，首先使用 CMNV、EHP 和 Vp_{AHPND} 现场快速高灵敏检测试剂盒进行 RT-LAMP 的检测，筛选呈现 CMNV、EHP 和 Vp_{AHPND} 阳性的样品后再用于后续检测分析。反应结果阳性对照应该是绿色，阴性对照应该为橙黄色，否则判定实验结果无效。对于检测结果的判别采用比对阳性对照与阴性对照反应管中反应液颜色的方法进行，如果样品的反应液显示为绿色荧光则表示该样品呈现上述病原微生物的阳性，如果样品反应液的颜色为橙黄色，则表示该样品呈现上述病原微生物的阴性。为避免出现假阳性和减少假阴性概率，采样两套不同引物制作的试剂盒对样品进行重复筛查和复核。

将经 RT-LAMP 检测呈现为阳性的样品编号记录下来，采用 TaKaRa 柱式法 Total

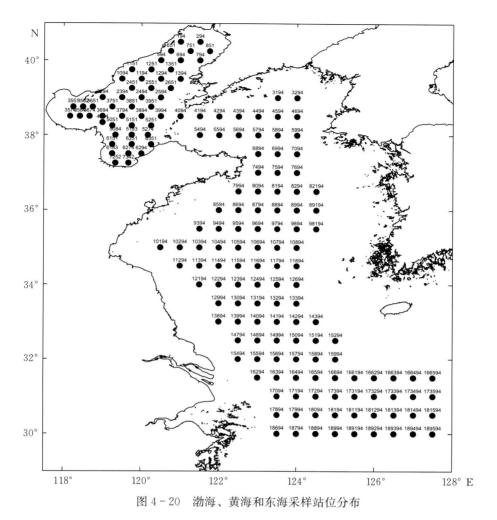

图 4 - 20 渤海、黄海和东海采样站位分布

RNA 小量提取试剂盒（Code No. 9767；中国，大连）提取对应编号样品的总 RNA，采用天根海洋动物组织基因组 DNA 提取试剂盒（Code No. DP324 - 02，中国，北京）提取对应编号样品的 DNA。依据《OIE 水生动物疾病诊断手册》（2017—2018 年版）和已发表文献中的 RT-PCR 或套式 PCR 方法，对呈现 RT-LAMP 检测阳性的样品进行复检和靶基因测序验证。

因海区样品上岸后需要分类整理和前处理，工作量巨大，进展耗时较长。2016 年采集的样品上岸后自 2017 年项目启动才开始进行大量分析和测试，2017 年底完成分析；2019 年上半年采集的样品尚在整理中，本节只展示 2016—2018 年的分析结果。

检测结果显示，2016—2018 年，我国渤海、黄海和东海野生虾类中 CMNV 的流行率最高，2016 年、2017 年分别达到 21.22％和 25.17％，2018 年仍较高（8.10％），而其间 EHP 和 Vp_{AHPND} 的流行率均较低，低于 5％（图 4 - 21）。该结果说明，我国渤海、黄海和东海中 CMNV 为危害野生虾类的关键病原微生物，也因此在后续的养殖生态与近海生态

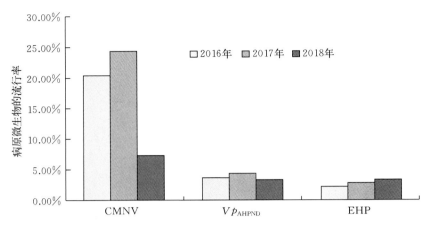

图 4-21　我国渤海、黄海和东海野生虾类中关键病原微生物流行情况

界面虾类病原传播机制与演变规律研究中，仅针对 CMNV 的传播机制、流行规律和危害情况进行了系统分析。研究中发现，由于环境保护压力大，近年来我国环境保护部门加大了环境保护查处和执法力度，2018 年开始山东和江苏等地因养虾废水排放不达标、沿海诸多养殖区未获政府批准等原因，关停了两省沿海地区 30% 以上的对虾养殖场。同时，自 2013 年以来因持续受到对虾新发疫病暴发的冲击，河北、山东、江苏等多地夏季池塘高密度养殖对虾养成率低于 50%，沿海地区对虾养殖户主动将池塘撂荒或关停，推测这是 2018 年渤海、黄海和东海海域 CMNV 流行率相比于 2016—2017 年出现大幅下降的原因。而本研究在进行沿海岸基半开放养殖区养殖对虾发病情况调查时，主要针对养殖场发病对虾进行调查，养殖场关停基本不影响当年未关停养殖场对虾中病原微生物的检出率，推测这可能是 2017 年、2018 年池塘养殖虾类中 3 种关键病原微生物 CMNV、EHP 和 Vp_{AHPND} 阳性检出率未发生大幅度波动的原因。

三、CMNV 在中国的内海——渤海的野生生物种群中广泛流行和危害

对华北主要对虾养殖省市毗邻的内海——渤海海域野生甲壳类动物和鱼类中 CMNV 的感染和流行情况进行了调查研究。2015—2017 年，从渤海海区的 56 个采样站点共采集了 966 份共 12 个物种的甲壳类和鱼类样品。对这些样品中 CMNV 流行情况的分子生物学检测结果显示，2015 年、2016 年和 2017 年涉及的 38 个、41 个和 39 个采样站点中，CMNV 阳性检出采样站点的比例分别达到了 65.8%、90.7% 和 78.9%；上述 3 个年度所采集的样品中，CMNV 的阳性检出率分别为 17.1%、31.5% 和 31.1%。该结果说明，2015—2017 年，CMNV 在渤海海区的流行范围很广，并呈现逐步扩散的趋势；同时 CMNV 的流行率从 2015—2016 年出现显著升高，到 2017 年仍维持在高位。

2015—2017 年从渤海海区所采集样品的分子生物学分析结果显示，包括葛氏长臂虾（*Palaemon gravieri*）、脊腹褐虾（*Crangon affinis*）、脊尾白虾（*Exopalaemon carinicauda*）、日本鼓虾（*Alpheus japonicus*）、鲜明鼓虾（*Alpheus distinguendus*）、鹰爪虾（*Trachypenaeus curvirostris*）、疣背宽额虾（*Latreutes planirostris*）、中国毛虾（*Acetes* chinensis)、细螯虾（*Alpheus japonicus*）、日本囊对虾（*Latreutes planirostris*）、中国对虾（*Fenneropenaeus chinensis*）、脊额鞭腕虾（*Exhippolysmata ensirostris*）等在内的 12 种甲壳类动物中均有 CMNV 阳性检出；渤海甲壳类优势种，包括葛氏长臂虾、脊腹褐虾、鲜明鼓虾、细螯虾、中国对虾和脊额鞭腕虾等 CMNV 的阳性检出率均在 37.5% 以上。

原位杂交结果显示，在来自渤海海区的葛氏长臂虾（*Palaemon gravieri*）、鲻虾虎鱼（*Mugilogobius abei*）和脊腹褐虾（*Crangon affinis*）的组织中均可观察到 CMNV 的 CMNV RNA 探针的淡/深紫色杂交信号。利用 TEM 对上述呈现 CMNV 原位杂交阳性组织的动物进行超微结构分析，结果证实，在这些生物的肝胰腺、肌肉等组织中存在大量 CMNV 样病毒颗粒。

流行病学调查中针对渤海海域甲壳类传统优势种包括中国毛虾、鹰爪虾、日本鼓虾、葛氏长臂虾、脊腹褐虾和细螯虾等的 CMNV 感染情况与其种群密度动态相关性进行了分析。2015—2017 年的调查和监测数据显示，这期间中国毛虾和日本鼓虾种群中 CMNV 阳性率分别出现了显著和极显著的下降，而同一时期这两个物种的种群密度则分别出现了显著和极显著的升高；葛氏长臂虾、脊腹褐虾和细螯虾种群中 CMNV 阳性率均出现极显著的上升，其结果是这 3 个物种的种群密度出现了极显著的下降；2017 年脊腹褐虾和细螯虾中 CMNV 阳性率超过了 50%，其结果是 2017 年这两个优势种群的数量密度几乎降低为零。

四、增殖放流虾类和养殖虾类病原扩散的生态风险初步分析

2013—2015 年，中国沿海主要对虾养殖地区均有病毒性偷死病（VCMD）的广泛流行，且其病原 CMNV 的流行率一度超过 45%，CMNV 在生产中对养殖凡纳滨对虾的致死率达 80%～90%（Zhang et al，2017）。前期研究还显示，CMNV 不仅感染养殖虾类，还可感染养殖池塘中多种共生的甲壳类动物及养殖外排废水中的鲫（Wang et al，2019）。作为一种新发病原，CMNV 在水产养殖中展现出流行范围广、致死率高和宿主种类多等特点（Zhang et al，2017）。为了系统性地在更大地理尺度内探讨 CMNV 的流行情况及其危害，本研究通过对中国北方主要对虾养殖地区的养殖虾类、养殖池塘、池塘进排水设施以及池塘毗邻海域和外海的野生生物中 CMNV 存在和流行情况进行深入分析，揭示出 CMNV 可通过养殖排放废水向野外环境扩散，并在海洋野生甲壳类动物种群中传播。

2016—2017 年，中国华北和华东的河北、山东、江苏和浙江等沿海 4 省针对养殖甲壳类中 CMNV 的流行病学调查结果显示，这期间上述地区主要池塘养殖虾类（包括中国对虾、凡纳滨对虾、日本对虾、斑节对虾、脊尾白虾和罗氏沼虾）中均存在 CMNV 的感染和流行，且 CMNV 在日本对虾、斑节对虾和中国对虾中阳性检出率都高于在凡纳滨对虾、脊尾白虾和罗氏沼虾中的检出率；患病虾类的肝胰腺和肌肉均表现出典型的 CMNV 感染症状。在调查涉及的 6 种主要养殖甲壳类动物中，CMNV 的流行率从 2016 年至 2017 年均开始呈现出略微下降趋势，推测出现这种情况的原因，一方面可能与中国渔业管理部门加强了对虾苗种检疫工作，降低了 CMNV 传播概率有关；另一方面可

能与 CMNV 流行株系发生变异，导致现有检测方法的检测结果假阴性率升高有关。实际上笔者也对 CMNV 的变异情况进行了跟踪调查，在 2016 年和 2017 年的患病虾类样品中分离到了 CMNV 的新变异株系，而目前现有的分子生物学检测技术无法实现对其准确检测。

2016—2017 年，沿海省市针对甲壳动物养殖池塘和排水沟内共生生物中 CMNV 的感染和流行情况的调查结果显示，来自沿海养殖池塘的 8 种常见生物〔包括天津厚蟹（He-lice tridens tientsinensis）、中华沙蟹（Ocypode cordimand）、黑褐新糠虾（Neomysis awatschensis）、中华蜾蠃蜚（Corophium sinense Zhang）、三疣梭子蟹（Portunus tritu-berculatus）、枝角类（Cladocera）、桡足类（Copepoda）和鲻虾虎鱼（Mugilogobius abei）〕和来自养殖池塘排水渠中的 6 种生物〔包括双齿围沙蚕（Perinereis aibuhitensis）、中华沙蟹（Ocypode cordimand）、艾氏活额寄居蟹（Diogenes edwardsii）、纵带滩栖螺（Batillaria zonalis）、虾虎鱼（Mugilogobius abei）和鲫（Carssius auratus）〕均可被 CMNV 感染。此前有研究显示，养殖池塘中的中华蜾蠃蜚、寄居蟹、平掌沙蟹（Ocy-pode cordimundus）、细脚拟长蛾（Parathemisto gaudichaudi）和弧边管招潮蟹（Tubuca arcuata）等可被 CMNV 感染（刘爽，2017；徐婷婷，2018；郝景伟，2019）。综合以上结果可知，中国北方沿海对虾养殖池塘中共有分属于动物界 5 个门的 15 种常见生物可被 CMNV 感染，该结果显示出 CMNV 这一新发病毒具有较为广泛的宿主范围。上述这些常见生物感染了 CMNV，因此它们无疑将会作为传播媒介和载体生物对 CMNV 向更多养殖池塘和野外生态环境扩散起到重要作用。

针对养殖池塘和排水沟内共生生物中 CMNV 感染和流行情况的原位杂交结果显示，CMNV 还存在于中华沙蟹卵母细胞和周围滤泡细胞内、黑褐新糠虾幼体细胞内、中华蜾蠃蜚卵巢细胞内、艾氏活额寄居蟹精母细胞内和纵带滩栖螺的性腺内。此前研究表明，CMNV 能够通过雌性和雄性生殖细胞在脊尾白虾中垂直传播（Liu et al，2017），可以推测上述 5 种生物体内感染的 CMNV，通过垂直传播的方式，长期在养殖池塘中留存和扩散的风险非常高。另外，本研究还通过 PCR 方法在一些非甲壳类生物，如鲻虾虎鱼、藤壶、虫蛆、海参中检测到 CMNV 阳性，并克隆到与 CMNV 病毒 *RdRp* 基因一致的序列，这说明 CMNV 也存在感染上述非甲壳类动物的可能。值得欣慰的是，与 2016 年春季、2017 年春季、2017 年秋季相比，2018 年春季池塘共生生物中 CMNV 的流行率开始出现下降的趋势。

此前有研究者通过分子生物学检测技术，在养殖区毗邻近海野生动物中检测到养殖虾类和鱼类病毒。如从南大西洋湾地区采集的 586 尾南美白对虾样本中，有两尾在 3 种不同的 WSSV PCR 检测中被证实为阳性，其中只有 1 尾虾通过组织学和原位杂交结果证实被 WSSV 感染（Chapman et al，2004）。从毗邻对虾养殖区的墨西哥加利福尼亚湾分 3 个批次采集的近海野生虾类中，有一个批次样品中能检测到较低阳性率（0.8%）的白斑综合征病毒感染（Mijangos-Alquisires et al，2006）；PCR 检测结果显示，来自美国南卡罗来纳州、佐治亚州和佛罗里达州的野生凡纳滨对虾和蓝蟹中 WSSV 的阳性率分别为 4.8% 和 3.6%（Powell et al，2015）。但截至目前，尚未见有关于海水养殖动物病毒在近海种群中流行危害的系统研究报道。

渤海被山东半岛和辽东半岛环绕，是中国的内海。渤海周边沿海省市遍布甲壳类养殖池塘，水产养殖业发达，沿海池塘与海域间的海水与生物交流非常频繁。2015—2017年，渤海海域野生甲壳类动物和鱼类中CMNV的感染和流行情况的调查结果显示，渤海9种常见甲壳类物种均有CMNV阳性检出，而渤海甲壳类优势种葛氏长臂虾、脊腹褐虾、鲜明鼓虾、细螯虾、中国对虾和脊额鞭腕虾等CMNV的阳性检出率非常高，均在37.5%以上，这说明CMNV已传播扩散至养殖活动毗邻渤海海域的多种野生甲壳类物种中。上述3个年度调查涉及的56个采样站点中，CMNV阳性检出采样站点的比例均超过了87.5%，阳性检出采样站点分布于整个渤海海域，这说明CMNV在渤海海区的流行范围非常广泛，基本已涵盖整个渤海海区，并且上述3个年度样品中，CMNV的阳性检出率数据［17.3%（2015年）、29.04%（2016年）和30.93%（2017年）］还显示，CMNV在渤海海区野生甲壳类中的流行率在2015—2016年出现了显著升高，到2017年仍维持在高位。与渤海海区CMNV流行特点形成鲜明对比的是，2016年环渤海的河北和山东两省池塘养殖甲壳类中CMNV的流行率分别为40%和29.5%，2017年其流行率分别下降至28.7%和23.9%。环渤海"沿海池塘-毗邻海区"这一大环境生态区中CMNV流行情况变化说明，环渤海陆地池塘养殖甲壳类中CMNV的流行有向毗邻渤海海域野生甲壳类扩散的趋势，这种趋势还表现出了年际的延后效应。

在大海洋生态系统范畴和视野中，海洋病毒等微生物对海洋生态系统产生着持续的影响。研究表明，海洋中包括病毒在内的微生物能够感染海洋生态系统中的浮游生物，进而影响海洋生态系统的稳定性（Fischer et al，2010；Van Etten，2011）。2015年Science连续刊文聚焦人类和微生物对海洋生态系统的影响，揭示出海洋微生物与人体肠道微生物核心功能的相似性超过73%，海洋病毒（噬菌体）种群随洋流被动转移，是海洋生态系统演进的推动力（Sunagawa et al，2015；Brum et al，2015；Lima–Mendez et al，2015）。研究发现，海洋球石藻病毒通过基因横向转移从宿主基因组中获取一系列与鞘脂类代谢相关的关键酶基因，进而再掌控宿主鞘脂类代谢，大量合成病毒性鞘脂类物质，导致海洋球石藻死亡和赤潮消亡，从而调控赤潮的发生和发展，甚至影响全球碳、硫生物地化循环及气候变化（Vardi et al，2012；Sharoni et al，2015；Tsuji et al，2015）。对海洋病毒辅助代谢基因的深入分析表明，病毒是海洋营养循环和营养网络的关键参与者，大量病毒可以直接操纵整个海洋中的硫和氮循环，在全球范围内推动生物地球化学循环（Roux et al，2016）。人类活动，尤其是沿岸、近岸及沿海不规范和过度增养殖活动，及其带来的水体富营养化、优势病原微生物传播扩散，有碍于近海生态系统稳定，对近海海洋生态灾害频繁发生起到了推波助澜的作用。人类增养殖活动致使海水富营养化，沿海水域生物和非生物表面微生物，尤其是病原微生物繁殖加速形成生物膜，危及海洋生态及生物地球化学循环（Dang et al，2015）。Haas等（2016）研究指出，由于人类捕捞、养殖等活动引起全球珊瑚礁的微生物化，珊瑚群落的营养结构朝高微生物量和高营养物质消耗的方向转变，使近海珊瑚礁及其周边海洋生态环境恶化，导致病原微生物种类和危害范围增加。本研究的结果进一步表明，受人类增养殖活动的影响，海水养殖动物病毒CMNV有从陆地传播扩散到中国近海海域的趋势，并且这种扩散可能会对近海生态系统造成潜在影响。

第五节　污染对中国对虾放流效果的影响

近年来，由于产卵亲虾严重不足、仔虾保护措施不力和海域管理不严等原因，中国对虾的补充量受到严重影响，致使其产量长期处于较低水平。山东省自 1984 年起，每年 5 月下旬至 6 月中旬，在山东半岛南部、渤海湾南部及莱州湾等海域进行中国对虾的增殖放流。目前在山东近海捕获的中国对虾主要为增殖放流资源。据《北海区海洋环境公报》报道，近年来渤海海洋环境质量总体状况较好，但近岸局部海域受无机氮、金属离子、石油类等影响，且赤潮等海洋生态灾害频繁发生，对中国对虾生存环境造成严重威胁。本节将结合笔者所在实验室对渤海实地取样分析以及实验室暴露实验结果，综合现有文献报道，就渤海污染现状对中国对虾放流效应的影响进行阐述。

一、渤海主要污染物对中国对虾的影响

1. 无机氮

无机氮主要包括氨态氮、硝态氮和亚硝态氮等。氨态氮在水相中存在离子氨（NH_4^+）和非离子氨（NH_3）两种形态，这两种形态可以互相转化。氨态氮在高浓度时对中国对虾具有致死作用（Wickins，1976；Chen et al，1990）。即使在低于致死浓度的条件下，氨态氮对中国对虾的生理功能（如氧消耗、氨排泄、ATPase 活性及渗透压等）也有显著影响（Chen et al，1995；Chen et al，1992）。无脊椎动物的氧消耗和氨排泄是反映蛋白质代谢和评价其对各种胁迫因子生理反应的指标。氨态氮可增加水生动物对氧的消耗并降低其氨氮排泄。氧消耗增加说明在氨态氮胁迫下对能量的需求增加，而氨态氮又可促使中国对虾呼吸色素——血蓝蛋白的分解，降低其输氧功能（Chen et al，1994）。同时，氨态氮还会降低中国对虾的 ATPase 活性（Chen et al，1992）。在生物体对氧的需求增加而供氧能力却下降且能量供应减少的情况下，势必导致中国对虾体内代谢失调、体质下降，并降低其抗病力（丁美丽等，1997）。Chen 等（1993）发现暴露于 5 mg/L 和 10 mg/L 氨态氮 10 d 后，中国对虾的氨氮排泄量降低，呼吸及消化系统出现损伤。氨态氮可影响血淋巴中血细胞数量。中国对虾血细胞在防御中具有重要作用（李光友，1995）。暴露于氨态氮（0.4～2.5 mg/L）水环境中 20 d 后，中国对虾血细胞数量减少，酚氧化酶（PO）、超氧化物歧化酶（SOD）和过氧化物酶（POD）活力，以及溶菌和抗菌活力明显下降，对病原菌的易感性提高（Chen et al，2019；孙舰军等，1999）。但氨态氮对虾体的影响是不恒定的，受诸多因子如水体 pH、温度、盐度、溶解氧以及对虾虾体大小及其生理状态的制约。pH、温度、盐度主要影响氨态氮中 NH_3 的比例（Bower et al，1978），而 NH_3 易于进入虾体并产生毒害作用。在前三者中，pH 对 NH_3 的比例影响最大。pH 每增加一个单位，就会使 NH_3 的浓度百分比增加 10 倍（Bower et al，1978）。因此，NH_3 在任何特定浓度下的毒性都随着 pH 的增加而增加（Noorhamid et al，1994）。水温越高，则 NH_3 的比例越高，氨态氮的毒性越大；相反，随着盐度下降，NH_3 的比例下降，氨态氮的毒性越小（Chen et al，1992）。溶解氧对氨态氮的毒性影响也较大，低氧可增加 NH_3 的比例（Vermmer，1987）。

研究表明，慢性亚硝酸盐氮中毒后，中国对虾的肝胰腺、胃、中肠和鳃等组织出现细胞肿胀、空泡化、坏死等一系列组织病理学变化（吴中华等，1999）。甲壳类动物血液中血蓝蛋白的辅基是含铜化合物，水体中的亚硝酸盐氮进入虾类的血淋巴后，促使氧合血蓝蛋白转化为脱氧血蓝蛋白，导致血淋巴对氧的亲和性降低，从而降低机体的输氧能力，因此对机体产生毒害作用（Cheng et al，1999）。水环境中硝态氮或者亚硝酸氮浓度升高会促进中国对虾体内一些重要酶（如 SOD、PO 及溶菌酶等）活性明显下降，致使虾体抗病能力下降（丁美丽等，1997；林林等，1998）。

2. 金属离子

海水中金属离子种类和浓度的高低是影响中国对虾孵化率和变态率的重要因素之一。铜（Cu）是水生生物体内很重要的微量元素，许多蛋白和酶中含有 Cu^{2+}（如血浆铜蓝蛋白、细胞色素 C 氧化酶等）。然而，过高浓度的 Cu^{2+} 也会抑制酶（醛缩酶、葡萄糖氧化酶、脂酶、酸性磷酸酶等）的活性，从而影响机体的生长发育。低浓度的 Cu^{2+} 对中国对虾糠虾幼体的存活与变态有利，高浓度则具有抑制甚至毒害作用（刘存岐等，2000）。低浓度的 Cu^{2+} 对中国对虾卵子胚胎发育是必需的。海水中 Cu^{2+} 的活度在 $10^{-10.80} \sim 10^{-8.80}$ mol/L 时对中国对虾卵子孵化和无节幼体的生长最为有利（袁有宪等，1995）。当 Cu^{2+} 浓度为 $10\ \mu g/L$ 时，中国对虾糠虾幼体的变态率最高（刘存岐等，2000）。

锰（Mn）是构成精氨酸酶和丙酮酸羧化酶等的活性基团或辅助因子，对碱性磷酸酶和脱羧酶等有激活作用，是生物体内重要的微量成分。$20\ \mu g/L$ Mn^{2+} 对中国对虾糠虾幼体变态发育具有明显的促进作用，而在更高浓度的 Mn^{2+}（$30 \sim 50\ \mu g/L$）环境下，糠虾幼体变态率则逐渐降低（刘存岐等，2000）。锰在溶液中以 MnO_4^- 为主，其毒害机理是酶中毒。高价锰的毒性是很强的，其安全浓度约为 0.27×10^{-6} mg/L。在较低浓度下，锰对中国对虾仔虾无害；在较高浓度时则会造成仔虾蜕皮困难、行动迟缓不协调等异常行为（Sunda，1988；王安利等，1992）。

当水体中钙（Ca^{2+}）和镁（Mg^{2+}）质量浓度范围分别为 $24.92 \sim 280.66$ mg/L 和 $34.5 \sim 344.9$ mg/L 时，中国对虾仍可正常生存。中国对虾的生长与 Ca^{2+} 浓度有密切关系，过高或过低浓度的 Ca^{2+} 均会影响中国对虾的生长，但中国对虾能够在低至正常海水二分之一 Mg^{2+} 浓度的水中正常生长（王慧等，2000）。Ca^{2+} 与 Mg^{2+} 比值对中国对虾的变态发育具有重要影响。甲壳类均是蜕皮生长，在蜕皮周期中 Ca^{2+} 具有十分重要的作用。董双林等（1994）研究表明，当对虾不能从饵料及自身获得足够的 Ca^{2+} 时，水环境中的 Ca^{2+} 就显得尤为重要。在蜕皮前期血液中高水平的 Ca^{2+}、Mg^{2+} 有利于抑制神经和肌肉的兴奋性，避免发生新壳扭曲的危险（王慧等，2000）。

可溶性锌（Zn）对中国对虾卵子孵化和无节幼体变态的作用只与其游离离子的浓度有关，而与其总浓度无关。锌（Zn^{2+}）浓度在 10.00 mol/L 以下时，不影响对虾卵子的孵化率；高于此浓度会显著（$P < 0.05$）降低对虾的孵化率；而当 Zn^{2+} 浓度为 $5.00 \sim 10.00$ mol/L 时卵子完全不能孵化。Zn^{2+} 浓度在 $7.60 \sim 10.00$ mol/L 时，不影响无节幼体的生长变态，高于此浓度时则明显（$P < 0.05$）降低无节幼体的变态率；高于 10.00 mol/L 时，无节幼体完全不能存活（高成年等，1995）。$15\ \mu g/L$ 的 Cu^{2+}、Zn^{2+}、铅（Pb^{2+}）、镉（Cd^{2+}）暴露均能显著影响中国对虾无节幼体的变态率（$0.025 < P < 0.05$），溞状幼

体的变态率不受影响（$P>0.1$），糠虾幼体的变态率反而显著提高（$P<0.005$）。中国对虾幼体对重金属离子的敏感性为无节幼体＞溞状幼体＞糠虾幼体＞仔虾（袁有宪等，1993）。

铬（Cr）是动物生命过程所必需的一种微量元素。在低浓度下，Cr能促进肌体对糖类的利用，并影响脂类代谢，可降低SOD和过氧化氢酶（CAT）的活性；在高浓度下，Cr则可因酶中毒而对生物体造成损伤。另外，Cr还是蛋白质和核酸的沉淀剂；Cr能在肌体中诱发点突变，从而对生物产生遗传危害。研究发现，Cr对中国对虾仔虾的24 h LC_{50}为65.31 mg/L，48 h LC_{50}为30.20 mg/L，安全浓度为3.02 mg/L。Cr在低浓度下能促进中国对虾仔虾的蜕皮。Cr与Cu、Zn、Mn之间均为颉颃关系，即当Cr与它们同时存在时毒性减弱，对仔虾的毒害程度降低（王安利等，1992）。

3. 石油类污染

近年来，随着我国石油工业、港口交通运输业、海洋石油开发的日益发展，以及海上溢油事故的频繁发生和陆源含油废水大量排入海洋，石油烃类化合物已成为我国渤海近岸海域最主要的污染物之一。海洋环境中大量石油污染物的存在使海水水质严重下降，破坏了海洋生态环境（王静芳等，1998）。石油类对中国对虾仔虾的毒性大小顺序为汽油和煤油＞轻柴油＞原油（吴彰宽等，1988）。唐峰华等（2009）研究了4种原油和3种成品油对中国对虾仔虾的影响，结果表明石油类会导致仔虾出现急躁不安、缺氧窒息、体表黏膜受损等一系列中毒症状，并且成品油的毒性比原油大。

4. 赤潮

赤潮是海洋浮游生物非正常增殖而造成的海水变色现象，尤其是有毒赤潮发生时常伴有鱼类、贝类等的大量死亡，严重破坏海洋生态环境。近年来，随着工农业生产的发展，渤海沿岸水域富营养化程度日趋严重，导致赤潮频发，严重损害水域生态系统。引起赤潮的某些藻类可使对虾鳃部堵塞，引发黄鳃病，从而影响对虾呼吸，造成食欲不振、运动能力和体质明显下降。某些赤潮生物发出的亮光会打乱对虾的正常生理节奏，使对虾的运动与休息节律失调、昼夜节律混乱，严重影响对虾的正常生长。在赤潮处于高峰时，水体中的pH可高达9以上，如果此时氨态氮和有机质含量偏高，弧菌就会迅速繁殖，从而引发较大规模的对虾发病；而当赤潮生物大量死亡时，又会造成水体中溶解氧含量骤降，导致对虾大量死亡（王涌，1998）。

Sommer等（1937）首次报道甲藻可造成海洋无脊椎动物中毒。我国常见甲藻赤潮的主要毒素是麻痹性贝毒（PSP）和腹泻性贝毒（DSP）。甲藻毒素具有巨大的环境毒害效应（Dale et al，1978；Hallegraeff，1993），毒源藻种类很多，尤其是亚历山大藻、裸甲藻、鳍藻、原甲藻及剧毒冈比甲藻等。塔玛亚历山大藻可破坏中国对虾的抗氧化平衡，引发对虾鳃和肝胰脏的脂质过氧化和细胞凋亡（Liang et al，2014；梁忠秀等，2014）。

二、莱州湾区域内中国对虾的重金属富集及生物响应

莱州湾是渤海的三大海湾之一，沿岸有黄河、潍河、胶莱河和小清河等20多条河流注入，河流带来的大量淡水和营养物质，使莱州湾成为渤海重要经济鱼虾类的产卵场和生

长区（崔毅等，2003）。其中，虾类是多种鱼类的生物饵料，同时也具有重要的经济价值，中国对虾曾经作为莱州湾海域虾类群落的优势种，现在主要依靠放流维持种群数量（逄志伟等，2013；任中华等，2014）。近年来，随着莱州湾沿岸寿光、莱州、招远、龙口等城市工业的迅速发展，沿岸大量的工业污水和生活废水直接入海，使其成为中国污染最严重的海洋区域之一（Gao et al，2012；2014；郭兰等，2014）。据统计，2016年进入渤海的年污水量达65.7亿t，占全国年总排污水量的40%（中国海洋环境质量公报，2016）。日渐恶劣的生存环境必将影响中国对虾的正常生长和繁殖，对中国对虾和以此为食的其他生物造成毒害。因此，有必要开展莱州湾海域污染对放流后中国对虾影响的调查。借助"973"项目航次，于2017年9月对莱州区域内多个站位进行底拖网调查，选择其中3个代表性站位 S6334（37°15′0″ N、119°30′0″）、S6262（37°45′0″ N、119°15′0″ E）和 S6262（39°0′0″ N、120°30′0″）进行分析（图4-22）。

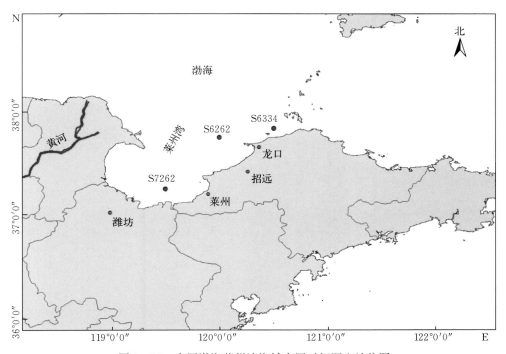

图4-22 中国渤海莱州湾海域中国对虾调查站位图

1. 莱州湾不同站位中国对虾消化腺内金属/类金属含量

重金属污染物是莱州湾典型污染物之一，其中陆源污染主要来源包括自然行为和人为活动。自然环境中，金属易被细颗粒物吸附，经大气沉降、地表径流等进入海洋（徐亚岩等，2012）。自2002年起，莱州湾入海河流之一的黄河进行调水调沙工程，极大地增加了黄河的入海径流量，也加大了陆源金属污染物对莱州湾环境的影响（王同顺，2017）。同时，人类活动也加剧了莱州湾金属污染，如流域周边的生活及工业废水、农药及化肥污染以及有色金属的开采和冶炼等。3个取样点采集的中国对虾样品中金属含量（µg/g，湿重）如表4-16所示，位点 S6262 和 S7262 对虾消化腺内 Cd 含量显著高于位点 S6334，位点 S7262 对虾消化腺内 As、Cr 和 Cu 含量显著高于对照位点 S6334。位点 S6262 和 S7262 靠近潍坊、龙口、招远等城市，这些城市煤炭、冶金等工业发达，有大量金属如 Cd、As、Cr 和 Cu 集中排放进入莱州湾，这可能是位点 S6262 和 S7262 采集的中国对虾消化腺中 Cd、As、Cr 和 Cu 具有较高浓度的原因。

表 4-16　莱州湾不同站位中国对虾消化腺内金属/类金属的浓度

金属[a]	取样点		
	S6334	S6262	S7262
Pb	0.070±0.037	0.057±0.020	0.044±0.016
Cr	1.967±0.193	1.951±0.203	2.510±0.397**
Mn	0.954±0.432	0.587±0.298	0.559±0.172
Fe	46.925±28.577	36.648±38.353	28.193±26.247
Co	0.019±0.010	0.026±0.019	0.015±0.007
Ni	0.102±0.053	0.098±0.034	0.123±0.070
Cu	15.164±6.474	22.676±15.373	28.681±17.423*
Zn	23.440±2.400	22.480±3.048	25.966±1.850
As	6.133±1.889	6.487±1.658	11.178±2.945**
Se	2.858±0.873	2.673±0.670	4.842±1.169
Cd	0.006±0.001	0.016±0.008**	0.010±0.004**

注：a 数据显示为平均值±标准偏差（$n=8$），值以 μg/g 湿重表示。

*（$P<0.05$）和**（$P<0.01$）表示对照位点（S6334）和金属污染位点（S6262 或 S7262）之间金属浓度具有显著差异（t 检验）。

2. 莱州湾不同站位中国对虾消化腺内代谢物的差异

图 4-23 为位点 S6334 中国对虾肌肉组织的[1] H NMR 谱图，共鉴定出 37 种代谢物，其中包括氨基酸（亮氨酸、异亮氨酸、缬氨酸、苏氨酸、丙氨酸、精氨酸、脯氨酸和谷氨酸等）、渗透调节物质（亚牛磺酸、二甲基甘氨酸、甜菜碱、牛磺酸和龙虾肌碱）、三羧酸循环中间产物（琥珀酸和延胡索酸）以及能量代谢相关代谢物等。

通过对代谢物进行主成分分析（PCA），发现位点 S6334 和 S6262 和 S7262 之间明显分离，说明 3 个取样位点的中国对虾代谢物具有显著差异（图 4-23）。利用正交偏最小二乘法判别分析法（OPLS-DA）分析中国对虾肌肉组织中的代谢物，结果如图 4-24 所示，Q^2 分别为 0.615 和 0.533，说明所建模型可靠。由金属污染诱导的显著的代谢反应（S6262 和 S7262）已在 OPLS-DA 的相应加载图中标记［图 4-25（B、D）］。

3. 典型污染物 Cd（Ⅱ）和 As（Ⅴ）对中国对虾幼体的毒理效应

Cd 和 As 是莱州湾两种代表性污染物，海水中无机砷常以五价砷为主。为了解 Cd 和 As 对中国对虾幼体的毒性效应以及中国对虾幼体响应重金属胁迫的应答机制，笔者所在

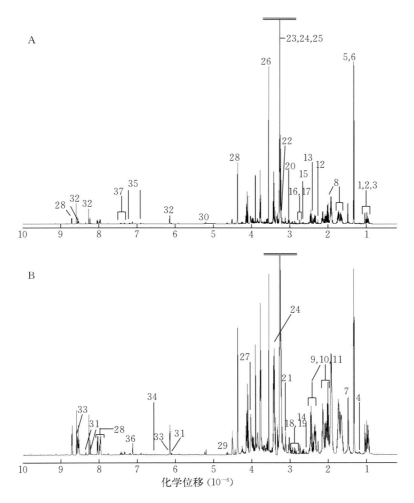

图 4-23 对照位点（S6334）中国对虾肌肉组织的¹H NMR 谱图

1. 亮氨酸；2. 异亮氨酸；3. 缬氨酸；4. 3-羟基丁酸酯；5. 乳酸；6. 苏氨酸；7. 丙氨酸；8. 精氨酸；9. 脯氨酸；
10. 谷氨酸；11. 谷氨酰胺；12. 乙酰乙酸；13. 琥珀酸；14. 蛋氨酸；15. 亚牛磺酸；16. 未知 1（2.74 mg/L）；
17. 未知 2（2.76 mg/L）；18. 天冬酰胺；19. 二甲基甘氨酸；20. 赖氨酸；21. 丙二酸；22. 磷酸胆碱；23. 三甲胺
N-氧化物；24. 牛磺酸；25. 甜菜碱；26. 甘氨酸；27. 丝氨酸；28. 龙虾肌碱；29. β-葡萄糖；30. α-葡萄糖；
31. 肌苷；32. AMP；33. ATP；34. 延胡索酸；35. 酪氨酸；36. 组氨酸；37. 苯丙氨酸

实验室设计室内暴露实验，包括海水对照组、Cd 暴露组（5 μg/L 和 50 μg/L）和 As 暴露组（5 μg/L 和 50 μg/L），每组 2 个重复，暴露时长为 96 h。实验温度为（17±1）℃，pH 为 8.1±0.1，实验用水为沙滤沉淀后的海水，盐度为 31.1。

（1）Cd 和 As 胁迫后中国对虾幼体内重金属富集水平　研究比较了对照组和暴露组中国对虾幼体全组织的重金属浓度，结果如表 4-17 所示，高浓度 Cd 暴露组幼虾体内 Cd 富集量达到极显著水平（$P < 0.01$），低浓度 As 暴露组幼虾 As 富集量显著降低（$P < 0.01$），高浓度 As 暴露组无明显变化，推测 As 对中国对虾幼体表现出剂量依赖的毒性效应。

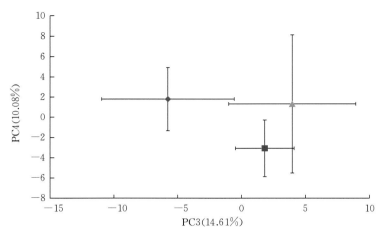

图 4-24　不同位点 S6334（◆）、S6262（■）和 S6262（▲）的中国对虾肌肉组织的 ^{1}H NMR 光谱产生的 PC3 和 PC4 轴的主成分分析（PCA）得分图

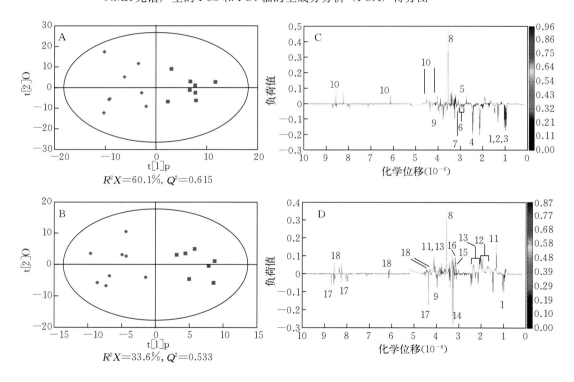

图 4-25　对照位点（◆）和金属污染位点（■）中国对虾肌肉组织

A、B 分别为 S6262 VS S6334、S7262 VS S6334 ^{1}H NMR 数据的 OPLS-DA 分析得分图，C、D 为相关系数载荷图，正向峰表示在 S6262 和 S7262 站位样品中高丰度的代谢物，负向峰表示在 S6334 站位样品中高丰度的代谢物

1. 缬氨酸；2. 异亮氨酸；3. 亮氨酸；4. 谷氨酰胺；5. 未知 1（2.74 mg/L）；6. 天冬酰胺；7. 赖氨酸；
8. 甘氨酸；9. 丝氨酸；10. ATP；11. 乳酸；12. 精氨酸；13. 脯氨酸；14. 三甲胺 N-氧化物；
15. 丙二酸；16. 磷酸胆碱；17. 龙虾肌碱；18. 肌苷

表 4 - 17　对照组和暴露组中国对虾幼体全组织中重金属浓度

重金属富集量[a]	对照组		暴露组			
	海水	5 μg/L Cd	50 μg/L Cd	5 μg/L As	50 μg/L As	
Cd	0.93			0.96	1.99**	
As	1.91	1.49**	1.79			

注：a 数据显示为平均值±标准偏差（$n=6$），值以 μg/g 湿重表示。*（$P<0.05$）和**（$P<0.01$）表示对照组和金属暴露组之间金属浓度具有显著差异和极显著差异（t 检验）。

　　（2）Cd 和 As 对中国对虾幼体生化指标的影响　重金属对生物体的影响是多方面的。在应对重金属胁迫过程中，为维持机体的内环境稳态以及正常生长，生物会调整原有的生理、生化活动以适应新的生存环境。通过比较对照组和暴露组的中国对虾幼体 2 种抗氧化酶的活性（SOD、CAT）以及谷胱甘肽（GSH）、$Na^+ - K^+ - ATPase$ 浓度，结果如图 4 - 26 所示，各处理组和对照组之间 SOD 和 $Na^+ - K^+ - ATPase$ 浓度均无显著差异。As 暴露组 CAT 酶活性较对照组显著增加，Cd 暴露组 CAT 酶活性较对照组显著降低，GSH 含量较对照组也具有显著变化。本研究中 CAT 活性以及 GSH 含量均出现变化，表

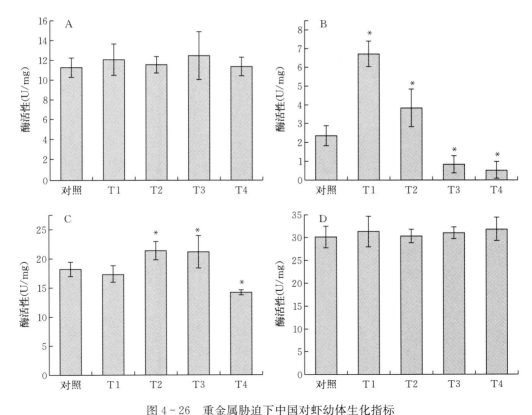

图 4 - 26　重金属胁迫下中国对虾幼体生化指标

T1：5 μg/L As（Ⅴ）；T2：50 μg/L As（Ⅴ）；T3：5 μg/L Cd（Ⅱ）；T4：50 μg/L Cd（Ⅱ）

（A）SOD，（B）CAT，（C）GSH，（D）$Na^+ - K^+ - ATPase$

明中国对虾幼体的抗氧化系统受到了一定程度干扰，而 CAT 和 GSH 可作为 Cd、As 污染的生物标记物。

（3）Cd 对中国对虾幼体代谢物的影响　在中国对虾幼体全组织中共成功鉴定 32 种代谢物，主要包括氨基酸（亮氨酸、异亮氨酸、缬氨酸、苏氨酸、丙氨酸、精氨酸、谷氨酸、组氨酸和苯丙氨酸等）、渗透压调节物（亚牛磺酸、甜菜碱、牛磺酸和龙虾肌碱）、三羧酸循环中间产物（琥珀酸）以及能量代谢相关代谢物（葡萄糖）等（图 4 - 27）。

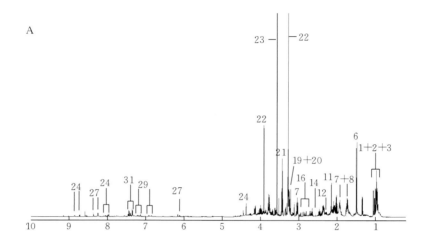

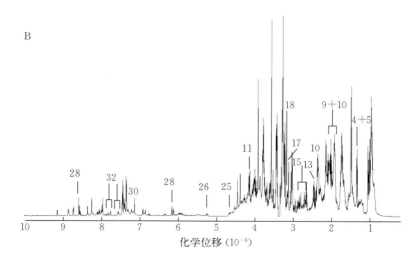

化学位移（10^{-6}）

图 4 - 27　中国对虾幼体的 ^{1}H NMR 谱

1. 异亮氨酸；2. 亮氨酸；3. 缬氨酸；4. 乳酸；5. 苏氨酸；6. 丙氨酸；7. 赖氨酸；8. 精氨酸；9. 脯氨酸；
10. 谷氨酸；11. 蛋氨酸；12. 琥珀酸；13. 谷氨酰胺；14. β-丙氨酸；15. 天冬氨酸；16. 天冬酰胺；17. 丙二酸；
18. 胆碱；19. 磷酸胆碱；20. 乙酰胆碱；21. 牛磺酸；22. 甜菜碱；23. 甘氨酸；24. 龙虾肌碱；
25. β-葡萄糖；26. α-葡萄糖；27. 肌苷；28. 肌苷酸；29. 酪氨酸；30. 组氨酸；31. 苯丙氨酸；32. 色氨酸

利用 OPLS-DA 法分析中国对虾样品中的代谢物，结果如图 4-27 所示，Q^2 分别为 0.852 和 0.859，说明所建模型可靠。由相关系数载荷图可看出，中国对虾幼体经 Cd 暴露 96 h 后，亮氨酸、丙氨酸、赖氨酸氨、甘氨酸和乳酸含量显著下调（$P < 0.05$），而脯氨酸、牛磺酸、龙虾肌碱、葡萄糖、酪氨酸和组氨酸显著上调（$P < 0.05$）（图 4-28）。

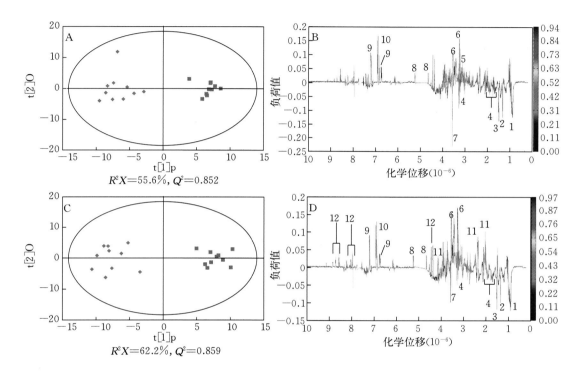

图 4-28　OPLS-DA 分析 Cd 胁迫中国对虾幼体后差异表达的代谢物

A、C 分别是低浓度（5 μg/L）和高浓度（50 μg/L）Cd 暴露组 OPLS-DA 得分图；

B、D 为对应的相关系统载荷图，正向峰表示在 Cd 暴露组中高丰度的代谢物，负向峰为对照组高丰度的代谢物

1. 亮氨酸；2. 乳酸；3. 丙氨酸；4. 赖氨酸；5. 磷酸胆碱；6. 牛磺酸；7. 甘氨酸；8. 葡萄糖；
9. 酪氨酸；10. 组氨酸；11. 脯氨酸；12. 龙虾肌碱

　　牛磺酸和龙虾肌碱是参与渗透压调节的重要代谢物。在 Cd 暴露组中，牛磺酸和龙虾肌碱含量出现显著变化，说明 Cd 胁迫干扰了中国对虾幼体的渗透压调节过程。葡萄糖含量显著变化，说明中国对虾幼体体内的厌氧代谢受到了抑制，从而影响了幼体的能量代谢过程。

参考文献

曹宝祥，孔杰，罗坤，等，2015. 凡纳滨对虾选育群体与近交群体、引进群体生长和存活性能比较 [J]. 水产学报，39（1）：42-51

程济生，朱金声，1997. 黄海主要经济无脊椎动物摄食特征及其营养层次的研究 [J]. 海洋学报，19

（6）：102-108.

崔毅，马绍赛，李云平，等，2003. 莱州湾污染及其对渔业资源的影响［J］. 海洋水产研究，24（1）：35-41.

董双林，堵甫山，赖伟，1994. pH 值和 Ca^{2+} 浓度对日本沼虾生长和能量收支的影响［J］. 水产学报，2：118-123.

邓景耀，庄志猛，2001. 渤海对虾补充量变动原因的分析及对策研究［J］. 中国水产科学，7（4）：125-128.

邓景耀，叶昌臣，刘永昌，1990. 渤黄海的对虾及其资源管理［M］. 北京：海洋出版社：283.

丁美丽，林林，李光友，等，1997. 有机污染对中国对虾体内外环境影响的研究［J］. 海洋与湖沼，1：7-12.

逢志伟，徐宾铎，陈学刚，等，2013. 胶州湾中部海域虾类群落结构及其多样性［J］. 中国水产科学，20（2）：361-371.

高成年，曲克明，张渡溪，等，1995. 中国对虾（*Penaeus chinensis*）卵子孵化和无节幼体变态水环境中锌离子的最佳活度［J］. 中国水产科学，3：1-7.

郭兰，吴光红，商靖，2014. 渤海有毒金属污染状况和研究进展［J］. 海洋环境科学，33（1）：169-176.

郝景伟，2019. 虾类两种新发疫病病原生态学的初步研究［D］. 上海：上海海洋大学.

何建国，莫福，1999. 对虾白斑综合征病毒暴发流行与传播途径、气候和水体理化因子的关系及其控制措施［J］. 中国水产，7：34-37，41.

黄梓荣，张汉华，2009. 南海北部陆架区虾蛄类的种类组成和数量分布［J］. 渔业科学进展，30（6）：125-130.

姜卫民，孟田湘，陈瑞盛，等，1998. 渤海日本鲟和三疣梭子蟹食性的研究［J］. 渔业水产研究，19（1）：54-59.

金显仕，2014. 黄海、渤海渔业资源增殖基础与前景［M］. 北京：科学出版社：395.

孔杰，金武，栾生，等，2009. 水产动物选择育种的近交分析［J］. 自然科学进展，19（9）：917-923.

李光友，1995. 中国对虾疾病与免疫机制［J］. 海洋科学，4：1-3.

李科震，王承国，梁海永，等，2019. 增殖放流对山东半岛南部中国对虾资源贡献率的研究［J］. 烟台大学学报（自然科学与工程版），32（2）：165-170.

李苗，单秀娟，王伟继，等，2019. 中国对虾生物量评估的环境 DNA 检测技术的建立及优化［J］. 渔业科学进展，40（1）：12-19.

李少文，李凡，张莹，等，2014. 莱州湾大型底栖动物的次级生产力［J］. 生态学杂志，33（1）：190-197.

李伟亚，王伟继，孔杰，等，2012. 中国对虾微卫星四重 PCR 技术的建立及其在模拟放流效果评估方面的应用［J］. 海洋学报（中文版），34（5）：213-220.

李文抗，刘克奉，苗军，等，2009. 中国对虾增殖放流技术及存在的问题［J］. 天津水产，2：13-18.

李文抗，刘克明，苗军，等，2009. 中国明对虾增殖放流技术探讨［J］. 中国渔业经济，2（27）：59-63.

李忠义，金显仕，吴强，等，2014. 鳌山湾增殖放流中国对虾的研究［J］. 水产学报，38（3）：410-416.

李忠义，王俊，赵振良，等，2012. 渤海中国对虾资源增殖调查［J］. 海洋科学进展，33（3）：1-7.

梁忠秀，李健，任海，等，2014. 塔玛亚历山大藻对中国明对虾鳃组织的氧化胁迫和对 Caspase 基因（FcCasp）表达的影响 [J]. 中国水产科学，21（1）：153-160.

林林，丁美丽，孙舰军，等，1998. 有机污染提高对虾对病原菌易感性研究 [J]. 海洋学报（中文版），1：90-93.

林群，李显森，李忠义，等，2013. 基于 Ecopath 模型的莱州湾中国对虾增殖生态容量 [J]. 应用生态学报，24（4）：1131-1140.

刘传桢，严隽箕，崔维喜，1981. 渤海秋汛对虾数量预报方法的研究 [J]. 水产学报，5（1）：65-73.

刘存岐，王安利，王维娜，等，2000. 海水中 Cu^{2+}，Mn^{2+} 和 Sr^{2+} 对中国对虾糠虾幼体成活率与变态率的影响 [J]. 中山大学学报（自然科学版），S1：132-134.

刘爽，2017. 虾类偷死野田村病毒（CMNV）病原生态学的初步研究 [D]. 上海：上海海洋大学.

刘萍，孟宪红，何玉英，等，2004. 中国对虾（Fenneropenaeus chinensis）黄、渤海 3 个野生地理群遗传多样性的微卫星 DNA 分析 [J]. 海洋与湖沼，35（3）：252-257.

刘瑞玉，2004. 关于我国海洋生物资源的可持续利用 [J]. 科技导报，11：28-31.

刘永昌，1982. 秋汛莱州湾对虾洄游分布规律的初步研究 [J]. 海洋渔业，5：195-199.

罗坤，2015. 近交对中国对虾生长、养殖存活率和抗 WSSV 性状的影响及"黄海 2 号"主要性状的遗传参数估计 [D]. 青岛：中国海洋大学.

马大勇，胡红浪，孔杰，2005. 近交及其对水产养殖的影响 [J]. 水产学报，6：849-856.

宁璇璇，纪灵，王刚，等，2011.2009 年莱州湾近岸海域浮游植物群落的结构特征 [J]. 海洋湖沼通报，3：97-104.

农业部渔业渔政管理局，2016. 中国渔业统计年鉴（2015）[M]. 北京：中国农业出版社.

农业部渔业渔政管理局，2017. 中国渔业统计年鉴（2016）[M]. 北京：中国农业出版社.

农业农村部渔业渔政管理局，2019. 中国渔业统计年鉴（2018）[M]. 北京：中国农业出版社.

任中华，郑亮，李凡，等，2014. 莱州湾海域虾类群落结构及其多样性 [J]. 海洋渔业，36（3）：193-201.

宋晓玲，黄健，王崇明，等，1996. 皮下及造血组织坏死杆状病毒对中国对虾亲虾的人工感染 [J]. 水产学报，4：374-378.

单秀娟，金显仕，李忠义，等，2012. 渤海鱼类群落结构及其主要增殖放流鱼类的资源量变化 [J]. 渔业科学进展，33（6）：1-9.

孙舰军，丁美丽，1999. 氨氮对中国对虾抗病力的影响 [J]. 海洋与湖沼，3：267-272.

唐峰华，沈盎绿，沈新强，2009. 溢油污染对虾类的急性毒害效应 [J]. 广西农业科学，40（4）：410-414.

唐启升，韦晟，1997. 渤海莱州湾渔业资源增殖的敌害生物及其对增殖种类的危害 [J]. 应用生态学报，8（2）：199-206.

田燚，孔杰，栾生，等，2008. 中国对虾生长性状遗传参数的估计 [J]. 海洋水产研究，3：1-6.

汪岷，包振民，邵济钧，等，1999. 中国对虾（Penaeus chinensis）的白点综合征病毒（WSSV）的提纯和核酸提取 [J]. 青岛海洋大学学报（自然科学版），3：140-143.

王安利，崔伟，1992. 铬对中国对虾仔虾的急性致毒效应及其与铜锌锰相互关系的研究 [J]. 河北渔业，6：7-11.

王安利，王维娜，李铁水，等，1992. 铜、锌、锰和铬对中国对虾仔虾的急性致毒及相互关系的研究 [J]. 海洋学报（中文版），4：134-139.

王慧，房文红，来琦芳，2000. 水环境中 Ca^{2+}、Mg^{2+} 对中国对虾生存及生长的影响 [J]. 中国水产科学，1：82－86.

王静芳，韩庚辰，韩建波，1998. 近岸海洋沾污沉积物中石油烃类化合物释放过程的实验室研究 Ⅰ. 实验室动态模拟研究 [J]. 海洋环境科学，2：30－35.

王同顺，2017. 黄河入海径流和近海水域的相互作用及其应用探讨 [D]. 烟台：鲁东大学.

吴强，金显仕，栾青杉，等，2016. 基于饵料及敌害生物的莱州湾中国对虾（Fenneropenaeus chinensis）与三疣梭子蟹（Portunus trituberculatus）增殖基础分析 [J]. 渔业科学进展，37（2）：1－9.

吴彰宽，陈国江，1988. 二十三种有害物质对对虾的急性致毒试验 [J]. 海洋科学，4：36－40.

吴中华，刘昌彬，刘存仁，等，1999. 中国对虾慢性亚硝酸盐和氨中毒的组织病理学研究 [J]. 华中师范大学学报（自然科学版），1：121－124.

徐婷婷，2018. 虾类病毒跨"养殖池塘-近海"传播及其遗传演进的初步探究 [D]. 上海：上海海洋大学.

徐亚岩，宋金明，李学刚，等，2012. 渤海湾表层沉积物各形态重金属的分布特征与生态风险评价 [J]. 环境科学，33（3）：732－740.

杨爽，宋娜，高天翔，等，2017. 莱州湾放流中国对虾的跟踪调查及其生长研究 [J]. 海洋湖沼通报，1：102－108.

叶昌臣，宋辛，韩德武，2002. 估算混合虾群中放流虾与野生虾比例的报告 [J]. 水产科学，4：31－32.

叶昌臣，杨威，林源，2005. 中国对虾产业的辉煌与衰退 [J]. 天津水产，1：9－14.

俞存根，宋海棠，2004. 东海大陆架海域蟹类资源量的评估 [J]. 水产学报，28（1）：41－46.

袁伟，林群，王俊，等，2015. 崂山湾中国对虾（Fenneropenaeus chinensis）增殖放流的效果评价 [J]. 渔业科学进展，36（4）：27－34.

袁有宪，高成年，张渡溪，等，1993. 重金属离子对中国对虾幼体的影响及其消除方法比较 [J]. 海洋学报（中文版），3：80－87.

袁有宪，曲克明，刘立波，等，1995. 中国对虾卵子孵化及无节幼体变态对海水环境中铜的需要 [J]. 海洋学报（中文版），1：83－89.

张波，金显仕，吴强，等，2015. 莱州湾中国明对虾增殖放流策略研究 [J]. 中国水产科学，22（3）：361－370.

张波，吴强，金显仕，2015. 1959—2011 年间莱州湾渔业资源群落食物网结构的变化 [J]. 中国水产科学，22（2）：1－10.

张洪玉，罗坤，孔杰，等，2009. 近交对中国明对虾生长、存活及抗逆性的影响 [J]. 中国水产科学，16（5）：744－750.

张明亮，冷悦山，吕振波，等，2013. 莱州湾三疣梭子蟹生态容量估算 [J]. 海洋渔业，35（3）：303－308.

周红，华尔，张志南，2010. 秋季莱州湾及邻近海域大型底栖动物群落结构的研究 [J]. 中国海洋大学学报，40（8）：80－87.

周军，李怡群，张海鹏，等，2006. 中国对虾增殖放流跟踪调查与效果评估 [J]. 河北渔业，7：27－30.

Araki H，Schmid C，2010. Is hatchery stocking a help or harm? Evidence, limitations and future directions in ecological and genetic surveys [J]. Aquaculture, 308（S1）.

Aulstad D，Kittelsen A，1971. Abnormal body curvature of rainbow trout（Salmo gairdneri）inbred fry [J]. Journal of the Fisheries Research Board of Canada, 28：1918－1920.

Bell J，Leber K，Blankenship H，et al，2008. A new era for restocking，stock enhancement and sea ranching of coastal fisheries resources [J]. Reviews in Fisheries Science，16：1 – 9.

Bower C，Bidwell J，1978. Ionization of ammonia in seawater – effects of temperature，pH，and salinity [J]. Journal of the Fisheries Research Board of Canada，35 (7)：1012 – 1016.

Brum J R，Ignacio – Espinoza J C，Roux S，et al，2015. Patterns and ecological drivers of ocean viral communities [J]. Science，348：1261498.

Chapman R W，Browdy C L，Savin S，et al，2004. Sampling and evaluation of white spot syndrome virus in commercially important Atlantic penaeid shrimp stocks [J]. Dis Aquat Org，59：179 – 185.

Cheng S，Chen J，1999. Hemocyanin oxygen affinity，and the fractionation of oxyhemocyanin and deoxyhemocyanin for *Penaeus monodon* exposed to elevated nitrite [J]. Aquat Toxicol，45 (1)：35 – 46.

Chen J，Cheng S，Chen C，1994. Changes of hemocyanin，protein and free amino – acid levels in the hemolymph of *Penaeus japonicus* exposed to ambient ammonia [J]. Comparative Biochemistry and Physiology，109 (2)：339 – 347.

Chen J，Lin C，1995. Responses of oxygen consumption，ammonia – N excretion and urea – N excretion of *Penaeus chinensis* exposed to ambient ammonia at different salinity and pH levels [J]. Aquaculture，136 (3 – 4)：243 – 255.

Chen J，Nan F，1992. Effect of ambient ammonia on ammonia – N excretion and atpase activity of *Penaeus chinensis* [J]. Aquat Toxicol，23 (1)：1 – 10.

Chen J，Nan F，1993. Effects of ammonia on oxygen consumption and ammonia – N excretion of *Penaeus chinensis* after prolonged exposure to ammonia [J]. Bull Environ Contam Toxicol，51 (1)：122 – 129.

Chen J，Ting Y，Lin J，et al，1990. Lethal effects of ammonia and nitrite on *Penaeus chinensis* juveniles [J]. Mar Biol，107 (3)：427 – 431.

Chen Y，He J，2019. Effects of environmental stress on shrimp innate immunity and white spot syndrome virus infection [J]. Fish Shellfish Immunol，84：744 – 755.

Cockerham C C，Weir B S，1993. Estimation of gene flow from F – Statistics [J]. Evolution，47 (3)：855 – 863.

Dale B，Yentsch C，1978. Red tide and paralytic shellfish poisoning [J]. Oceanus，21 (3)：41 – 49.

Dang H，Lovell C R，2015. Microbial surface colonization and biofilm development in marine environments [J]. Microbiol Mol Biol Rev，80 (1)：91 – 138.

Doyle R W，2016. Inbreeding and disease in tropical shrimp aquaculture：a reappraisal and caution [J]. Aquaculture Research，47 (1)：21 – 35.

Eldridge W H，Myers J M，Naish K A，2009. Long – term changes in the fine – scale population structure of coho salmon populations (*Oncorhynchus kisutch*) subject to extensive supportive breeding [J]. Heredity，103 (4)：299 – 309.

Eldridge W H，Naish K A，2010. Long – term effects of translocation and release numbers on fine – scale population structure among coho salmon (*Oncorhynchus kisutch*) [J]. Molecular Ecology，16 (12)：2407 – 2421.

Fischer M G，Allen M J，Wilson W H，et al，2010. Giant virus with a remarkable complement of genes infects marine zooplankton [J]. Proc Natl Acad Sci，107 (45)：19508 – 19513.

Franklin I R，Frankham R，1998. How large must populations be to retain evolutionary potential？ [J].

Animal Conservation，1（1）：69－70.

Fraser B A，Neff B D，2010. Parasite mediated homogenizing selection at the MHC in guppies [J]. Genetica，138：273－278.

Gallardo J A，Garcia X，Lhorente J P，et al，2004. Inbreeding and inbreeding depression of female reproductive traits in two populations of coho salmon selected using BLUP predictors of breeding values [J]. Aquaculture，234：111－122.

Gao X，Chen C，2012. Heavy metal pollution status in surface sediments of the coastal Bohai Bay. Water Res，46（6）：1901－1911.

Gao X，Zhou F，Chen C，2014. Pollution status of the Bohai Sea：an overview of the environmental quality assessment related trace metals [J]. Environ Int，62（4）：12－30.

Gjerde B，Gjøen H M，Villanueva B，1996. Optimum designs for fish breeding programmes with constrained inbreeding mass selection for a normally distributed trait [J]. Livestock Production Science，47（1）：59－72.

Gjerde B，Gunnes K，Gjedrem T，1983. Effect of inbreeding on survival and growth in rainbow trout [J]. Aquaculture，34：327－332.

Haas A F，Fairoz M F，Kelly L W，et al，2016. Global microbialization of coral reefs [J]. Nat Microbiol，1（6）：16042.

Hallegraeff G，1993. A review of harmful algal blooms and their apparent global increase [J]. Phycologia，32（2）：79－99.

Hill W G，1981. Estimation of effective population size from data on linked genes [J]. Advances in Applied Probability，13（1）：4.

Jin X，Shan X，Li X，et al，2013. Long－term changes in the fishery ecosystem structure of Laizhou Bay，China [J]. Science China Earth Sciences，56（3）：366－374.

Jorde P E，Ryman N，2008. Unbiased estimator for genetic drift and effective population size [J]. Genetics，177（177）：927－935.

Keys S J，Crocos P J，Burridge C Y，et al，2004. Comparative growth and survival of inbred and outbred *Penaeus（Marsupenaeus）japonicus*，reared under controlled environment conditions：indications of inbreeding depression [J]. Aquaculture，241（1）：151－168.

Kincaid H L，1976. Inbreeding in rainbow trout（*Oncorhynchus mykiss*）[J]. Journal of the Fisheries Research Board of Canada，33（11）：2420－2426.

Kitada S，Shishidou H，Sugaya T，et al，2009. Genetic effects of long－term stock enhancement programs [J]. Aquaculture，290（1－2）：0－79.

Laikre L，Schwartz M K，Waples R S，et al，2010. Compromising genetic diversity in the wild：unmonitored large－scale release of plants and animals [J]. Trends in Ecology & Evolution，25（9）：0－529.

Lamaze，F C，C Sauvage，A Marie，et al，2012a. Dynamics of introgressive hybridization assessed by SNP population genomics of coding genes in stocked brook charr（*Salvelinus fontinalis*）[J]. Mol Ecol，21：2877－2895.

Lamaze，F C，D Garant，and L Bernatchez，2012b. Stocking impacts the expression of candidate genes and physiological condition in introgressed brook charr（*Salvelinus fontinalis*）populations [J]. Evol Appl，6：393－407.

Liang Z，Li J，Li J，et al，2014. Toxic dinoflagellate Alexandrium tamarense induces oxidative stress and apoptosis in hepatopancreas of shrimp（*Fenneropenaeus chinensis*）[J]. J Ocean Univ China，13（6）：1005 – 1011.

Lima – Mendez G，Faust K，Henry N，et al，2015. Determinants of community structure in the global plankton interactome [J]. Science，348：1262073

Liu S，Li J T，Tian Y，et al，2017. Experimental vertical transmission of Covert mortality nodavirus（CMNV）in *Exopalaemon carinicauda* [J]. J Gen Virol，98（4）：652 – 661.

Liu T，2010. Systematic procedures for calculating inbreeding coefficients [J]. Journal of Heredity，40（2）：51 – 55.

Lokko Y，Dixon A，Offei S，et al，2006. Assessment of genetic diversity among African cassava *Manihot esculenta* Grantz accessions resistant to the cassava mosaic virus disease using SSR markers [J]. Genetic Resources & Crop Evolution，53（7）：1441 – 1453.

Loneragan N R，Jenkins G I，Taylor M D，2013. Marine stock enhancement，restocking，and sea ranching in Australia：Future directions and a synthesis of two decades of research and development [J]. Reviews in Fisheries Science，21（3 – 4）：222 – 236.

Meng X H，Wang Q Y，Jang I K，et al，2009. Genetic differentiation in seven geographic populations of the fleshy shrimp Penaeus（Fenneropenaeus）chinensis based on microsatellite DNA [J]. Aquaculture，287（1 – 2）：46 – 51.

Mijangos – Alquisires Z L，Quintero – Arredondo N，Castro – Longoria R，et al，2006. White spot syndrome virus（WSSV）in *Litopenaeus vannamei* captured from the Gulf of California near an area of extensive aquaculture activity [J]. Dis Aquat Organ 71（1）：87 – 90.

Nakadate M，Shikano T，Taniguchi N，2003. Inbreeding depression and heterosis in various various quantitative traits of the guppy，*Poecilia reticulate* [J]. Aquaculture，220：219 – 226.

Nei M，Chakraborty R，Fuerst P A，1976. Infinite allele model with varying mutation rate [J]. Proceedings of the National Academy of Sciences of the United States of America，73（11）：4164 – 4168.

Noorhamid S，Fortes R，Paradoestepa F，1994. Effect of pH and ammonia on survival and growth of the early larval stages of penaeus – monodon fabricius [J]. Aquaculture，125（1 – 2）：67 – 72.

Ozerov M Y，Gross R，Bruneaux M，et al，2016. Genomewide introgressive hybridization patterns in wild Atlantic salmon influenced by inadvertent gene flow from hatchery releases [J]. Molecular Ecology，25（6）：1275 – 1293.

Perrier C，René G，JeanLuc B，et al，2013. Changes in the genetic structure of Atlantic salmon populations over four decades reveal substantial impacts of stocking and potential resiliency [J]. Ecology & Evolution，3（7）：2334 – 2349.

Powell J W，Browdy C L，Burge E J，2015. Blue crabs Callinectes sapidus as potential biological reservoirs for white spot syndrome virus（WSSV）[J]. Dis Aquat Organ，113（2）：163 – 167.

Roux S，Brum J R，Dutilh B E，2016. Ecogenomics and potential biogeochemical impacts of globally abundant ocean viruses [J]. Nature，537（7622）：689 – 693.

Rye M，Mal I L，1998. Non – additive genetic effects of inbreeding depression for body weight in Atlantic salmon（*Salmo salar* L. ）[J]. Livestock Production Science，57：15 – 22.

Sarkar U K，Sandhya K M，Mishal P，et al，2017. Status，prospects，threats，and the way forward for sustainable management and enhancement of the tropical indian reservoir fisheries: An overview [J]. Reviews in Fisheries Science & Aquaculture.

Sauvage C, Derome N, Normandeau E, et al, 2010. Fast Transcriptional Responses to Domestication in the Brook Charr Salvelinus fontinalis [J]. Genetics, 185 (1): 105 – 112.

Sekino M, Saitoh K, Yamada T, et al, 2005. Genetic tagging of released japanese flounder (*Paralichthys olivaceus*) based on polymorphic DNA markers [J]. Aquaculture, 244 (1): 49 – 61.

Sharoni S, Trainic M, Schatz D, et al, 2015. Infection of phytoplankton by aerosolized marine viruses [J]. Proc Natl Acad Sci, 112 (21): 6643 – 6647.

Smallbone W, Oosterhout C van, Cable J, 2016. The effects of inbreeding on disease susceptibility: Gyrodactylus turnbulli infection of guppies, *Poecilia reticulate* [J]. Experimental Parasitology, 167: 32 – 37.

Sommer H, Meyer K, 1937. Paralytic shell – fish poisoning [J]. Arch Pathol, 24 (5): 560 – 598.

Su G S, Liljedahl L E, Gall G A E, 1996. Effects of inbreeding on growth and reproductive traits in rainbow trout (*Oncorhynchus mykiss*) [J]. Aquaculture, 142: 139 – 148.

Sunagawa S, Coelho L P, Chaffron S, et al, 2015. Structure and function of the global ocean microbiome. Science, 348: 1261359.

Sunda W, 1988. Trace Metal Interactions with Marine Phytoplankton [J]. Biol Oceanogr, 6 (5 – 6): 411 – 442.

Taal L, Jennifer M A, Donovan B, et al, 2019. Environmental DNA for the enumeration and management of Pacific salmon [J]. Molecular Ecology Resources, 19 (3).

Taberlet P, Bonin A, Zinger L, et al, 2018. Environmental DNA: for biodiversity research and monitoring [M]. Oxford: Oxford University Press.

Taylor M D, Brennan N P, Lorenzen K, et al, 2013. Generalized predatory impact model: a numerical approach for assessing trophic limits to hatchery releases and controlling related ecological risks [J]. Rev Fish Sci, 21 (3 – 4): 341 – 353.

Taylor M D, Suthers I M, 2008. A predatory impact model and targeted stock enhancement approach for optimal release of mulloway (*Argyrosomus japonicus*) [J]. Rev Fish Sci, 16 (1 – 3): 125 – 134.

Tsuji Y, Yamazaki M, Suzuki I, et al, 2015. Quantitative analysis of carbon flow into photosynthetic products functioning as carbon storage in the marine coccolithophore, *Emiliania huxleyi* [J]. Mar Biotechnol, 17 (4): 428 – 440.

Utter F M, Seeb J E, Seeb L W, 1993. Complementary use of ecological and biochemical genetic data in identifying and conserving salmon populations [J]. Fisheries Research, 18 (1 – 2): 59 – 76.

Van Etten J L, 2011. Another really, really big virus [J]. Viruses, 3 (1): 32 – 46.

Vardi A, Haramaty L, Van Mooy B A, et al, 2012. Host – virus dynamics and subcellular controls of cell fate in a natural coccolithophore population [J]. Proc Nat Acad Sci, 109 (47): 19327 – 19332.

Vermmer G, 1987. Effects of air exposure on dessication rate, hemolymph chemistry and escape behaviour of the spiny lobster [J]. Fish Bull, 85: 45 – 51.

Villanueva B, Sawahla R M, Roughsedge T, et al, 2010. Development of a genetic indicator of biodiversity for farmanimals [J]. Livestock science, 120: 200 – 207.

Wang W J, Lyu D, Wang M S, et al, 2020. Research in migration route of hatchery released Chinese shrimp (*Fenneropenaeus chinensis*) in Bohai Bay using method of SSR marker [J] . Acta Oceanologica Sinica.

Wang Q Y, Zhuang Z M, Deng J Y, et al, 2006. Stock enhancement and translocation of the shrimp *Penaeus chinensis* in China [J]. Fisheries Research, 80 (1): 67 - 79.

Wang S Z, Hard J J, Utter F, 2002. Salmonid inbreeding: a reviewing [J]. Reviews in Fish Biology and Fisheries, 11: 301 - 319.

Wang W, Zhang K, Luo K, et al, 2014. Assessment of recapture rates after hatchery release of Chinese shrimp *Fenneropenaeus chinensis* in Jiaozhou Bay and Bohai Bay in 2012 using pedigree tracing based on SSR markers [J]. Fisheries Science, 80 (4): 749 - 755.

Waples R S, 1989. A generalized approach for estimating effective population size from temporal changes in allele frequency [J]. Genetics, 121 (2): 379 - 391.

Waples R S, Chi D, 2010. Linkage disequilibrium estimates of contemporary N_e using highly variable genetic markers: a largely untapped resource for applied conservation and evolution [J]. Evolutionary Applications, 3 (3): 244 - 262.

Wickins J, 1976. Tolerance of warm - water prawns to recirculated water [J]. Aquaculture, 9 (1): 19 - 37.

Zhang Q L, Xu T T, Wan X Y, et al, 2017. Prevalence and distribution of covert mortality nodavirus (CMNV) in cultured crustacean [J]. Virus Res, 233: 113 - 119.

第五章

其他主要物种增殖放流效果评估现状

——以三疣梭子蟹为例

第一节　三疣梭子蟹增殖放流现状

一、三疣梭子蟹生物学特征及生活习性

三疣梭子蟹（*Portunus trituberculatus*）隶属于十足目（Decapoda）、梭子蟹科（Portunidae）、梭子蟹属（*Portunus*），广泛分布于我国沿海以及日本、朝鲜、马来西亚群岛等水域（戴爱云等，1986）。三疣梭子蟹身体分为头胸部、腹部和附肢3部分。头胸部由头和胸组成，背面有一层头胸甲覆盖，头胸甲呈梭形，甲宽约为甲长的2倍，稍隆起，表面散布细小颗粒，在其胃区有1个疣状突起，心区有2个疣状突起，这就是其被称为三疣梭子蟹的原因。其前侧缘的左右都有9枚锯齿，其中末齿最长大，同时最外侧的1对锯齿向两侧突出，这种锯齿结构使蟹子的体形呈梭子形。在头胸甲额缘的锯齿比较小，眼窝背面的外齿非常大，眼窝腹缘部位拥有长并且尖锐内齿。头胸甲的后方是腹部，位于腹甲中央呈沟状部位俗称蟹脐，雄蟹的呈三角形尖脐，雌性的呈椭圆形团脐。雄蟹腹部的第1节非常短，而第3节和第4节愈合在一起，腹部的大部分附肢已经退化，其中1对附肢特化成交接器。性未成熟时雌性的腹部呈钝三角形，随着性成熟逐渐变成椭圆形。雌蟹的腹部分为7节，其上有呈羽状突起的附肢（便于附着卵子）。附肢由于分布部位不同而分为头部附肢、胸部附肢及腹部附肢3种。由3对触角、1对大颚和2对小颚组成头部附肢；胸部附肢包括3对颚足、1对螯足、4对步足；腹部附肢，雌性为4对，雄性腹部附肢均已退化，第1、2腹节的附肢变为生殖器（程国宝等，2012）。

三疣梭子蟹大部分活动时间在夜间，白天潜伏，有明显的趋光性，其活动情况与季节、年龄和性别等息息相关。春、夏季时到了繁殖季节，三疣梭子蟹经常游到3～5 m深的浅海进行产卵繁殖。大型雌蟹多在春季游到浅海进行产卵，而大型雄蟹到达浅海区的时间比较晚，其长期在深海中。中、小型雌、雄蟹较多在夏季游到浅海来繁殖。到了秋冬季节，三疣梭子蟹就会慢慢游到10～30 m深的泥沙海底进行越冬。索饵洄游和繁殖洄游过程中常常以集群的形式进行。三疣梭子蟹是一种十分活跃的物种，在海水中很少逆着海流

游动，通常是通过步足的划动向左右或前方游动。活动时突然遇到物体或受到惊吓，会即刻快速往后退或深潜下层海水中以逃避敌害。三疣梭子蟹在海底活动时主要依靠前 3 对步足，向左或向右慢慢爬行。它在休息的时候，一般会用末端的 1 对步足进行掘沙逐渐把自己掩埋在海底沙中，只有眼和触角露在沙外面用以及时发现敌害；或者躲避在岩石礁石之间的缝隙里。三疣梭子蟹躲在岩石或海草等障碍物下面脱壳，直至新壳变硬才出来进行活动。其壳的颜色与周围环境情况相适应，在沙底活动时壳的颜色较浅，而在海藻周围活动时壳变成较深的颜色（王克行，1997）。三疣梭子蟹比较凶猛，非常喜欢打斗，在幼蟹时就已经出现相互捕食的现象。它对水质要求较高，而对温度、盐度的要求较低，可适应很广的范围，在水温 8～31 ℃和盐度 16～35 的海域中都能生存，生长适温为 17～26 ℃。幼蟹之前对盐度的适应较差，其后逐渐增强。当周围的水温降至 10 ℃时，三疣梭子蟹就会游往深水处，潜入深海海底的泥沙中进行越冬，大型的三疣梭子蟹潜沙深度可达 10 cm。三疣梭子蟹在天然水域中主要摄食软体动物中的瓣鳃类、甲壳动物中的端足类、十足类、多毛类以及小杂鱼、动物的尸体、水藻的嫩叶等（沈嘉瑞等，1965）。

　　三疣梭子蟹一般寿命为 2 龄，极少见到 3 龄蟹。因地域和个体不同，三疣梭子蟹的交配季节也有所不同。在渤海，越年蟹繁殖交配的鼎盛时期为 7—8 月，而当年蟹繁殖交配的鼎盛时期推迟为 9—10 月；在浙江，梭子蟹的交配从 7 月开始一直到 11 月结束，繁殖交配的鼎盛时期是 9—10 月。三疣梭子蟹卵的颜色随着时间而逐渐加深，由浅黄色到黄色，随后变成褐色，直到最后变为黑色，大概经过 20 d 的发育，最后一期的溞状幼体形成。三疣梭子蟹是多次排卵的种类，在一个产卵期内少则 1 次多则 3 次，抱卵量与其个体大小、所处区域、发育时期和抱卵季节等因素都有关，如渤海区域的三疣梭子蟹抱卵量在 13 万～220 万粒，而浙江的三疣梭子蟹抱卵量一般在 3.53 万～266.30 万粒；在时间上，4 月下旬至 6 月上旬，其抱卵量为 18.01 万～266.30 万粒，平均为 98.25 万粒，而 6 月中旬至 7 月末的抱卵量为 3.53 万～132.40 万粒，平均仅为 37.43 万粒；另外，个体的抱卵量也会随甲宽、体重的增加而增加（宋海棠等，1988）。

二、三疣梭子蟹增殖放流历史及现状

　　作为大型洄游经济蟹类，三疣梭子蟹具有肉质鲜美、生长迅速、产量高等特点，因而成为一种重要的海捕对象。但数十年来由于过度捕捞，天然海捕群体的数量急剧减少，为恢复三疣梭子蟹种质资源，国内外已经多次开展三疣梭子蟹的增殖放流活动。20 世纪 60 年代（1963 年起），日本最先开展三疣梭子蟹的增殖放流工作，并取得了一定的经济效益（Hamasaki et al，2011）。1986—1988 年，我国辽宁省营口增殖实验站在日本海外渔业协力财团的协助下，首次取得了三疣梭子蟹工厂化人工育苗的成功，并且放流 3 期仔蟹 60 万只（陈永桥，1991）。由于当时于我国的三疣梭子蟹的资源量还较为丰富，之后很长一段时间都没有三疣梭子蟹增殖放流的相关报道。近 20 年来，人类的过度捕捞和对海洋环境的破坏导致三疣梭子蟹的生物资源量明显下降，面对日益增长的水产品需求和过度捕捞的压力，势必要进行三疣梭子蟹的增殖放流。

　　1995—2004 年，山东省进行了三疣梭子蟹的实验性增殖放流，投入资金 140.8 万元，放流 2 期稚蟹 726.27×10⁴ 只，验证了三疣梭子蟹增殖的必要性、可行性，研究了最佳放流时间、规格等放流技术，为后续规模性放流提供了技术支撑。2005—2016 年，共投入资金 2.34 亿元，放流 2 期稚蟹 29.8 亿只，实现产值 76.56 亿元。持续开展三疣梭子蟹增殖放流，取得了显著的生态、经济和社会效益。2013 年回捕只数除以 2013 年放流只数所得回捕率可视为多年放流的总回捕率，以此计算，莱州湾及渤海湾南部总回捕率为 25.0%，山东南部沿海总回捕率为 20.2%，烟台、威海渔场总回捕率为 6.8%。在自然海域中能够捕获放流三疣梭子蟹，且其所占比例较高，表明放流三疣梭子蟹对自然海域资源量的补充效果明显（卢晓等，2018）。浙江省在 2001 年开始实施三疣梭子蟹增殖放流，由 2005 年的约 550 万只，增长到 2008 年的近 2 000 万只，再到 2014 年的 9 000 多万只，每年持续增长（沈新强等，2007）。江苏省自 2009 起开始在吕四港海域放流三疣梭子蟹，年放流量在 600 万只左右，2014 年起在连云港所处的海州湾实施三疣梭子蟹增殖放流活动。辽宁省从 2012 年开始，连续实施了 4 年三疣梭子蟹大规模增殖放流工作，共放流稚蟹 1.4 亿只左右，其中 2015 年放流超过 1 000 万只，增殖放流带来了良好的生态、经济和社会效益。

三、影响三疣梭子蟹增殖放流的因素

影响增殖放流成功率的因素很多，主要有苗种质量、放流规格、放流地点和气候特征等几个方面。

苗种的质量是三疣梭子蟹增殖放流中一个非常重要的可控因素。在育苗期间，环境条件、营养状况和健康程度对苗种体质影响较大，与死亡率和回捕率直接相关，用于增殖放流的苗种生产技术基本模仿水产养殖生产建立的技术体系，普遍存在生产工艺粗放、效益低、成本高、资源消耗大的问题，难以满足实施大规模增殖放流的技术要求和环境要求（杨德国等，2005）。一旦育苗场亲体数量不足，易造成子代基因多样性退化，增加苗种发生基因变异的概率，导致放流后与野生种群的生殖交配而改变遗传结构。近亲繁殖使幼体的健康度下降，主要反映在高死亡率、生长缓慢和发育畸变等方面。除了遗传因素外，育苗期间苗种的疾病控制也非常关键。对放流苗种实施疾病防控，不但能提高苗种的成活率，而且有利于放流群体、野生群体及与之关系密切种类的生存与发展。

放流地点、时间、规格以及中间培育和放流方式等也会影响三疣梭子蟹增殖放流的效果。在增殖放流工作中，可综合三疣梭子蟹苗种成活率以及投入产出比等相关因素，根据不同海域的实际情况选择合理的放流密度和放流规格，提高苗种成活率，降低苗种放流成本，以期达到效益最大化。三疣梭子蟹放流群体回捕率和放流点环境有密切关系，在放流海域环境条件达到一定标准前提下，才适宜进行三疣梭子蟹的增殖放流工作（谢周全等，2014）。放流水域应选择风浪较小的内湾，避免风浪将三疣梭子蟹苗种冲到岸边，造成苗种成活率降低。放流条件适宜时，放流宜早不宜晚，放流日期的提前可以提高三疣梭子蟹开捕规格，增加三疣梭子蟹产量，还可以抑制海水富营养化带来的环境污染等问题（李楚禹等，2019）。

第二节　三疣梭子蟹增殖放流存在的主要问题

虽然三疣梭子蟹的增殖放流在我国已经进行了很多年，而且近 10 年发展迅速且效果

显著，但还存在一些问题值得完善和改进。

一、缺乏科学的指导和基础性研究

三疣梭子蟹的增殖放流是一项集水产养殖、渔业管理、环境保护、调查研究等多个领域的物种保护和资源增殖的措施，在实际的实施过程中，往往涉及一系列的基础性研究工作。三疣梭子蟹苗种的质量和规格、放流的时间和地点、放流的数量、海域的环境、饵料的丰富度、开捕的时间等多种因素都影响着增殖放流的效果（张秀梅等，2009）。这些都需要做好相关方面的基础研究，给以科学的指导，避免因为盲目的放流而导致经济上的损失和生态上的风险。通过近几年放流实践，发现秋汛回捕时三疣梭子蟹丰满度不高，分析可能是三疣梭子蟹放流已达到其生态容量，但缺乏佐证；相关技术人员反映，三疣梭子蟹放流一般在上午进行，而上午蟹苗外壳较软，自我保护能力差，放流成活率低，下午蟹苗外壳变硬，此时放流蟹苗成活率较高；另外，三疣梭子蟹应尽量在岸边放流，若放流区域过深则温度降低，不利于稚蟹蜕壳和成活，这一系列问题都需要相关的基础研究给以科学上的指导（卢晓等，2018）。针对目前增殖放流现状，基础性研究要重点解决三疣梭子蟹增殖放流的几个问题：放多大规格，放多少数量，在哪儿放，什么时候放，怎么放。因而需要加强相关的研究，一是开展三疣梭子蟹渔业资源的调查，系统地掌握三疣梭子蟹的资源状况和变化趋势；二是对放流水域生态环境、生态容量以及放流的数量、规格、方法等方面开展研究；三是开展三疣梭子蟹增殖放流对生态系统的影响和适应性研究，保障放流水域的生态安全；四是完善创新三疣梭子蟹的增殖放流标记方法，提高放流的成活率和效果评价的准确性（罗刚等，2016）。

二、缺乏有效的管理

三疣梭子蟹的增殖放流涉及种质鉴定、亲体选育、苗种培育、确定放流规格与数量、检验检疫、放流水域环境监测、放流过程监管、放流效果评价等多项工作。部分地方存在增殖放流苗种培育单位混杂，有些并没有完备的育苗设备与科学的育苗方法，致使出现苗种培育不过关、放流种质不纯、规格过小、质量低下以及忽视放流苗种检疫、放流水质检测、放流效果评价等环节的问题。这种情况下的增殖放流有时是很危险的。例如，采用劣质的三疣梭子蟹亲体培育的劣质苗种进行放流，放流群体与野生群体交配将使种群的种质下降，进而导致该种群的子代抗病能力、存活率等下降，出现种质退化现象。在进行增殖放流的过程中，如果没有采取有效的管理措施，没有专门的机构对放流的苗种进行管理，往往会造成水域环境的污染，从而导致天然水体渔业功能的退化和水域生态环境的恶化，人为的捕捞对放流苗种也存在威胁，影响最终的放流效果（赖水涵，1989）。放流前，应该做好亲本选育、苗种质量的鉴定、放流水域环境监测等相关工作的管理；在放流的过程中，做好放流行为的监督和放流数量的统计；放流后的管理主要包括放流苗种的保护，禁止提前捕捞和违规作业。此外还要做好放流物种的遗传学管理，监测放流群体和野生群体的遗传多样性和增殖放流对自然群体的遗传学影响。为了进一步做好增殖放流的工作，一是强化三疣梭子蟹增殖放流的技术支撑，加强增殖放流技术环节的监管。相关单位应尽快制定三疣梭子蟹增殖放流的技术标准和规范，以便进一步指导各地规范开展增殖放流活动。在增殖苗种培育阶段，组织实施单位应指定具有资质的水产科研推广单位，在放流苗种亲本选择、种质鉴定等方面严格把关。实施放流前，要对增殖放流苗种进行病害和药残检测，确保苗种质量。二是加强对社会放流活动的监管。建议国家层面尽快出台相关政策，严格限定社会组织放流活动的品种、规模及时间地点。因涉及自然水域公共资源，且增殖放流活动科学性、规范性很强，限定规模以上增殖放流活动具体实施应由渔业主管部门来组织，社会各界可以提供资金和人力支持（李继龙等，2009）。通过多种途径提高渔民对三疣梭子蟹增殖放流的积极性与主动性，使之正确处理好眼前利益和长远利益、局部利益和整体利益的关系。还要引导社会各界人士科学、规范地开展放流活动，大力推进增殖放流与传统民间放生相互融合发展，有效预防和减少随意放流可能带来的不良生态影响，使三疣梭子蟹的增殖放流事业可以持续发展（赖水涵，1989）。

三、缺乏准确评估放流效果的方法

评价三疣梭子蟹的增殖放流效果主要是通过区分野生个体和放流个体来进行的，标记放流技术由此发展而来。传统标记方法在三疣梭子蟹标记放流中的应用有诸多限制，首先，由于三疣梭子蟹具有较强的再生能力，且生长过程中需经历多次蜕皮或蜕壳，传统的外部标记在放流后很容易发生缺损或遗失；其次，由于放流实践中苗种个体小、数量大，逐个添加标记操作困难、工作量大，极大限制了标记放流的规模；再者，传统标记方法会对苗种造成机械损伤，导致放流群体死亡率增加。这些问题极大地制约了三疣梭子蟹增殖放流的开展以及放流效果的准确评估，导致放流实践中带有一定的盲目性，因此亟须探索一种新的标记方法打破这种局面。

分子标记在增殖放流效果研究中的应用，无疑为三疣梭子蟹的标记放流提供了新的思路和方法（宋娜等，2010）。相较于传统标记方法，分子标记在三疣梭子蟹标记放流中具有明显优势：①由于直接利用放流个体的遗传学信息，分子标记不因个体的生物学行为发生改变或遗失，具有极好的稳定性；②放流前只需要采集亲本的遗传信息，而不必对放流苗种进行任何操作，既避免了在标记过程中对苗种的伤害，又省去了烦琐的操作过程；③分子标记在判别放流个体的同时，还可以监测亲本和放流群体的遗传多样性水平，研究放流群体对野生群体的遗传影响，对增殖放流的遗传学管理有一定的指导作用（蒲晓斌等，2006）。因此，对分子标记在三疣梭子蟹增殖放流中的研究旨在为标记放流的开展和效果评价体系的建立提供科研支持和技术指导，最终建立起一整套完整的三疣梭子蟹分子标记增殖放流评估体系。

四、存在生态、遗传上的影响

生态风险主要在以下三个方面：①对放流水域三疣梭子蟹野生种群的规模、遗传多样性、生态适合度产生影响，放流后野生三疣梭子蟹的生物多样性以及种质资源可能出现退化现象；②对放流水域生物群落造成影响，人工放流后，会改变放流水域原有的不同营养层次生物类群组成，影响或改变原有食物网生态结构；③对放流水域天然生态环境的影响，影响能流效率、系统内的生物化学循环发生、生态系统的耐受性，应考虑生态系统的承载力，不要破坏原有水域天然生态体系的结构和功能。

大规模的人工繁育苗种被投入到自然海域中后，放流群体与野生群体之间形成种间竞争关系，当野生群体处于竞争劣势时，其种群的规模会变小，进而其遗传多样性也会随之降低。此外，放流群体通过基因深入影响野生群体的遗传多样性。如果繁育放流苗种的亲本与增殖水域的野生群体遗传差异较大，繁育出的苗种则会具有与野生群体不同的遗传结构，人工繁育苗种与野生群体的遗传背景相差较远，人工繁育苗种被投入到自然海域后，与野生群体发生生殖交流，在这种情况下两者的杂交群体可能会面临远交衰退，野生群体内的地方适应性基因会随之丢失，进而使混合群体的生态适合度降低。遗传多样性是保持种群稳定的必要条件，同时遗传多样性的高低关系物种生存能力及进化潜力。为了避免大规模增殖放流降低放流物种整体遗传多样性水平的情况，在进行增殖放流前，应对野生种群及放流群体的遗传多样性、遗传结构化及两者在生态上的相互作用进行详细、深入的研究，并将对繁育亲本和放流群体的遗传多样性长期性监测与管理列为增殖放流效果评估工作的重要内容。

第三节　分子标记评估技术建立

日本三疣梭子蟹的增殖放流开展较早。许多学者开展了三疣梭子蟹的标记放流实验，所使用的标记方法多为一些体外标记，比如锚标法、剪尾脐法、标记号码法、冻伤法等，但是这些方法只适合一些较大的个体，标记效果不佳，在大规模放流实践中无法应用。陈永桥（1991）在对稚蟹的标记方面做了相关的研究，分别采用了切除侧棘法、扎孔法和穿线法3种方法对3～6期的稚蟹进行了标记实验，实验结果表明切除侧棘法和扎孔法并不适用于长期标记，且对不同批次的放流个体也无法做到有效的区分；穿线法可以用于长期标记，还可以根据标记线的颜色和位置的不同来区分不同批次的放流个体。但是这3种标记方法均会对三疣梭子蟹造成损伤，导致放流个体死亡，在实际中应用工作量较大，并不适合大规模推广，也会使回捕率这一数值很难精确计算。借助分子生物学的迅速发展，近年来分子标记技术开始被大量应用到生物标记放流活动中，分子标记一般指的是DNA标记，是以个体间遗传物质内核苷酸序列变异为基础的遗传标记（刘萍，2000），该技术的优点是不受环境条件和发育阶段的影响，标记的数目多、多态性高，尤其是对放流个体无损伤，且能够对放流个体的子代生存状况进行跟踪，同时也能对放流后生物种群的遗传多样性变化情况进行评判。目前分子标记已被广泛应用于海洋生物的遗传学研究，近年来在渔业资源增殖放流效果评估中也得到了一定的应用。

目前，应用于增殖放流标记技术中的分子标记主要有两种：微卫星标记和线粒体DNA标记。线粒体DNA标记技术是最早用于生物种质资源放流效果评估的分子标记技术。动物细胞中的线粒体基因组为共价闭合环状结构，是母系遗传的细胞核外遗传物质，由于其寡核苷酸的突变率远高于核基因组，因此成为一种区分个体或群体差异的分子标记技术，其在放流标记中也具有突出的优势，得到了广泛的应用。日本学者Sekino利用线粒体DNA标记技术对牙鲆（*Paralichthys olivaceus*）的增殖放流进行研究，成功追踪到了放流后的牙鲆个体（Sekino et al，2005）。Milbury等人对美国切萨皮克湾放流的路易斯安娜牡蛎群体利用16S mtDNA转化而来的SNP标记成功地进行了识别鉴定（Milbury et al，2004）。Imai 等人在 2002 年也曾利用线粒体 DNA D-loop 区对一种梭子蟹（*S. paramamosain*）的放流活动进行了标记研究（Imai et al，2002）。

线粒体 DNA 标记的优点是突变率适中，由于是母系遗传，因此具有可溯源性，但缺点是只能检测来自母本的遗传信息，所提供的分型信息是有限的。在这方面，微卫星分子标记具有突出的优点，其为共显性标记，即等位基因的每个位点都可以显性出来，因此可以同时提供父本和母本的遗传信息，成为家系识别和个体鉴定的首选技术（高焕等，2014）。一种分子标记技术所能提供的遗传信息相对有限，因此综合多种分子标记技术进行生物种质资源放流效果的评估是目前很多研究者常用的手段。其中微卫星标记可同时标记父本和母本信息，且由于其多态性丰富，在亲缘关系鉴定中具有很高的准确性，多用来进行精确鉴定；而线粒体 DNA 为母系遗传，只能用于标记母本信息，可利用其提供的信息来加强微卫星鉴定的精确性，或用于初步筛选回捕群体中的放流个体。在大麻哈鱼（*Oncorhynchus tshawytscha*）中的最新研究结果表明，当微卫星数量为 14 个或者 12 个微卫星标记加上 25 个 SNP 标记时，可以有效识别 16 个地区 60 个群体中的 86% 的群体（Beacham et al，2012）。但很明显，不同微卫星或 SNP 位点的多态性直接决定了该标记的识别能力，不同物种间这种识别能力存在着一定的差别，需要针对所研究的物种开发特定的标记识别技术。

三疣梭子蟹具有适宜开发分子标记技术的突出优势：①单只亲蟹产卵量很大，在 10 万~20 万只，以江苏 2011 年共放流的约 600 万只梭子蟹为例，其亲蟹的数量也只有30~60 只，这就大大降低了在亲蟹间以及亲蟹和野生群体间寻找特异分子标记的工作量；②种质资源调查信息表明，三疣梭子蟹不发生大距离的洄游或迁徙行为，最大活动距离是 25 km，因此放流后易于在原放流点附近区域捕获放流的个体，统计出的"回捕率"等数据较为准确；③三疣梭子蟹线粒体基因组全长序列已知（Yamauchi et al，2003），这为开发线粒体分子标识技术提供了条件。

综合 SNP 和微卫星标记获得适合三疣梭子蟹标记放流的标记种类和数量，建立高通量分子标记技术，然后通过模拟放流实验评估遗传标记方法的识别效果并建立数学统计模型，对数学模型进行验证；利用模型预测放流个体的存活状况，进一步结合生物学性状的测量情况，分析这些放流个体的生长状况，进而对放流效果进行评定。

第四节　应用实践

对于线粒体 DNA 标记和微卫星标记在三疣梭子蟹增殖放流中的实际应用，已经有很多学者做了研究，包括分析标记位点的筛选、放流群体和野生群体遗传多样性的分析、非放流个体的初步筛选等。

刘磊等用 6 个微卫星标记对三疣梭子蟹的 6 个家系进行系谱鉴别和遗传多样性研究（刘磊等，2012）。研究表明，在选用的 6 个微卫星标记中，最少选用 3 个标记可鉴别 6 个三疣梭子蟹家系。冯冰冰等（2008）对我国四大海域的 9 个野生群体的三疣梭子蟹的线粒体 DNA 控制区的基因片段扩增和测序，进行遗传多样性的分析，得到了 530 bp 长度的片段，检测到了 91 个变异位点，有 66 种单倍型，其比率为 79.5%。ANOVA 分析表明，不同的野生群体间存在一定程度的遗传分化。吴惠仙等对渤海、黄海和东海不同群体的三疣梭子蟹线粒体 DNA 控制区进行了分析，结果表明，中国沿海各海区三疣梭子蟹群体间存在明显的基因交流，亲缘关系的远近并不能以海域的划分和地理位置的远近作为依据（吴惠仙等，2009）。董志国等（2003）以 6 个三疣梭子蟹地理群体为研究对象，用线粒体控制区全基因序列为分子标记，结果发现，用于分析的 1 141 bp 的线粒体控制区全基因序列一共检测到 185 个变异位点，129 个简约信息点，60 个个体中有 48 个单倍型，具有较高的遗传多样性，种群遗传分化指数为 0.189 7，中国沿海三疣梭子蟹作为一个大群体来说已经产生了中度分化。

赵莲等（2018）在前期获得三疣梭子蟹线粒体基因组 24 个 SNP 位点的基础上，采用高分辨率熔解曲线（HRM）检测技术对 4 个用于增殖放流的家系进行了鉴别。结果显示，含有 SNP 位点的 22 条 PCR 扩增序列中，有 9 条 SNP 位点扩增产物在亲代（母本）及其子代的 28 个个体之间具有基本一致的熔解峰，且子代个体间 Tm 的均一性较好，无明显差异；进一步以序列已知的野生型及其突变体作为同一 SNP 引物扩增片段，在各家系间分析 HRM 标准曲线，这 9 个 SNP 可以成功用于三疣梭子蟹 4 个放流家系的鉴别，为三疣梭子蟹种质资源的鉴定及标记放流工作的开展提供了技术支持。

吕海波采用线粒体控制区序列作为分子标记，对辽东湾四个野生群体（CXD、YK、JZ 和 SZ）和两个放流亲蟹群体（XRD 和 PJ）的遗传多样性和遗传结构进行了分析（吕海波，2014），研究发现两个增殖放流亲蟹群体与辽东湾四个野生群体均具有丰富的遗传多样性，放流亲蟹群体的遗传结构与放流海域的野生群体间发生了一定程度的遗传分化但影响不大，种质资源质量较好。为检测放流三疣梭子蟹亲本和子代的遗传差异以及亲本之间的繁殖贡献率水平，采用 10 对拥有丰富遗传多态性的微卫星标记，分别对 9 只放流三疣梭子蟹雌性亲本及 179 只放流子代进行了遗传学比较及亲子鉴定。在使用 4 个微卫星标记时，累积排除概率≥0.998，亲子鉴定的准确率为 56.98%；微卫星标记为 6 个时，累积排除概率≥0.999 9，准确率达到 97.21%；当使用 8 个微卫星标记鉴定时，准确率达 100%。研究表明，微卫星可以作为有效的标记手段用于三疣梭子蟹增殖放流遗传多样性的监控中。

杨爽（2014）通过亲蟹与回捕个体的控制区单倍型比对分析，对采自莱州湾和乳山、海阳外海的回捕三疣梭子蟹进行了非放流个体的初步筛选。结果显示，将所有群体视作一个组群进行单倍型比对时，880 只回捕个体中共有 433 只未在亲蟹群体中找到对应单倍型，为非放流个体，占样品总数的 49.20%；将亲蟹群体和回捕群体根据放流和回捕海域的不同划分为莱州湾组群和乳山海阳组群时，基于线粒体控制区标记得到的非放流个体比例分别为 50.15% 和 75.76%。研究结果表明，线粒体控制区标记能有效识别非放流个体，适用于三疣梭子蟹增殖放流效果评价的初步研究。

蔡珊珊（2015）利用 3 个微卫星位点计算了三疣梭子蟹的遗传多样性，结果表明，自然环境中三疣梭子蟹群体的遗传多样性较高，且多态信息含量和杂合度均高于养殖家系。利用线粒体控制区的高变区，对亲蟹和回捕蟹进行分析，排除了 43.15% 的回捕个体和 52.33% 的亲蟹，降低了微卫星标记的工作量；同时控制区对未排除个体进行单倍型的分型，提高了微卫星结果的精确度。在回捕的 547 只三疣梭子蟹中，81 只为当年放流的蟹苗，证明增殖放流对于补充自然资源、提高捕捞产量等方面具有显著效果。

第五节　展　　望

三疣梭子蟹是我国重要的经济蟹类，但随着过度捕捞，野生海捕资源迅速下降。为了恢复野生海捕资源，我国近年来展开了大量的增殖放流活动，有效缓解了三疣梭子蟹种质资源的衰退。随着放流活动的持续开展及不断扩大，如何评估放流效果的问题也摆在了我们面前。作为甲壳类生物，三疣梭子蟹的一生需要多次蜕壳，这就大大限制了很多外部和内部物理形态标记的应用，因此，需要探索新型放流标记技术。同时，在放流过程中，放流个体对野生资源的种质有何影响，即对自然状态下三疣梭子蟹的遗传多样性和群体遗传结构有何影响，也亟待解答。而解决以上这些问题的最佳途径是开发三疣梭子蟹增殖放流效果评估的分子标记技术。

在开发三疣梭子蟹线粒体 DNA 标记和微卫星等分子标记技术的基础上，展开三疣梭子蟹增殖放流效果评估方法研究，其意义在于以下几个方面。①为改进和选择最好的放流策略提供指导。通过标记放流，可以比较不同放流苗种规格、不同放流地点和环境、不同放流时间、不同放流方式和放流数量等条件下的放流效果，进而供决策者和政府管理部门选择最好的放流条件，提高增殖放流的效果。②为保护和管理三疣梭子蟹种质资源提供依据，放流标记后可以准确地探知三疣梭子蟹在相应海区的活动规律。③可以最大限度地减少对放流幼蟹的伤害，因为分子标记技术只涉及母本遗传信息和长大回捕后个体的遗传信息，而对放流蟹苗不做任何操作。④建立起来的放流群体遗传学信息对于监控放流活动对野生群体遗传多样性的影响起到重要的作用，对于三疣梭子蟹在增殖放流中引入遗传学的管理，具有重要的理论和实践价值。

通过微卫星和 SNP 位点，建立三疣梭子蟹高通量分子标记识别技术，为三疣梭子蟹增殖放流效果评估提供方法，对三疣梭子蟹种质资源放流情况进行分析，获得当年的放流回捕率，为进一步优化放流方案提供指导。建立三疣梭子蟹放流遗传信息库，评判放流前后自然群体遗传多样性变化情况，为评判三疣梭子蟹种质资源发展状况提供依据，为有效的恢复三疣梭子蟹资源奠定基础。

建立基于分子标记的增殖放流回捕评估模型也是未来需要研究的重点之一。Yan 等（2018）曾经以 SNP 分子标记为基础，初步构建了一个用来评估三疣梭子蟹增殖放流效果的数学模型，但该模型还只是处于纯理论方面的探讨，在实际放流中的应用效果还有待进一步的实践和完善。

参考文献

蔡珊珊，2015. 基于分子标记的三疣梭子蟹和中国对虾增殖放流效果研究 [D]. 青岛：中国海洋大学.

陈永桥，1991. 三疣梭子蟹稚蟹标记方法的探讨 [J]. 水产科学，1：30 - 32.

程国宝，史会来，楼宝，等，2012. 三疣梭子蟹生物学特性及繁养殖现状 [J]. 河北渔业，4：63 - 65.

戴爱云，杨思琼，宋玉枝，等，1986. 中国海洋蟹类 [M]. 北京：海洋出版社：213 - 214.

董志国，李晓英，王普力，等，2013. 基于线粒体 D-loop 基因的中国海三疣梭子蟹遗传多样性与遗传

分化研究 [J]. 水产学报，9：27 - 35.

冯冰冰，李家乐，牛东红，等，2008. 我国四大海域三疣梭子蟹线粒体控制区基因片段序列比较分析 [J]. 上海水产大学学报，2：8 - 13.

高焕，阎斌伦，赖晓芳，等，2014. 甲壳类生物增殖放流标记技术研究进展 [J]. 海洋湖沼通报，1：96 - 102.

赖水涵，1989. 浅谈渔业资源的增殖与管理 [J]. 海洋渔业，6：5 - 7.

李楚禹，邱盛尧，赵国庆，等，2019. 靖海湾和五垒岛湾三疣梭子蟹增殖放流对资源补充效果的比较分析 [J]. 烟台大学学报（自然科学与工程版），2：159 - 164.

李继龙，王国伟，杨文波，等，2009. 国外渔业资源增殖放流状况及其对我国的启示 [J]. 中国渔业经济，27（3）：115 - 127.

刘磊，李健，刘萍，2012. 基于微卫星标记的三疣梭子蟹家系系谱认证 [J]. 中国海洋大学学报（自然科学版），42（Z2）：44 - 50.

刘萍，2000. DNA 标记技术在海洋生物种质资源开发和保护中的应用 [J]. 中国水产科学，2：86 - 89.

卢晓，董天威，涂忠，等，2018. 山东省三疣梭子蟹增殖放流回顾与思考 [J]. 渔业信息与战略，33（2）：29 - 33.

罗刚，庄平，赵峰，等，2016. 我国水生生物增殖放流物种选择发展现状、存在问题及对策 [J]. 海洋渔业，5：106 - 115.

吕海波，2014. 分子标记在三疣梭子蟹增殖放流中的应用研究 [D]. 大连：大连海洋大学.

蒲晓斌，蒋梁材，张锦芳，等，2006. 作物育种新技术：DNA 标记辅助选择 [J]. 种子，5：57 - 58.

沈嘉瑞，刘瑞玉，1965. 我国的虾蟹 [M]. 北京：科普出版社.

沈新强，周永东，2007. 长江口、杭州湾海域渔业资源增殖放流与效果评估 [J]. 渔业现代化，4：58 - 61.

宋海棠，丁跃平，许源剑，1988. 浙江北部近海三疣梭子蟹生殖习性的研究 [J]. 浙江水产学院学报，1：44 - 51.

宋娜，高天翔，韩刚，等，2010. 分子标记在渔业资源增殖放流中的应用 [J]. 中国渔业经济，28（3）：115 - 121.

王克行，1997. 虾蟹类增养殖学 [M]. 北京：中国农业出版社：291 - 294.

吴惠仙，徐雪娜，薛俊增，等，2009. 中国沿海三疣梭子蟹的遗传结构和亲缘关系分析 [J]. 海洋学研究，27（3）：50 - 55.

谢周全，邱盛尧，侯朝伟，等，2014. 山东半岛南部海域三疣梭子蟹增殖放流群体回捕率 [J]. 中国水产科学，5：140 - 149.

杨德国，危起伟，王凯，等，2005. 人工标记放流中华鲟幼鱼的降河洄游 [J]. 水生生物学报，1：27 - 31.

杨爽，2014. 基于线粒体 DNA 控制区标记的三疣梭子蟹和中国对虾增殖放流效果评价研究 [D]. 青岛：中国海洋大学.

张秀梅，王熙杰，涂忠，等，2009. 山东省渔业资源增殖放流现状与展望 [J]. 中国渔业经济，27（2）：55 - 62.

赵莲，李志辉，张培，等，2018. 三疣梭子蟹线粒体基因组 SNP 在增殖放流家系识别中的应用 [J]. 渔业科学进展，2：158 - 165.

Beacham Terry - D，Jonsen K，Wallace C，2012. A comparison of stock and individual identification for chinook salmon in british columbia provided by microsatellites and single - nucleotide polymorphisms [J]. Marine and Coastal Fisheries，4（1）：1 - 22.

Hamasaki K，Obata Y，Dan S，et al，2011. A review of seed production and stock enhancement for commercially important portunid crabs in Japan [J]. Aquacult Int，19：217 – 235.

Imai H，Obata Y，Sekiya S，et al，2002. Mitochondrial dna markers confirm successful stocking of mud crab juveniles (*Scylla paramamosain*) into a natural population [J]. Aquacult Sci，50：149 – 156.

Milbury C，Meritt D，Newell R，et al，2004. Mitochondrial dna markers allow monitoring of oyster stock enhancement in the Chesapeake Bay [J]. Marine Biology，145 (2)：351 – 359.

Sekino M，Saitoh K，Yamada T，et al，2005. Genetic tagging of released japanese flounder (*Paralichthys olivaceus*) based on polymorphic DNA markers [J]. Aquaculture，244 (1)：49 – 61.

Yamauchi M M，Miya M U，Nishida M，2003. Complete mitochondrial DNA sequence of the swimming crab，*Portunus trituberculatus* (Crustacea：Decapoda：Brachyura) [J]. Gene，311：129 – 135.

Yan B，Xu W，Sun J，et al，2018. An evaluation model of enhancing and releasing effect of the blue swimming crab，*Portunus trituberculatus*，based on molecular marker technique [J]. Journal of Fisheries & Livestock Production，6：3.